BULLSHIT JOBS

40%的工作沒意義，為什麼還搶著做？

論狗屁工作的出現與勞動價值的再思

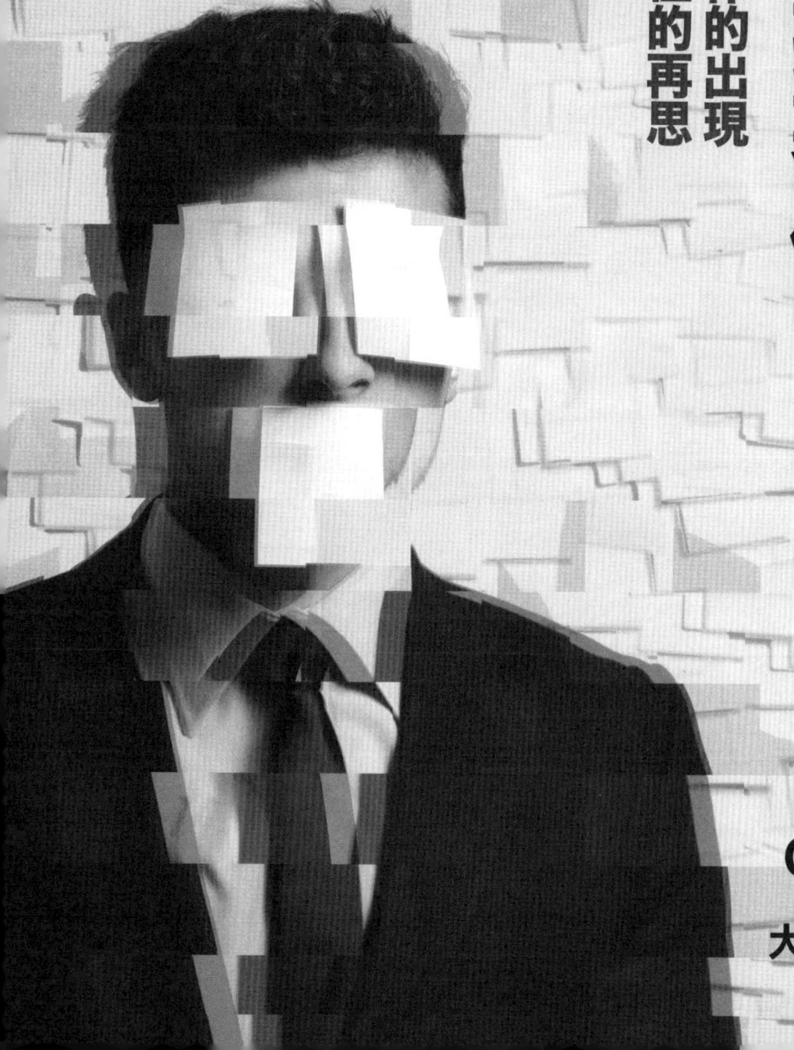

DAVID GRAEBER

《債的歷史》作者

大衛·格雷伯 著

寫給寧願自己去做點益事的所有人。

目錄

視工作為社會改革的手段，抑或，說到底本身就是一種美德，這是怎麼發生的？而勞工是如何擁抱勞動價值論以反制？／談勞動價值論在十九世紀日益流行時的關鍵瑕疵，而資方如何占這個瑕疵的便宜／二十世紀間，人們益發把工作當成規訓和自我犧牲的形式，以此評斷工作的價值

第七章　狗屁工作的政治效應為何？對這樣的處境，我們能做點什麼嗎？ 347

論怨恨的制衡如何維護了管理封建制下的政治文化／當前引進機器人的危機，怎麼跟較大的狗屁工作問題拉上關係／任其狗屁的政治遺毒，以及照護部門生產力衰落的後果；畢竟放著狗屁工作不管，會推進照護階級抗爭／如果有一套綱領能促進工作跟補償脫勾，終結本書描述的兩難，那一視同仁的基本收入會是一個例子

嗚謝 397

註釋 399

書目資料 439

導讀

米蟲人生的代價

臺灣大學社會學系教授　何明修

在低薪化與非典型勞動盛行的當今社會，事少輕鬆的工作恐怕是許多人所夢寐以求的。你只要付出很少的努力，就可以坐享比許多辛勞基層勞工更優渥的待遇、更穩定的就業保障，這種爽缺肯定會是就業市場的熱門首選。很多人可能認為，這種好康的涼缺只會在被認為沒有效率的公部門出現，私人企業有營利壓力，不會容忍人事冗員之情事。要不然臺灣為何到處可以看到考公務員、考國營事業的補習班，卻沒有補教名師可以教人如何考進臺積電？難道，那些有志「擁抱公職」的考生真的是充滿了滿腔熱血，想要貢獻國家嗎？米蟲人生雖然可恥，但卻十分管用。

著名的英國人類學家大衛．格雷伯（David Graeber）在《40%的工作沒意義，為什麼還搶著做？》（*Bullshit Jobs*）一書打破了這樣的刻板看法。無論其待遇如何，事少的工作往往缺乏意義，不僅剝奪了當事者的滿足感與成就感，他們還必得費力假裝忙碌，或甚至瞎忙於一些瑣碎無聊的細節。當然會有人為了維持生計，願意忍受這些不斷否定自我存在感的工作，但是格雷伯強調，也有不少人寧願為了自我尊嚴與自我實現，而決定放棄這些職位。

政府部門的「鐵飯碗」當然是傳統的涼缺，以往社會主義國家採取計畫經濟，其結果是效率低落與浪費。「他們假裝付我們薪水，我們則是假裝工作」是廣為流傳的笑話；不過，格雷伯特別指出，同樣現象在當代資本主義仍是明顯可見，而且私部門才是晚近涼缺迅速擴張的主因。自動化減少了生產線上所需要的勞工，新增加的職位是屬於管理、行政、監督的性質。營業版圖的擴張越來越不是招攬更多的基層生產性勞工，而是僱用更多的客服、公關、行銷、法務等專員。金融資本主義的到來，也使得越來越多人是靠提供規劃、諮詢、稽核等充滿象徵符碼的服務為生。換言之，實質做事的人並沒有增加，反倒是越來越多人在一旁搖旗吶喊、敲鑼打鼓；其實沒有這些「不事生產」的工作，社會也不會面臨匱乏。

格雷伯將這一類的涼缺稱為「狗屁工作」，因為它們是沒有實質貢獻，也是沒有必要性的；重要的是，當事者都是心知肚明，且基於種種的理由而配合演出。根據英國民調，有三成七的受訪者坦誠自己的工作是沒有真正作用，因此格雷伯估算當代社會約有四成的工作是屬於這一類。狗屁工作包括一些點綴性質的門房、電梯操作員、公司接待人員、行政助理。除了這些日常例子之外，看似需要專業能力的公關、行銷、法務、會計人員也被他臚列其中，原因在於私人企業招聘這些職缺，不是反應內部的需要，而是他們的競爭對手有這樣的部門。《40％的工作沒意義，為什麼還搶著做？》一書精彩之處在於，格雷伯收集了各行各業從業人員的真心告白，等於是現代職場的大揭露。

無論是在藍領或在白領，這種「狗屁工作」都快速蔓延，甚至一些原本具有生產性的工作，其從業人員也得花更多時間投入純粹為應付上級的表面工作。格雷伯在倫敦政經學院任教，他也舉了許多大部分學院工作者都熟悉的情境：大學裡行政人員成長的幅度遠超過教師，教授越來越多的時間投入撰寫績效評估、申請計畫、成果報告，而不是從事實際的教學與研究。雖然格雷伯沒有提到，但警察、消防員、醫護人員等也面臨相同的現象：不斷滋生的表單、更嚴格的評鑑、更加密集的實地訪察等「業務」，甚至取代了最首要的「勤務」。工作表現不再是關於你真正做了什麼，而是督導人員看到了什麼，這樣一來，上班時間越來越像一場真人實境秀，重點在於迎合上級的期待，實際的產出反而成為次要的考慮。

格雷伯發現，「狗屁工作」的登場導致薪資與其社會貢獻成反比的現象。如果沒有清潔工人、公車司機、保姆、幼教老師，現代社會社就無法運作，但是這些「非狗屁工作」卻往往待遇微薄。相對地，如果少了一些行銷高手、公關大師、王牌律師，或許我們可以減少無謂的過度消費、不實廣告、濫興訴訟。事實上，有些「狗屁工作」反而是誤國誤民。二〇〇八年的金融海嘯之所以爆發，起因即是過度的金融化，一些不良授信的債務被包裹成為投資理財的商品，而信用評等、金融監理、理專人員都將應有的把關工作當成無關緊要的文書作業，彼此相互放水，馬馬虎虎，才釀成如此大禍。

在《債的歷史》一書，格雷伯從非洲民族誌談到當前的債務危機，他試圖證明債不只是一項經濟的範疇，而是與人類的倫理觀念緊密連接。追根究柢，我們的經濟生活不應被視為一種自成一格的專屬領域，完全由供給與需求定律所決定。相對地，人類學出身的格雷伯採取了道德經濟（moral economy）的觀點，認為人類生產、交換、分配等經濟行為其實是座落於廣大生活的一環，也同樣受到其道德規範的約束。也因此，如何看待事少輕鬆的涼缺，當事人的想法不會只是計較其物質回報，也會考慮相關的精神代價。米蟲工作或許是付出最少、收益最多的選項，但誠如本書所強調，廢材工作的結果就是廢材人生，許多人寧願選擇去擁抱更真實的自我。

從相同的道德經濟觀點出發，《40%的工作沒意義，為什麼還搶著做？》強調當代工作被加諸了各種道德的意涵，有一份工作並投入工作，被視為是積極正面的人格之展現，無論其工作到底帶來何種貢獻。瞎忙可能傷天害理、誤國誤民，但總被認為是比終日悠閒、無所事事更好的選項。也因此，政治人物總是在競選時打出「創造就業」的口號，他們不會在意更多的工作是否真正提升整體的福祉。

格雷伯是知名的無政府主義者，其成名之部分原因在於他親身參與了二〇一一年的占領華爾街運動。無政府主義者向來認為國家是壓迫人民的工具，而無法帶來真正的解放，《為什麼上街頭》的讀者應該都清楚他的政治傾向。在本書最後，格雷伯主張要避免狗屁工作的危害，可以從降低工時與無條件基本收入（universal basic income）著手，如此一來，就不會有人被迫去從事那些害人害己的工作。不過，這兩項訴求是否有可能不透過國家的法律與政策而達成，這本身就充滿了疑問。

「狗屁工作」一詞的確是點出許多人覺得工作很「廢」的心聲，讀完這一本書，一定有很多讀者覺得本書非常中肯，講出自己深刻體驗的心聲。但除此之外，這個詞語是否有增進我們既有的知識理解，仍是一個值得探討的問題。就本書所列舉的例子而言，我認為至少可以再細分三類。首先，從古時候的王公貴族到現代的商業大亨，他們的公開與日常生活本來就是被一群隨侍人員所包圍，而他們所負責的不外乎是儀式性的狗屁工作。其次，現代的科層體制採取層級負責、業務分工的組織原則，因此免不了冗長的公文旅行，這可以姑且稱之為官僚性的狗屁工作。最後，隨著當代社會的複雜性增加，各種專業知識滋生，我們需要越來越多的專家協助各種公私部門的治理。而專家治理的問題即是，我們無法直接知道受委託專家的實際表現，只能另外再請專家再來評估其成效，如此即是創造出許多專家性的狗屁工作。

或許更細膩地拆解與分類上既有的涼缺，而不是將其一股腦兒稱為「狗屁工作」，才能進一步解答我們面臨的社會問題。只要有社會不平等，儀式性的狗屁工作就很可能永遠無法根除，這是炫耀性消費的一部分，其目的就是彰顯某些人屬於高等人，有別於芸芸眾生。透過更理性化的管理，官僚性的狗屁工作或許可以被減少或避免，畢竟這違害了組織運作的效率，也是領導者所關切的事項。我個人認為，最難處理的即是專家性的狗屁工作，因為我們必得依賴專家提供各種最新的專業知識，但是我們又無法避免專家之間會產生共謀，聯手剝削社會公眾。面對這種困境，我們得深入推動科技民主化，要求專家真誠與公眾對話，以增進其決策的可課責性。如此，「狗屁工作」的問題才能有積極解決的契機。

二版導讀

反思「狗屁」的工作文化：為何工作？為何甘願？

東海大學社會學系兼任助理教授　鄭亘良

在大學課堂上教授勞動與工作等相關主題時，有時我會邀請學生們分享他們的打工經驗。除了勞動待遇不佳，多數最想抱怨的，不外乎像是不明白主管指派的工作內容對於要求的成果有何意義，或者不知道如果畢業繼續做這樣的工作，未來發展是什麼，又或者像是兼職打工領的錢比正職少，卻常常和正職做一樣多的事，甚至還要替他們收拾善後。這些抱怨與無奈在各行各業也不少見，包括大學這份工，常被詬病的是大學的老師與行政人員、助理，為了應付各種績效評鑑又或各種防弊，額外負擔了許多可能沒有實質意義（也就是不必要）的行政工作，進而壓縮到本業研究與教學的時間與品質。如果問及學生既然工作如此狗屁倒灶，那為什麼還要工作？有的回答，因為要賺錢生活、付學貸，有的覺得沒有工作會被認為很廢，有的想對這份工作（或職業）還有一些理想與期待，想多累積經驗，那些狗屁經驗畢竟也是難免的。這些經驗與回應，其實也提出了很少被好好思考與回答的問題：為什麼有份工作在我們的生活是如此重要，或者如此理所當然？工作的意義與價值包含了什麼？更直白地問，為什麼狗屁倒灶的工作經驗那麼普遍，而看似比較有意義的工作相對之下少，而且常常為了比較有意義的部分，我們必須刻苦熬過那些狗屁？

格雷伯既是人類學者，也是一位無政府主義者，他於二〇一八年出版了《40%的工作沒意義，為什麼還搶著做？論狗屁工作的出現與勞動價值的再思》（下稱《狗屁工作》），中文版也於二〇一九年問世，或許能對前述問題提供一些思考。《狗屁工作》嘗試理解，為什麼社會上存在沒必要的狗屁工作，而且在強調經濟效益之下，組織與行政上卻出現大量疊床架屋的狗屁工作，而從事這份工作的人也知道卻仍要忍受或假裝這是份好工作？這類狗屁工作的存在與被認可，又是基於什麼樣的工作價值、評斷？

「狗屁工作」最早是格雷伯於二〇一三年替《迸！》（*Strike!*）這本基進的雜誌上所提出的社會觀察。在這篇文章中（也收錄於本書的前言），他觀察到，當代社會的工作時數不因科技發展而減少，同時產業轉變下，一方面傳統工人數目急遽下降，但辦公室的白領工作者與服務人員卻大幅增加，而在這些大幅增加的職位中，有不少眾人覺得沒有什麼用處、而做這些工作的人也心知肚明、卻仍持續存在的「狗屁工作」。尤其弔詭的是，雖然資本主義強調效益與利潤（例如產值與ＫＰＩ），但這類工作的大量增加多半不是因為追求利潤的經濟理性因素，而更多是政治或道德的因素。這類工作，他稱之為「狗屁工作」，並針對這樣的特性，給了一個初步的定義：「完全無謂、不必要或有所危害，連受僱者都沒辦法講出這份職務憑什麼存在，但基於僱傭關係的條件，卻又覺得有必要假裝其實不然，這種有支薪的僱傭類型就叫做狗屁工作」（二〇二三：

頁五八）。格雷伯因這篇文章收到許多讀者的反饋，這些反饋表達了他們自己也正在做「狗屁工作」，身有所感。之後，格雷伯於二〇一八年進一步將相關思考集結成書，進一步探問「狗屁工作」究竟是什麼、其意味的工作文化是怎麼形成的？

「狗屁工作」的提出，也是格雷伯對二〇〇八年爆發的世界性金融危機的一種回應。二〇一三年「狗屁工作」首次提出時，格雷伯也出版了《為什麼上街頭？新公民運動的歷史、危機和進程》（*The Democracy Project: A History, A Crisis, A Movement*）（二〇一四，商周出版）。金融危機爆發後，格雷伯是「占領華爾街」的發起人之一，《為什麼上街頭？》可以說基於「占領」的公民行動自主與自治的經驗，嘗試整理出不同於資本主義所形成的政治與社會關係的另類實踐。因此，從格雷伯寫作的思考歷程來看，或許我們可以將「狗屁工作」的提出，視為是他對於金融危機與占領運動背後的社會文化，進行更為深入的提問與探索。自金融危機爆發以來，雖然資本主義的危機與問題開始被普遍意識到，可是如同柴契爾夫人的名言：「There is no alternative!」（別無他法！）資本主義似乎還是被認為是唯一可行的模式，而政府（例如美國）的優先政策，也是選擇先挽救華爾街。同時，即便「占領華爾街」的運動者及受僱工人對資本主義體制及極度的貧富不均提出了抗議，而「占領」的公民行動也嘗試提出有別於資本主義運作的社會與政治關係。然而在街頭的另一邊，「工作」（尤其是回到剝削性的資本主義勞動）依舊是主導的生活想像，這尤其在我們熟悉的香港、臺灣等社會也很常見，無論同樣是金融中心的「占領」行動，或者是罷工行動，常常都遭受到趕路上班者無情地說：「不要影響到我上班！」沒錯，資本主義是有問題的、工作待遇是有問題的，越來越多人也慢慢意識到、甚至經歷了，乃至都有不少人起身上街抗議了，但「別無他法！」，旁邊再怎麼抗議，路旁的一個一個上班族為了要保有工作，仍要趕著上班，而媒體最常報導的角度之一，就是將這些上班族趕上班的身影與罷工的集體抗議對立起來，即便抗議者是要爭取受僱者集體更好的對待。弔詭的問題是：如果工作如此壓榨與狗屁，為什麼這些壓榨與狗屁仍可以持續存在，乃至勞動者、受僱者普遍都覺得「別無他法！」呢？

在資本主義作為主導的社會、政治、經濟的模式下，這些問題很少被主流的財經與管理專書認為是需要探討的問題，重要的是「有份工作、努力工作就好」。有意思的是，我先前去臺中的公共圖書館搜尋《狗屁工作》這本書，這本書被排在眾多企業管理的圖書之中，而這些常見的組織企業管理、人力資源等提出的觀點，常常將勞動的問題歸結於個人的工作能力、心態是否積極努力與否，以及從組織管理的角度，建議企業要如何激勵受僱者保持正向積極，這類觀點，是資本主義過去三、四十年所強調的信條。一九八〇年代以來，奉行資本主義的英美等國，提出「小政府、大市場」的新自由主義政策，同時社會福利大幅縮減，不再提供國內工人勞動力再生產的作用，工作轉為個人的責任，而一九九〇年代末興起的正向心理學呼應了這樣的轉向，在美國政府與財團的推波助瀾下成為各種人力及組織管理的顯學，倡導著個人只要積極樂觀就會成功的價值，強化了工作的成敗與個人心態息息相關的觀點，掩蓋了資本主義的問題及國家和財團的責任

（參見Cabanas & Illouz 2021）。而不穩定的多工接案勞動，多半被吹捧為更為自由的勞動，如何培養多樣工作能力的斜槓與時間管理能力（提高勞力在市場上的CP值）成為勞動典範。這些觀點視有一份工作為理所當然，不假思索假定人就是要努力工作，而且最好有多工的能力並能樂在其中，即便現實中，工作多半是如此壓榨與狗屁，但重要的是個人是否積極樂觀、努力向上的問題，其他就交由市場去決定。

然而，從馬克思主義與左翼政治的觀點來思考，「狗屁工作」觸及的問題其實是馬克思主義的經典問題。工作壓榨與狗屁的源頭是資本主義的體制，但馬克思主義者與左翼的運動者卻苦惱於如何理解，即便資本主義如此剝削，為什麼工人還是寧願工作、甚至「甘願」工作？亦即，為什麼資本主義沒有隨著歷史發展中的階級矛盾而消亡？

有的從宏觀的馬克思主義政治經濟學來解釋，大公司與國家的政策運作、學校的教育，如何協助了資本主義克服其危機並持續其壟斷，而世界體系的依賴理論，則進一步提出全球資本的流動與勞動分工的特性，將矛盾轉移，例如將生產外包，降低本國逐漸升高的成本與減緩衝突。結構馬克思主義者不只從經濟面向解釋，更指出政治、經濟、社會文化、意識形態如何「多重決定」了資本主義的持續。就文化層面來理解，工人甘願努力工作而沒有起而造反，像是法蘭克福學派也指出文化工業如何在工人的意識形態產生作用，進而維繫了資本主義的運作。[1]英國文化研究的先驅、也是馬克思主義者的威廉斯（Raymond Williams）和湯普森（E. P. Thompson），則描繪工人自身的日常文化與從中而生的階級意識，這也點出了大眾文化不只是單向地被經濟決定，更是一個階級如何在歷史發展中互相爭奪詮釋權與鬥爭的面向，以及存在著不完全被資本主義體制所吸納的反抗可能。延續文化研究的路徑，一九八〇年代的霍爾（Stuart Hall）分析了英國柴契爾的政治，指出新自由主義政治不只是依據資本主義經濟發展的理性，更是一套文化機制及語言，透過「小政府、大市場」、「別無他法！」等語言，建構了新自由主義自身的政治信仰並取得文化霸權（Hall 1988）。[2]在前述的知識系譜中，《狗屁工作》所探討的工作價值，如格雷伯所言，不僅是經濟的問題，也是政治和道德的問題，他選擇從與經濟效益有著價值矛盾的、有沒有存在也無所謂卻大量增長的「狗屁」工作來展開討論，亦即可謂是從工作文化作為問題的切入點。

那《狗屁工作》所提出的文化觀察與解釋帶來了什麼樣的思考？在臺灣曾翻譯引介思考當代工作文化的書籍中，除了《狗屁工作》之外，或許布若威（Michael Burawoy）研究工廠組織文化的經典《製造甘願》（二〇〇五，群學），以及對現代社會提出深刻批判的鮑曼（Zygmunt Bauman）的《工作、消費與新貧》（二〇〇六，巨流），能和格雷伯提出的「狗屁工作」有著相互參照及呼應的地方，以下透過初步的相互閱讀，我希望把《狗屁工作》有意思的觀點帶出來。

布若威《製造甘願》一書延續了格蘭西（Antonio Gramsci）的霸權理論，以一九七〇年代美國製造業的工廠工人為對象，嘗試理解在資本主義生產關係的剩餘價值榨取中，工人為什麼「甘願」勞動。他特別提出，由於和馬克思時代的大工廠時代不同，此時工人的勞動所獲得的報酬和其所生產出來的產品之間的關係越來越脫勾，因此這樣的生產關係也越來越需要工人的自發同意，所以他進而提出「生產時的關係」作為理解的面向，分析在工作現場由各部門工人與管理者共同形成的一個社會組織關係，如何掩飾資本家剩餘價值的榨取過程並形成了工人的自發同意，他將這個「生產時的社會關係」形容為是一套「趕工遊戲」。他描述到，趕工遊戲並非是預先存在而強加於工作現場的工人，而是在工作現場的日常所實踐出來的，也因而工人才會同意。在這場共同形成的趕工遊戲中，基本的前提是工人基本薪資與資本家追求的利潤，在此限制下，藉由遊戲的自主選擇，工人因為能獲取相應的報酬（例如達成績效的津貼），以及得到不一定是經濟因素而是克服問題並達成目標的成就感，進而選擇持續投入其中，甚至將這樣的趕工遊戲所形成的社會關係，作為衡量其他工人與管理者的標準。布若威提出的趕工遊戲，探討的範圍不涉及市場與國家，是以一個製造業工廠的工人工作現場如何形成特定的組織關係為核心。

如果「趕工遊戲」的一個關鍵是關於工人如何在關係裡取得成就感而甘願勞動，那如何理解受僱者覺得不太好玩的狗屁工作呢？尤其當玩家（受僱者）覺得無意義、無成就感，甚至存在著精神暴力、工作者感到不開心之下，狗屁工作如果存在著遊戲的成分，那為什麼還可以持續增長並假裝不可或缺？遊戲能持續玩下去的動力是什麼？布若威的分析中，也提過他在菜鳥時期曾不屑一顧參與趕工遊戲，同時菜鳥時期趕上遊戲的速度也是相對難的，可是在工作現場中的社會關係要求下，以及隨著工作任務逐漸破關，他也逐漸融入了這個遊戲中。社會組織是關鍵，因此「狗屁工作」下遊戲能持續下去，問題或許也不在於狗屁的工作本身好不好玩，而是在於在整體的社會組織關係中，狗屁的工作被賦予了什麼樣的意義而必須被持續下去。《狗屁工作》的討論，是以白領受僱者與服務業的勞工為主，相比製造業的工廠工人，服務業或白領受僱者這樣一位勞動者的勞動中，其付出的勞動與其生產的產品價值之間的關係又更為疏遠。對於製造業的工廠工人，計件制與相應的報酬比例（以及相應而來的績效）還是工人與工作現場看待這份工作的主要依據，但是對於白領受僱者與服務業者來說，當其生產出來的產品與相應的績效是更為疏遠時，或許影響其工作意義與價值的，除了受工作現場中趕工遊戲的計件績效影響，更受包含了整個社會的評價，例如服務業中對於服裝儀容、應對舉止、資訊內容等等評價，亦即更受到這樣的勞動和整體社會運作的文化象徵意涵之間的關係所影響。例如，格雷伯就提到一種「狗屁工作」的類型是櫃檯接待，其實一日下來多數時間是無所事事的，但一個公司仍需聘僱一位櫃檯接待，是因為有一個正式的櫃檯接待，涉及社會認為正式的公司就必須有櫃檯，也因此對於來訪客戶來說，櫃檯就給予了這家公司正式的意義，因而也有了生意上初步信賴的基礎。

因此，或許「趕工遊戲」所構成的社會關係，也可以看作是整個資本主義體制對於「工作」的一部分縮影。如果視資本主義體制社會本身也是一個大的趕工遊戲，那這個遊戲如何運作，讓這些狗屁工作可以被受僱者所接受、狗屁工作可以持續增長且維繫了當代資本主義的運作？

在《狗屁工作》的第五章中，格雷伯提出了當代政府在創造與維持狗屁工作所擔任的角色，以及金融業如何被當成創造狗屁工作的典範，與這當中如何存在著管理封建制，尤其所謂創意產業，更如何彰顯這套管理封建制的運作。亦即，這個大型遊戲是如何由這些角色所推動。另一方面，遊戲的參與者（各個狗屁工作者）之所以甘願參與其中，更與社會如何界定工作價值有關。格雷伯在第六章指出工作的價值，其實不是基於經濟理性下的市場效益，也不是對於社會的貢獻度，那否則為何醫師或護理工作的價值被低估並常常被視為不應該領取高薪（相對於金融經理的志業，他進而從歷史的發展中，描述這套工作價值的形成有著中世紀神學對於生產的看法，以及北歐所形成的僱傭勞動文化，即「有償勞動如何被視為是成年人健全發展的必需」這樣的文化所影響，並隨著資本主義的到來，這些價值如何轉換成為資本主義的工作倫理，使工作自身成為目的，既是一種社會改革的手段，也是一種美德，同時這也解釋為什麼特定的勞動（如照護服務或像是地鐵工人）對日常社會的運作很重要，但其工作價值卻以「服務」之名被低估，而金融管理等經濟—專業卻受到普遍的讚譽並以高薪作為報酬。

格雷伯此處工作價值的探討也呼應了鮑曼在《工作、消費與新貧》的觀察。鮑曼在這本小書中，嘗試描述西方現代社會如何建構「工作」如此重要的文化，在工業化時期，工作被視為是一套社會的倫理，透過工廠的制度、學校的教育，將從鄉村湧入城市的移民們培養成大工廠所需的大量勞動力，同時工作的經歷與職位也成為代表了個人的身分軌跡，相對地，為了維持工廠的勞動力來源，「不工作」被標誌為反面教材，剝削的工廠勞動都比不工作帶來的貧窮、糟糕的救濟院還要來得是好的選擇。當社會從生產為主的工業社會進入了以消費為主的時代時，鮑曼也觀察到，此時工作的準則不再只是依據大量生產所需要的工作倫理，而是和消費的美學相關。追求個人夢想實現與欲望的滿足，像是買不買得起特定商品，能不能過得上有品味、走在最新潮流的生活，以及能否將工作變成展現自我興趣與獨特性（但需要被眾人認可）的興趣或志業等等，都成為驅使人工作的動力，亦即工作的動力在於能否回應消費刺激的能力與美學。這個轉變，也使得理想的工作類型，不是長期而穩定的工作，而是要能滿足消費的新鮮與刺激需求，不穩定的工作（不斷換工作）是被鼓勵的，這也結合了整個資本主義發展對於彈性化勞動的需求，此時資本家透過全球分工將生產勞動轉包第三世界，而在第一世界的消費社會下，最理想的類型則是工作能像興趣、娛樂一樣讓人不眠不休地投入，這是少數人的特權，弔詭地也成為一種自願的奴役狀態。此時，「工作倫理」的功用不是再生產工廠需要合宜的勞動力，而是作為規範，區分出不值得救助的窮人，亦即在強調去福利、個人責任、由市場決定的新自由主義下，「不工作」、領取社會福利、貧窮三者被聯繫起來，視為是個人的問題，相對於被視為典範的新興中產階級，這些個人問題等同於道德上的懶散與羞恥，甚至是具有犯罪的危險。鮑曼對於工作的批判，主要是指出了社會大眾對於「工作」的文化想像是如何在資本主義體制發展中形成，以及這套文化想像又如何構成一套標準分類，區分出什麼是可欲、好的工作類型，以及「不工作」又被貼上什麼社會管制的問題標籤。

不過與此相呼應的格雷伯，其論點不僅止於梳理資本主義下的工作文化建構，也希望透過探討工作的分配與評價，從而在大量狗屁乃至待遇很差的工作之外，指出還有不少工作是對於整個社會日常有重要意義與貢獻的。如前述提及，格雷伯區別了對於社會日常運作有貢獻但被低估的照護工作，以及沒有實質貢獻卻被讚頌的金融管理工作，以及指出前者如何被後者一套所代表的專業—經理的冗沉行政工作（狗屁工作）所侵蝕。進而，他從這兩種工作所代表的價值意涵與矛盾，帶出如何讓人從資本主義的勞動中得到解放的一些可能。在最後一章中，他提出「全民基本收入」作為一個思考方向，亦即讓工作與補償脫勾，一方面確保了所有人因基本收入有著合理的生活水準，也從中能決定要有更多的閒暇或決定要追求更多的財富報酬，並讓人們真正投入維持舒適而安全的生活所需的工作（例如前述被低估的社群照護），而與此同時，這樣的作法也將減少因金融市場而大量產生的經理—專業人員及行政管理科層組織，並減少當中對工人過多無謂的監督及為此而生的狗屁工作。當然，「全民基本收入」的提出有許多待討論的面向，包括實行後支持的經費何處來？如何跳脫個人主義競爭和賺賠的文化（跳脫養懶漢思維），以讓「全民基本收入」所意涵的集體共享文化成為可能？以及「全民基本收入」如何促進更多的閒暇與民眾的公共政治參與等？不過，格雷伯也提到，「全民基本收入」的具體內涵與實行並非這本書探討的主題。但基於前述對於工作的反思，或許「全民基本收入」是一個基進的參考。

從二〇一三年「狗屁工作」的提出到二〇一九年中文版問世之間，臺灣其實也有像是「厭世」等與「狗屁」類近的文化表達，並延伸對於勞動問題的探討。在「厭世」流行之前，臺灣曾流行「小確幸」，用來表達「小而確定的幸福」，諸如忙裡偷閒喝杯咖啡等，相對的是主流社會所強調的成功，像是找份好工作、年薪百萬、買房結婚等等，但隨著經濟的衰退，這些「大幸福」不再因為「愛拚才會贏」而能保證得到。而「厭世」則是「小確幸」的一體兩面，上班族透過社群媒體上的嘲諷短語，吐槽了上班族一日遇到的生活不順遂，以及面對親友與職場關係中的各種雷，展現了對於職場上司、客戶不合理要求，以及對於社會對於成功期待的一種消極表態。除了是一種自我的日常嘲諷，如同吳承紘（二〇一八）提出的「低薪、貧窮、看不見未來」來界定厭世，其報導描述了年輕世代對自己工作低薪、薪水趕不上物價（甚至難以買房成家）、不知道未來在哪的迷惘。同時間，臺灣也出現像是二〇一七年的抗議《勞基法》修惡遊行，而「全民基本收入」也引發了討論。

然而，「小確幸」與「厭世」等看似質疑了主流資本主義所形成的工作與生活價值，卻也很快地被吸納進市場，成為各種社群媒體的哏圖，以及文創市集與書店的療癒小物商品，乃至流行歌手們也以此為主題創作與販售單曲。上班族一方面抱怨著日常，另一方面卻又透過「小確幸」或「厭世」的各種消費紓壓，好讓自己明天繼續工作下去。同時，就像《做工的人》在書籍與電視劇、電影的賣座，好像工人的甘苦談慢慢也受到社會大眾的共鳴，但當提到罷工抗議，像是類似「要罷工可以，但不要影響到我去工作（或我辛苦工作後要去休假）！」等言論，工作文化仍舊主導著個人的日常現實。我們同樣也一直面對「狗屁工作」類似的問題：如果工作是如此無聊、不需要，甚至不只狗屁還是過勞低薪的「屎缺」，那為什麼受僱者還要做這份工作？而為什麼媒體上的財經專家，還是鼓勵大家要回歸工作、努力工作？如何反思臺灣工作文化與勞動價值如何形成，以及如果我們不滿於這樣的文化，該如何應對？尤其，新冠疫情更凸顯出書中所描述的「狗屁」現象，我們更能深切體會到，很多工作原來是不需要的，而醫護人員、照護人員與社區照護工作的貢獻又是嚴重被低估的。疫情隔離的日常下，許多看似微不足道、涉及食衣住行的各種工作，原來在我們的日常有著重要的作用，反而手機上股價金融市場的波動與那些投資管理，都不若這些維繫日常生活的勞動來得重要。

《狗屁工作》的中文翻譯出版，在二〇一九年的時空，即時地提供了一個梳理與對照，尤其格雷伯的文字淺顯易懂，對於被這類問題搞得很煩躁或困惑的一般讀者來說，也是個容易入門的參考。二〇二三年，《狗屁工作》的中文版再版，雖然二〇二〇年九月過世的格雷伯無法經歷與看到新冠疫情後世界的變化，此刻我們再次重讀這本書，格雷伯的視野與思考，更為深刻！

註釋

1 可參見林宗弘（二〇〇五）整理。

2 亦參見許寶強〈文化經濟學與情緒政治〉（二〇一五）一文提出新自由主義所謂的「小政府、大市場」不是一套經濟理性的邏輯，而是涉及文化政治如何建構資本主義是什麼、不是什麼。

參考書目

吳承紘。二〇一七。《厭世代——低薪、貧窮與看不見的未來》。新北市：月熊出版。

林宗弘。二〇〇五。〈譯序：邁可．布若威與生產的政治〉。《製造甘願》，Michael Burawoy 著，林宗弘等譯，頁五—六九。臺北：群學。

許寶強。二〇一五。〈文化經濟學與情緒政治——否想香港的新自由主義〉。《可持續實踐與鄉村建設》。http://our-global-u.org/oguorg/zht/?wpfb_dl=10。

Bauman, Zygmunt。二〇〇六。《工作、消費與新貧》。王志弘譯。臺北：巨流。

Burawoy, Michael。二〇〇五。《製造甘願》。林宗弘等譯。臺北：群學。

Cabanas, Edgar, & Illouz, Eva。二〇二二。《製造快樂公民：快樂產業如何控制我們的生活》。張穎綺譯。新北市：立緒文化。

Graeber, David。二〇一九。《40%的工作沒意義，為什麼還搶著做？論狗屁工作的出現與勞動價值的再思》。李屹譯。臺北：商周出版。

Hall, Stuart. 1988. *The Hard Road to Renewal: Thatcherism and the Crisis of the Left*. London: Verso.

二版推薦序

疫情退去後，看Bullshit Jobs

陳信行　世新大學社會發展研究所教授

二〇二〇年九月，本書作者格雷伯死於急性胰臟炎，得年僅僅五十九歲。對他生前活躍於其中的西歐北美學術界與社運界而言，這位充滿熱情與創意的學者與運動者實在過世得太早。倘若天假以年，還真難說格雷伯還會創發出什麼想法。然而，恰恰就是在他過世的時空中，本書的主要論點得到了廣泛而深刻的證實：當代富裕社會中有一大部分人的工作看起來高大上，其實是bullshit jobs，沒人做也沒差；另一些人日復一日做著低薪過勞又不受尊重的「屎缺」（shit jobs），但卻是社會運作的梁柱，即使在緊急情況下也必須不惜一切代價繼續做下去。

在COVID-19疫情封控中，「屎缺」通常被稱為「關鍵工作人員」（essential workers），無論是在中國大陸的清零政策、臺灣式的「軟封城」，還是世界各國各式各樣的封控措施中，清潔工、倉儲物流、農牧業與食品供應鏈的各式一線工作者、警消公衛人員、部分社工與其他社會照護工作者、監獄與養護中心一線工作人員，當然還有醫療產業裡上從醫師下到清潔工等一系列從業人員，這些人員都被要求無論如何必須繼續上班。在疫苗普遍施打之前、尤其在個人防護裝備供應不足的狀況下，對他們而言，上班往往意味著面對巨大的生命威脅。即便如此，各國人民與政府不約而同地認識到：缺了他們的勞力，社會就會垮，各種原本活得下來的人們會死。

相反地，在本書中被點名為「狗屁工作」的人們，有些可以在家上班（只要「關鍵工作人員」冒著生命危險把他們網購的視訊設備送到家，並維持好接到各家戶的寬頻網路暢通、視訊軟體伺服器正常運作）；有些原本被用來妝點門面的「幫閑」人員，則直接失業，需要大量社會救助讓他們熬過疫情，直到二〇二二年底、各國各城市的辦公室工作逐漸恢復正常。

即使自己偶而覺得心知肚明，沒有人會喜歡公開承認自己的工作是狗屁工作。以我自己的行業——高等教育產業——來說，平常時候總有各式各樣的主流論述說大學提供的課程和其他教育內容如何關鍵、如何必要、如何牽涉國計民生百年大計之類的，但是在疫情期間幾近兩年的全球大網課潮中，許多大學教師恐怕都跟我一樣，懷疑上網課時沒開鏡頭的學生或許正在一邊打遊戲、看網路影片、聊天，或幹些授課教師不可能知道的事。而且，說不定他們實質上在電腦前蹺課，對之後的人生其實不算是什麼損失。換句話說，老師們懷疑，自己的教學是一種狗屁工作。

如果第一線教學的教師與助教都懷疑自己在做的其實是狗屁工作，那麼，過去一、二十年來大學裡（與許多企業類似）新設的大量第二線工作：教學、研究與行政績效評量、為防止評量與會計造假而設立的稽核單位、為了「領導」對付各種評量稽核等大量工作而設立的中高層主管（副校長、副系主任、稽核長……），以及幫主管維持門面所需要的祕書與下屬。這些工作有可能不是狗屁嗎？

格雷伯是位人類學家。優秀人類學家的技藝最令人讚賞的，往往是從他們所研究的文化中的人們的主觀感受與言語中，總結出令人耳目一新的觀點。這正是「狗屁工作」一詞的來源：格雷伯在日常社交生活中聽到許多看來生計無虞的人們這麼描述他們的工作：「You know, it's just a lot of bullshit.」本書的立論也大量立足於西歐北美富裕社會中人的主觀感受（東亞富裕社會與之差別應該也不大），而非另尋一個「客觀中立超然」的尺度來衡量什麼工作是狗屁、什麼不是。格雷伯在芝加哥大學的博士論文指導老師薩靈士（Marshall Sahlins）是另一位擅長以這種技藝提出發人深省的批判觀點的作者。大約就是在薩靈士前後的世代中，人類學從之前專長於研究比較異文化、以探討「普世人類文化」之類的取向，轉向為對自己所身處的文化從事有根有據的文化批判。在這條路徑上，《40％工作沒意義，為什麼還搶著做？》其實並不是一本標新立異博君一笑的書，而是繼承了兩三代前輩的知識事業的重要作品。

什麼工作不是狗屁？從疫情封控期間的「關鍵工作人員」來看，除了它們多數都是「屎缺」之外，還有一個非常重要的特色，與格雷伯的論點一致：絕大多數具有某種照護工作的性質。強調有意義的工作對人的身心照護，而非「生產力」、「貢獻度」等等對僱主的資本增值有意義的面向，是一九七〇年代以來女性主義勞動研究的重要主張，格雷伯在本書中也繼承了這個觀點，來勾勒他所希望的未來社會。雖然他拒絕稱之為「政策建議」，因為「政策」一詞太強調少數菁英階層，而非大眾，作為改變社會的動力。

回到我自己的職場中。大學教職員什麼時候會覺得自己的工作不算狗屁呢？應該絕非自己評鑑分數名列前茅的時候吧？雖然我們不能排除這個可能性，畢竟從小習慣追求考試第一名的人在我們這行裡確實比較多，但是，我所接觸的同行與同事們印象深刻的成就感，往往是我們工作裡的照護性質：幫助真實的人（不只是學生）面對知識上的疑惑、生活上的困難、情緒上的困頓等等。然而，這些真實的成就往往難以放進格雷伯稱為「打勾人」的報表中，也不會被「任務大師」看成業務執行的「亮點」，從而不受大量引入私有企業管理手段的「新管理主義」大學體制的認可。事實上，做這些對自己與他人身心都有益的事，說不定還得耗上更多精神來應付校園內的評鑑體制。有些大學就規定了：教職員必須定期上網填報他們何時與學生或其他人員談什麼事項談了多久，列入業務評鑑；報多了沒用，漏報了被稽核人員查到要罰。

如果你覺得這種荒唐地讓人們的職業生涯愈來愈廢的官僚體制是政府的特色，那你還真該好好讀完這本書。格雷伯的論證恰好就是：這些狗屁工作的大量散布，是近三、四十年來各國公共服務私有化的歷史產物，是「小政府、大市場」方針的結果。如果三年多來的疫情給了我們什麼政治教訓，其中一條必須是：以大企業利潤為動力的全球私有化體制其實無力應付我們這個時代的公共事務。在危機時，它不僅在許多國家造成了許多人原本可以避免的死亡，更長遠來看，更剝奪了大量人們在自己的勞動中肯定自我、造福社會的機會。這可說是格雷伯的生涯最讓人難忘的貢獻之一。

前言

論狗屁工作現象

二〇一三年春天，我不小心引發了一場茶壺裡的國際騷動。

事情是這樣的：那年有本新發行的基進雜誌叫《迸！》（*Strike*），編輯要我寫篇專文，愈引戰愈好，最好別家都不敢登。這種題目我向來都有一、兩個在醞釀，於是我打了草稿給他過目，標題是「論狗屁工作現象」（On the Phenomenon of Bullshit Jobs）。

文章是從一個直覺起頭的。有一類工作，在圈外人眼裡閒閒沒事，而且每個人都不陌生：人力資源顧問、溝通協調人、公關研究員、財務策略師、商務律師，或是把時間花在給委員會充人頭、而這委員會是要檢討委員會浮濫問題的那種人（學院裡比比皆是）。這類工作的清單簡直可以沒完沒了地開下去。那時我想，會不會這些工作**真的**毫無用處，而且做這些工作的人都心知肚明？總有人會覺得工作漫無目的又無足輕重，你肯定遇過這樣的張三李四。不過，要是成年後的人生每週五天，早上都不得不爬起來把他們私底下深信根本不需要去做的差事做完——那些差事只是浪費時間或資源，搞不好還害世界變得更糟——這也未免太讓人氣餒了吧。這對我們的社會難道不是一種心靈重創嗎？果真如此，卻從來沒人試著談論這道傷口。據我所知，問大家是否樂在工作的問卷不計其數，但卻沒有一份問我們，是否認同這世上理當該有自己做的這份差事。

無用的工作說不定在我們的社會裡到處都有，人人卻避而不談，但其實也不是說不通。「工作」這個題目處處是禁忌。大多數人不喜歡自己的工作，樂於找藉口不上班，就連這樣的事實人們也不好在電視上大方說出口——電視新聞鐵定不適合，所幸紀錄片和情境喜劇還勉強可以含沙射影。我本人就經歷過這種禁忌：我曾經擔任過行動倡議團體的媒體聯絡人，當時謠傳該團體為抗議一場全球經濟高峰會，正在策劃公民不服從的運動，其中一步是要癱瘓華盛頓特區的運輸系統。離峰會時間愈來愈近，我走到哪都像個安那其（無政府主義份子），公務員喜孜孜地上前問我：星期一他們是不是真的不用上班了。可在同一時間，電視台的人也沒閒著：他們採訪市府公務員，其中幾個想當然爾跟上前問我的是**同一批**人，他們知道上電視該講什麼，開口就說要是沒辦法上班該多慘。看來，沒有人能大方表示自己對這類議題的想法——至少在公共場合是如此。

都說得通，只是當時我還沒想明白。我多多少少是抱持實驗的心態寫下那篇文章，一心想看看文章會激起什麼樣的反應。

以下是我為《迸！》二〇一三年八月號寫的內容：

論狗屁工作現象

一九三〇年，凱因斯預測二十世紀尾聲時，科技將有長足的進步，所以像英國或美國這樣的國家，一週只要工作十五小時就夠了。單就科技面來說綽綽有餘，誰都相信預言會成眞，然而預言就是沒有成眞。科技反而被整飭來讓我們每個人都要做更多事。這可得憑空造出實質上不知所謂的工作才行。成千上萬的人把他們的職涯，全部拿來做他們壓根不信有需要去做的差事，在歐洲和北美尤其嚴重。這種情形使人離心離德，是劃過我們集體靈魂的一道疤，但恐怕不曾有人對此表示意見。

直至一九六〇年代，人們都還殷殷期盼凱因斯擔保的烏托邦，但爲什麼沒有成眞？今天的標準答案是，他沒料到消費主義暴漲；一邊是工時減少，一邊是更多玩物和快感，我們集體選擇了更多玩物和快感。這則道德故事說來動聽，但稍加省思就知道不可能是眞的。沒錯，二十世紀以降，我們目睹新工作和產業憑空誕生，類別多得數不完，但其中幾乎都跟壽司、iPhone或潮鞋的生產與分銷毫無關聯。

那這些新工作究竟是什麼名堂？最近有一份報告，比較美國一九一〇年和二〇〇〇年的就業狀況，讓我們得以一窺全豹（提醒各位：英國的狀況半斤八兩）。二十世紀當中，受僱爲家僕、受僱於產業界和農場部門的工人人數遽降，同時「專業、經理、辦公室行政、銷售，以及服務人員」翻了三倍，成長幅度「從總受僱人數的四分之一增加到四分之三」。換句話說，凱因斯預言得不錯，生產性質的工作多半自動化了（即使將全球工業工人的數量都計入，包括印度和中國的血汗大眾，但投身生產部門的工人占全世界人口的比例還是下降了）。

儘管工時大幅減少，這世界上的人還是不能自由致力於自己的計畫、尋歡、願景和點子；反之，我們經歷的是「服務」部門膨脹，行政部門甚至更腫大，還沒算上憑空創造出來的全新產業，像是金融服務或電話銷售，或企業法務、學院和醫療行政、人力資源，還有公共關係等行業前所未見的擴張。而爲上述產業提供行政、技術或安全支援的人，乃至於整批附隨產業（幫狗洗澡的人、大夜送披薩的人），這些工作之所以存在，只是因爲每個人都忙著做其他同類型的工作，而這些工作甚至還沒呈現在上述的數字裡。

我提議把這些工作叫「狗屁工作」（bullshit jobs）。

簡直像是爲了讓我們每個人乖乖上班，有一隻幕後黑手造出不知所謂的工作來。妙就妙在這裡。資本主義底下恰恰就**不**該發生這種事情。我當然知道像蘇聯那樣過時、效率不彰的社會主義國家裡，就業既是權利也是神聖的責任，該體系不得不編造出諸多工作來迎合就業（所以蘇聯的百貨公司要三個店員來賣一塊肉）。可是，市場競爭不是理當修正這種問題嗎？至少經濟理論告訴我們，謀求利潤的廠商萬萬不會把錢浪擲在無需僱用的工人身上。奇怪的是，事情還是這樣發生了。

企業有時要狠狠瘦身。一旦遇到這種事情，被資遣的、被要求無償加班的，無一例外是實際從事生產、搬運、修理和維護東西的人，而到頭來，領薪水送公文的人數節節攀升，這箇中離奇的煉金術沒人可以解釋。越來越多員工發現自己越來越像蘇聯時期的工人，帳面工時每週四十甚至五十小時，但實際上如凱因斯所預言，只做了十五個小時，因爲剩下的時間都花在籌備或參加激勵士氣的研討會、更新 Facebook 個人檔案，或下載全套影集上。

顯然答案非關經濟，而是關乎道德和政治。統治階級想通了：快樂又多產的人口，要是有餘裕自由支配時間，就是一種致命的危險（想想這種現象初露苗頭的一九六〇年代發生了什麼事）。另一方面，人們能從工作本身感受道德價值，若是不情願一起床就投身緊湊的工作紀律，誰就沒飯吃，這樣的想法對統治階級來說實在是方便得無以復加。

有一次，我本來在思索英國學術部門裡儼然不斷增加的行政職責，突然想到一種可能的地獄景象。所謂地獄，就是一批人個個耗費大把時間，做他們不喜歡也不特別擅長的差事。就說他們本來是優秀的櫥櫃師傅，於是被僱用好了，一來才發現上頭要他們多花一大堆時間煎魚，而且還不是非煎不可，畢竟需要煎的魚總數有限。豈料，一想到有些同事做櫥櫃的時間說不定比自己多，卻沒煎好份內的魚，他們就放不下一股怨恨；不久，工廠就堆滿了根本不能吃、料理得很差勁的魚，而且所有人眞的就只煎出這些魚。

說眞的，上面這段拿來描述我們經濟的道德動力，我認爲還算準確。

走筆至此，我明白諸如此類的主張都會碰上不假思索的反駁：「你有什麼資格評斷工作是否眞的『必需』？你所謂的『必需』是什麼意思？你自己是人類學教授——人類學教授的『用處』是什麼？」（而且，許多八卦板鄉民確實會認爲敝人這份工作之所以存在，就是浪費社會開銷的明證。）社會價值沒有客觀的尺度，這在某個層面上顯然爲眞。

如果你打從心底認爲自己對世界做出了有意義的貢獻，我不會失禮到跟你說不是這麼回事。然而打從心底認定自己的工作毫無意義的人，又該怎麼說？不久前，我跟一個十五歲之後就沒聯絡的同校朋友重新聯絡上，驚訝地得知他在這段時間裡先成了詩人，後來又在一支獨立搖滾樂隊當主唱。我曾在廣播上聽過他的幾首歌，那時完全沒想到我竟然會認識這位歌手。他顯然曾經才華洋溢、銳意創新，他的作品也肯定點亮、提振了世界各地聽眾的生活。好景不常，幾張專輯銷路不佳，導致他失去合約，債務纏身，還要養剛出生的女兒。結果，用他的話說，他「走上好多漫無方向的人不假思索的選擇：法學院。」我第一次遇到有人向我坦承他的工作毫無意義、對世界了無貢獻，照他自己的估量則根本不該存在。

這段故事可能會讓你滿腹疑雲。首先你會問：我們的社會對才華洋溢的詩人——樂手的需求似乎極其有限，反觀對公司法專家的需求顯然不知饜足，由此可見得我們社會的什麼特徵？（答：倘若百分之一的人口控制絕大部分可動支的財富，那我們所謂的「市場」會反映**他們**認爲有用或重要的事物，其他人怎麼想則無關緊要。）更耐人尋味的是，從這段故事看來，做著不知所謂工作的人，到頭來多半自己心裡有數；坦白說我遇過一百個公司法律師，有一百零一個認爲他們的工作就是狗屎。上面提到的新興產業幾乎全都一個樣。有一整類的領薪專家是這樣的：你參加派對時遇到他們，自承做的事情還有點意思（比方說人類學者），但他們避而不談自己是做哪一行的；杯觥交錯之後，他們才喋喋不休地講起自己的工作其實有多無謂、多愚蠢。

這是一種深刻的心理暴力。如果你私底下覺得你的工作不該存在，談勞動尊嚴未免太奢侈。如果你承受這樣的心理暴力，能不滿腔盛怒和怨恨嗎？但這就是我們社會格外機巧之處：主導社會安排的人想出一套辦法，確保那股怒氣對準眞的能做有意義的工作的人，就像煎魚手的例子。再舉一個例子：我們的社會似乎有條通則，亦即一個人做的事情愈是明顯地造福別人，就愈是不容易從這件事中獲得酬勞。又來了，很難找到一個客觀的尺度，不過下面這個問題會讓你比較容易有個概念：如果這一整類人憑空消失，會發生什麼事？你平時不會關注護士、垃圾清運員或技師，但若他們化作一陣輕煙消失，你會立即感受到翻天覆地的後果。少了老師或碼頭工人，世界馬上要遭殃；就算只是少了科幻小說寫手或斯卡音樂家，也會是更糟的世界。至於私人企業執行長、遊說員、公關研究員、保險精算師、電話銷售員、法警或是法律顧問，他們消失後人類會承受怎樣的損失，一時半刻還看不出來（很多人斷定人類會變得更好）。[1] 話說回來，除了絞盡腦汁想出來的少數例外（醫生），你實在很難去駁倒這條通則。

更離譜的是，很多人覺得事情就該是這樣，這是右翼民粹主義的神祕力量之一。譬如，地鐵工人在合約爭議期間癱瘓倫敦交通，小報就把怨恨之情算在工人頭上；然而地鐵工人有辦法癱瘓倫敦，這就說明了他們的工作實在不可或缺，但人們正是因爲這個事實惱羞成怒。在美國，右翼民粹主義甚至更直白：共和黨人成功動員群眾去怨恨學校教師和汽車工人（卻不是實際捅婁子的學校管理人員或汽車產業經理人，這現象值得深思）拿的薪水和福利太浮誇，簡直像是在對他們說：「你好歹還有機會教小孩！有機會製造汽車！有機會做眞正的工作！你有這些機會，還敢指望中間階級[譯1]的年金和醫療照護？」

假如是有人完美地設計了一套工作體制，用來維護金融資本的權力，那我看這人已經做到淋漓盡致了。這套工作體制無止境地壓榨、剝削實實在在生產出東西的工人，把剩下的工人切成惶恐的階層和較大的一個階層；人人唾罵的失業者屬於惶恐的階層，較大的階層說穿了就是拿錢吃閒飯，分派到的（社會）位置讓他們認同統治階級（經理人、行政主管等）的觀點和感知模式，其闊綽的代言人更讓他們癡迷。但在此同時，這套工

> 作體制又餵養著一股蠢蠢欲動的怨恨；誰的工作具備清楚又難以否認的社會價值，怨恨的矛頭就指向誰。不用我說，這套體系從來不是誰有心設計的，而是從近一世紀的試誤中茁生。我們的科技如此發達，理當每個人每天只工作三到四小時才是；何以不是如此，恐怕也只能這樣解釋了。

要是一篇專文提到的假說，能用讀者讀完該文的反應來驗證，那就對了。〈論狗屁工作現象〉刊出後的迴響一發不可收拾。

無巧不巧，拙文刊行後的那兩週，我的伴侶跟我正好決定帶一篋書，在魁北克鄉間的一幢小屋裡待兩週，還約好要找個沒有無線網路的地方。那篇專文一發就如病毒般擴散，我坐困僻地，只能在手機上旁觀後續。數週間，該文就被翻譯成十幾種語言，包括德文、挪威文、瑞典文、法文、捷克文、羅馬尼亞文、俄文、土耳其文、拉脫維亞文、波蘭文、希臘文、愛沙尼亞文、加泰隆尼亞文和韓文，瑞士到奧地利都有報紙轉載。《迸！》貼出文章的原網頁引來破百萬次點擊，流量太大屢次當機。部落格遍地開花，留言區寫滿了白領專業人士的自白；人們寫信給我尋求開導，也有人告訴我他們受該文激勵，辭掉工作找更有意義的事做。下面這則激昂的回應（我收到

譯1 middle class，又稱中產階級，本書一律寫為中間階級。

上百則）來自澳洲《坎培拉時報》（*The Canberra Times*）的留言區：

> 哇，一針見血！我是企業法律顧問（確切來說是稅務律師）。我對世界毫無貢獻，無時無刻都滿腹牢騷。我不喜歡魯莽地說什麼「那何必做？」，因爲絕對沒那麼一翻兩瞪眼。至少我別無他法，眼前只能爲那百分之一效犬馬之勞，讓他們賞我一幢雪梨的房子，才能養我那未來的小孩……因爲科技，現在我們能用兩天做完以前要花五天做的事；但因爲「嗡嗡嗡」的生產力症頭，上頭仍舊要求我們將自己被埋沒的企圖心擱在一旁，爲他人的利益做牛做馬。管你是信智能設計還是信演化，反正人不是生來工作的——對我來說，這一切不過就是貪婪，由生活必需品膨風的標價撐起來的貪婪。[2]

某日，我接到不願具名的粉絲傳訊息來：他被拉進金融服務社群的人組成的鬆散圈子，裡頭在傳這篇文章，一天之內他就收到五封夾帶了拙文的電子郵件（當然也反映不少從事金融服務的人無所事事）。不過，有多少人真心認同他們的工作超廢——而不是，比方說，分享拙文其實暗藏機鋒？上述現象無助於回答這個問題，但不久還真的有統計佐證發表了。

文章刊出後一年多，二〇一五年一月五日，新年的第一個星期一，倫敦人紛紛收假，返回崗位。某人取走倫敦地鐵列車裡的數百張廣告，換上一系列游擊海報，上面寫著從原文摘出來的句子。他們選了下面這幾句：

- **成千上萬的人把他們的職涯，全部拿來做他們壓根不信有需要去做的差事。**
- **簡直像是為了讓我們每個人乖乖上班，有一隻幕後黑手造出不知所謂的工作來。**
- **這種情形使人離心離德，是劃過我們集體靈魂的一道疤，但恐怕不曾有人對此表示意見。**
- **如果你私底下覺得你的工作不該存在，談勞動尊嚴未免太奢侈。**

海報戰的迴響又在媒體上引起一波討論（我在《今日俄羅斯》（*Russia Today*）上匆匆露了臉），影響所及，民調機構 YouGov 自發性地測試文章的假說，用截取自該文的字句，對英國人做了民調，問題如下：你的工作是否「對世界做出有意義的貢獻」？豈料，有超過三分之一（百分之三十七）的受訪者回答「否」（答「是」的有百分之五十，百分之十三的受訪者不確定）。

這幾乎是我預期結果的兩倍——我本來設想狗屁工作差不多會占二十個百分比。還沒完，稍後在荷蘭又有個民調，結果幾乎一模一樣，其實還高了一些：有百分之四十的荷蘭工作者認為，他們的工作沒有存在的必要。

這下子，不只公眾的反應核實了文章的假說，連統計調查也核實了，白紙黑字。

§

事實擺在眼前：我們正面臨一個重要的社會現象，卻幾乎沒有人去徹底關注過它。[3] 僅僅只是打開一種討論它的方式，很多人就覺得如釋重負了，接下來人們一定會多方探索之。

二〇一三年的文章是寫給一本探討革命取向政治的雜誌，內容側重狗屁工作問題的政治意涵，本書的體系會比原本的專文更嚴謹，畢竟該文只是我當時醞釀的一系列主張之一。我當時在思考的是，柴契爾和雷根當政時主導世界的新自由主義（「自由市場」）意識形態，跟官方宣稱的完全相反：它其實是一個經濟皮、政治骨的計畫。

不這樣想，我沒辦法解釋當權者的實際作為。新自由主義的說詞三句不離釋放市場的魔力、經濟效率理當凌駕其他價值云云，可是自由市場政策的總體效果，卻是讓世界各地的經濟成長率都慢了下來，僅印度和中國除外；科學和科技進展停滯；在最富有的國家，年輕世代過的日子恐怕不比雙親豐裕，這是好幾個世紀以來首見。然而，市場意識形態的支持者觀察到上述效應後，千篇一律地呼籲不用改藥方，只需加重劑量，政治人物也從善如流。我只覺得莫名其妙。假設一家私人公司聘個顧問來制定商業計畫，結果利潤陡降，那顧問就會被開除。就算不開除，僱主也會要求顧問另擬一份計畫。可是自由市場改革從來不是這樣玩的；改革跌得愈重，執行愈是不遺餘力。唯一合乎邏輯的結論是：驅動計畫的，不是對「拚經濟」的迫切需求。

那驅動計畫的是什麼？我把腦筋轉向從政階級的思維模式上。當前做關鍵決策的人，十之八九都是在一九六〇年代念的大學，那時的校園是政治躁動的震央；他們念茲在茲，同樣的事絕不可重演。這導致他們儘管顧念經濟指標衰退，但更樂見全球化、掏空工會權力和催生朝不保夕又過勞的人力，三者共同產生的效應把財富和權力同時輸往富人，並將組織起來挑戰其權力的基礎摧殘殆盡。他們一邊任其發生，一邊油條地讚許六〇年代號召的享樂主義式個人解放（後來大家都說是「生活風格自由行，財政預算都不行」）。這樣的政策在經濟上不見得是帖良藥，但在政治上簡直是靈丹妙藥；如果沒出什麼亂子，他們完全沒有誘因罷手。拙文只是跟緊了一個洞見：你發現某人打著經濟效率的招牌，卻做著在經濟上完全沒道理的事（好比說付一筆可觀的酬勞請人來整天不做事），最好效法古羅馬人，先問：「*Qui bono?*」（誰得利？）——又是怎麼得利的。

本書接下來要提出的，與其說是一套串謀理論，不如說是**反**串謀的理論。我在書中追問的是人們為什麼**沒有**採取行動。經濟趨勢發生的原因不一而足，但如果趨勢是給有錢有權的人找麻煩，那些有錢有權的人就會對體制施壓，令其進場收拾局面。二〇〇八到〇九年的金融危機後，大型投資銀行獲得紓困，拿不動產去抵押的人們則不然，道理就在這裡。接下來的章節，我會帶讀者了解，狗屁工作的增生事出有因，我真正質問的是為什麼沒有人介入（你喜歡的話也可以說「暗助」）此事，有所作為。

§

我相信，廢冗聘僱現象還是一面窗，讓我們得以窺見更深層的社會問題。我們不只要問：怎麼會有這麼大比例的人力為他們自己都認為無謂的差事窮忙？更要問：為什麼有這麼多人認定這樣的事態是正常、勢不可免——甚至值得追求的？更讓人不得其解的還有：就算他們確實大致同意上述意見，還相信為無謂工作勞動的人比做他們認為有用的事的人該拿更多薪水、獲得更多榮譽和肯定，但倘若這輩子就待在拿錢不做事、或者做的事對他人毫無助益的位子上，難道不會覺得沮喪而酸苦嗎？此中肯定有形形色色矛盾的想法和衝動在發揮作用，本書的任務之一就是著手理出頭緒。所以，我要提出一些務實的問題，諸如：狗屁工作實際上是怎麼發生的？我也不免要問一些深邃的歷史問題，像是：從什麼時候開始，我們怎麼逐漸相信創意理當伴隨著痛苦？或是：我們究竟是怎麼產生一個念頭，認為一個人的時間是有可能出售的？到頭來，我提出的大哉問也離不開「人性」二字。

撰寫本書也有其政治目的。

我把本書寫成一支射向我們文明核心的箭，因為我們所塑造的自己，有些地方已病入膏肓。我們成了一個建立在工作之上的文明，為工作而工作，工作本身就有意義，甚至不求成果豐碩。我們逐漸相信，對職務淡漠、心存僥倖、不勤奮工作的男女是壞胚子，不值得獲得社群的關愛或協助。我們彷彿心照不宣地向我們自身遭受的奴役倒戈。明知有一半的時間投身毫無意義的工作，甚至從事有礙績效的活動（號令往往來自某個我們厭惡的人），但我們的政治反應不外乎放任怨恨化膿；這股怨恨來自於一個事實，亦即這個社會總有些人未曾陷入同樣的困境中。結果，憎惡、怨恨和猜疑成了串起社會的黏著劑。災情慘重，但願這一切能終止。

倘若能為狗屁工作的終止略盡綿薄之力，寫作這本書就值得了。

第一章

狗屁工作是什麼？

讓我們從一則堪稱狗屁工作之典範的例子說起。

德國軍方有家分包商，阿寇為這家公司工作。呃，其實是這樣的，德國軍方有家分包商，分包商有家分包商，分包商有家分包商，最後這家分包商僱用了阿寇。阿寇如此描述他的工作：

德國軍方把ＩＴ事務發給分包商做。

這家ＩＴ公司把後勤事務發給分包商做。

做後勤這家公司再把人員管理事務發給分包商，也就是我工作的公司。

好的，現在有個士兵甲，要搬到隔壁再隔壁的辦公室。但他不能把電腦搬過去就了事，他必須填一份表單。

ＩＴ包商收到表單，有人會審核，再轉發給做後勤的公司。

做後勤的公司核准換辦公室乙事後，再向敝公司發需求。

敝公司坐辦公室的人接手做他們該做的事，這時我登場了。

我會收到一封電子郵件：「C時間到軍營B。」這些軍營多半離我家一百到五百公里遠（六十二到三百一十英里），我會租台車，開到軍營，跟調度員說我到了，填表，卸下電腦，裝進箱子，封箱，請後勤公司的某人把箱子搬到隔壁房間，我到隔壁房間開箱，填另一份表單，把電腦組起來，打給調度員告訴他我花了多少時間，將所有文件寄給調度員，領錢。

對，不是士兵把電腦搬動五公尺的距離，而是兩個人開合計六到十個小時的車，填約十五頁的文件，浪費納稅人寶貴的四百歐元。[1]

海勒（Joseph Heller）有部一九六一年的小說《第二十二條軍規》（*Catch-22*），把這種荒誕的軍中繁文縟節寫到家喻戶曉。阿寇的故事乍聽之下是同一類的經典實例，但有一個關鍵處不同：故事裡只有一個人是真的為軍方做事，其他人技術上都算私部門的一份子。當然，有段時期，各國國軍都自有通訊、後勤和人員部門，只是到了今天，這些事情全都層層轉包給私部門去完成。

阿寇的職務堪稱狗屁工作的範例，原因很簡單：消去他的職位，沒有人會發現世界有什麼改變。而且，德國軍事基地恐怕不得不以較為合理的方式移動設備，十之八九事情還會改善。重點來了，阿寇比誰都清楚這份工作很荒謬。（其實，阿寇發這篇文章的網誌下方旋即冒出一票自由市場的愛好者——在網路論壇上，他們老是這樣冒出來——堅稱：既然是私部門創造這份工作，按定義，它勢必服膺於某個正當宗旨。為了維護這份工作堪稱莫名其妙的主張，阿寇還得跟這群自由市場的愛好者辯論。）

我認為這就是適合界定狗屁工作的特徵：狗屁工作徹頭徹尾沒意義，就連每天做這件事的人都找不到一個好理由說服自己去做。他不見得能向同事坦白——不坦白多半都有很好的理由——無論如何，這份工作沒意義，他是心知肚明的。

因此，姑且將之當作初步的臨時定義：

臨時定義：完全無謂、不必要或有所危害，甚至連受僱者都沒辦法講出這份職務憑什麼存在，這種僱傭類型就叫狗屁工作。

有些工作無謂到，擔任該職的人消失了都沒人發現。這種情形通常發生在公部門：

西班牙公務員翹班六年研讀史賓諾莎（Baruch Spinoza）

《猶太時報》（*Jewish Times*），二〇一六年二月二十六日

> 西班牙媒體報導，一位公務員至少六年來領薪水卻沒工作，利用公務時間成了猶太裔哲學家史賓諾莎作品的專家。
>
> 新上線的 euronews.com 上週報導，賈西亞（Joaquin Garcia）在西班牙南部的卡迪斯水利處（Agua de Cadiz）曠職，卡迪斯法庭上個月對六十九歲的賈西亞處以三萬美元罰鍰。賈西亞自一九九六年起受僱該處，職位是工程師。
>
> 二〇一〇年賈西亞因長年服務獲頒獎牌，此時才有人注意到他的缺席情形。副市長貴南德茲（Jorge Blas Fernandez）展開調查，最後發現六年間辦公室不曾有人見過賈西亞。
>
> 親近賈西亞、不願具名的消息來源接受《世界報》（*El Mundo*）採訪，指出賈西亞在二〇一〇年之前全心全意研讀史賓諾莎。史賓諾莎是十七世紀的異端猶太人，住在阿姆斯特丹。《世界報》的另一消息來源則說，賈西亞已成爲史賓諾莎專家，並否認賈西亞不曾上班的說法，說他每隔一陣子會進辦公室。[2]

這則報導在西班牙上了頭條。當時該國正經歷苛刻的財政緊縮，失業率高，竟然有公務員膽敢翹班多年，還沒人發現，簡直膽大包天。然而，賈西亞的辯詞並非全無道理。他解釋說，他盡忠職守地監控該市的污水處理廠多年，誰知水利處後來換了主管，主管厭惡他的社會主義政治觀，遲遲不指派任何職務給他。他落得這樣的處境，一蹶不振，終因憂鬱症被迫就診。最後，他不願繼續坐在辦公室裡裝忙，經諮商師同意後，他決定說服水利處讓他歸市政府管，再說服市政府讓他歸水利處管，出狀況時才打卡，不然就回家做點對生命有益的事。[3]

每隔一段相近時間，關於公部門的類似報導就會浮上檯面。最出名的一則是報導決定不送信的一群郵差，改把信件扔進櫃子、儲藏室或垃圾子車，結果大量信件和包裹多年來堆積如山，無人聞問。[4]華勒士（David Foster Wallace）的小說《蒼白之王》（*The Pale King*）講伊利諾州皮奧里亞（Peoria）稅務局裡的生活，故事推得更遠：小說的高潮是查稅員死在書桌前，僵挺在椅子上好幾天才有人發現。乍看之下，這種情節純屬荒謬主義的諷喻，但在二〇〇二年，赫爾辛基發生了幾乎一模一樣的事。一個芬蘭查稅員在一處密閉的辦公室工作，在他的書桌前以坐姿死去，維持逾四十八小時，其間有三十位同事在他周圍持續忙碌著。「大家以為他想安靜工作，沒人打擾他。」他的主管說——想想看，大家還滿體貼他的。[5]

像這樣的報導，當然會讓世界各地的政客見獵心喜，呼籲讓私部門擔綱更重的職責——政客老是說，若是私部門，才不會發生這種離譜的事情。的確，迄今我們不曾聽聞報導說 FedEx 或 UPS 的員工把包裹堆在庭院邊的儲藏間，但阿寇的故事讓我們看到，私有化產生了自成一格的瘋狂，教養掃地的程度時有過之。多年來，軍方受到諸多指責，但恐怕沒被追究過效率低落，然而節節高漲的狗屁事務仍舊壞了一鍋粥；我必須說，阿寇為這樣的德國軍方做事，其中的反諷不言而喻。到了二十一世紀，就連裝甲部隊都被子、子子和子子子包商等泛濫的魍魎團團包圍，坦克指揮官必須執行複雜又陌異的科層儀式，才能把設備從一間房移到另一間；無奈的是，張羅文件的那些人私底下還把冗長的抱怨文貼在網誌上，大談整件事有多蠢。

倘若上述個案都不是單一案例，公私部門主要就不是差在哪一方容易產生無謂的工作，也不盡然在於產生哪一類的無謂工作，而是私部門的無謂工作多半受到更嚴密的監督，但不見得總是如此。接下來我們會了解，銀行、製藥廠和工程公司裡，把大部分時間花在更新 Facebook 個人檔案的員工數出奇地高，只是私部門還是有個分寸在。如果阿寇貿然曠職，致力研究他鍾愛的十七世紀猶太裔哲學家，那他馬上就會被解僱。如果卡迪斯水利處私有化，厭惡賈西亞的經理恐怕還是會剝除他的職責；可不管怎樣，他還是得乖乖坐在辦公桌前鎮日裝忙，否則就得另謀高就。

事情就是這樣，該不該算是私部門比公部門長進，就請讀者自行判斷了。

為什麼黑手黨的殺手不適合用來說明狗屁工作

前情提要：職務內容的大半或全部事務，都讓做這份工作的人認定是無謂、不必要，甚或有所危害，就是我所謂的「狗屁工作」。這種工作哪天消失了，也都沒有差別。最重要的是，做狗屁工作的人自己都覺得這份工作不該存在。

這樣的工作似乎充斥在當代資本主義。我在前言提過，YouGov 的民調發現，英國只有百分之五十的全職工作者毫不懷疑自身工作對世界有某種具意義的貢獻，百分之三十七則深信沒有。至於思騰（Schouten & Nelissen）在荷蘭做的民調，後一個數字高達百分之四十。[6] 仔細想想，這些統計數字其實很驚人，畢竟三百六十行有絕大多數都是不可能讓人看不出目的的工作。「你的工作會對世界做出有意義的改變嗎？」護士、公車司機、牙醫、清道夫、農人、音樂老師、維修員、園丁、消防隊員、場景設計、水管工、記者、安檢員、音樂家、裁縫、導護等鐵定都會打勾。此外，我自己的研究也指出，店員、餐廳侍應和其他低階的服務提供者，鮮少自認做的是狗屁工作。許多服務工作者恨透了自己的工作，可是恨歸恨，他們也察覺到自己的工作確實對世界造成有意義的差別。[7]

好，如果一國的工作人口中有百分之三十七到四十主張自己的工作無關緊要，又有好一批人懷疑或許真是如此，那麼，我只能得出這樣的結論：如果你疑心某個坐辦公室的人搞不好私底下懷疑自己做的是狗屁工作，那不必疑心了——他就是這麼想的。

§

本書第一章的主要目標是界定我所謂的狗屁工作，下一章我會說明一套分類方式及其邏輯（typology），來整理我心目中狗屁工作的主要類型。藉此，我們得以在後續章節中著手考慮狗屁工作的心理、社會和政治效應。我篤定，這些效應會在不知不覺中蔓延。我們已經創造出這樣的社會，其中的多數人雖就業卻無用武之地，並逐漸怨恨、唾棄在社會中做最有用的工作、甚至是無償工作的人。不過，我們有必要先回應一些潛在的反駁，才能分析當前處境。

讀者或許已經注意到，我的初步定義有一處模稜兩可。我筆下的狗屁工作少不了當事人認為「無謂、不必要或有所危害」的事務，但一份對世界無謂或不必要的工作，造成的影響當然還是不同於一份對世界有所危害的工作。善惡相抵之後，一個黑手黨的殺手在世上為惡多過為善，這樣說多數人都會接受；然而，你能說黑手黨殺手是份狗屁工作嗎？聽起來就是不對勁。

聽起來不對勁的時候——當我們對自身定義所產生的結果，在直覺上感到不對勁——照蘇格拉底的教導，那是因為我們沒有察覺自己真正的想法（所以他有一說：哲學家的當行本色是告訴眾人他們已經知道、只是不明白自己知道的事情。有人還說人類學者，譬如我本人，做的事情也類似）。「狗屁工作」這個詞顯然讓很多人心有戚戚焉，他們就是覺得有某種道理在其中。這意謂他們心裡有一條準繩，至少在某種直觀的層次上，才有辦法說出「那還真是個狗屁工作」或「那份工作爛歸爛，但我不會說它徹頭徹尾是個狗屁」。工作會危害世間的人，很多都覺得用「狗屁」拿來形容他們的工作恰如其分，其他人卻完全不會這樣想。要抽絲剝繭，找出準繩為何，最好的方式是審視一些難以界定的案例。

好，為什麼說殺手是狗屁工作會感覺不對勁？[8]

我猜想理由有很多。其中一個是，黑手黨的殺手不會假惺惺（不像外幣投機者或品牌行銷研究者之類的人）。黑手黨成員時常聲稱他只是個「做買賣的」，話是不錯，但只要他願意多少坦承實際的職業性質，就不大可能假裝自己的工作對社會有一丁半點益處；就連堅稱自身工作對某團隊的成就有貢獻，而該團隊供給某些實用產品或服務（藥物、娼妓，諸如此類），這種說法也很難站得住腳。要是他真的不嘴軟，這番說詞只怕一戳就破。

既然如此，我們的界定就可以進一步精練。狗屁工作不只是無用或造成危害的工作，反之，典型的狗屁工作少不了某種程度的作態和詐欺。即使擔任該職位的人私下覺得話術荒唐可笑，還是必須假裝他的工作有很好的理由存在。作態跟實在之間，肯定橫著某種鴻溝（從字源學來說也說得通[9]：「說狗屁」〔bullshitting〕說到底就是一種不誠實的類型。[10]）

如此，我們就能提出第二版：

臨時定義二：完全無謂、不必要或有所危害，連受僱者都沒辦法講出這份職務憑什麼存在，卻又覺得有必要假裝其實不然，這種僱傭類型就叫狗屁工作。

當然，不該把殺手視為一份狗屁工作的理由還有：殺手本人並不認為他的工作不該存在。黑手黨員大都相信自己屬於一個古老而光榮的傳統，不管對更廣泛的社會良善有沒有貢獻，這門傳統秉持自成一格的價值。順道一提，這也說明了「封建領主」不是狗屁工作。人們會說，國王、伯爵、皇帝、帕夏（pasha）、埃米爾（emir）、鄉紳、柴明達爾（zamindar）、地主[譯1]這一類人一無是處；許多讀者直言（我也傾向同意）這類人危害人類事務，可是**他們**並不苟同。照這個道理，除非國王是不為人知的馬克思主義者或共和主義者，你大可篤定地說「國王」不是一份狗屁工作。

這一點很管用，值得讀者放在心上，因為在世上作惡多端的人，大部分都受到周全的維護，無從得知自己作惡多端的實情。另一種情況是，拿錢辦事的幫閑和馬屁精勢必圍著他們轉，編出他們其實在做好事的理由，而他們放任自己相信那些無止盡孳生的藉口（今天，這類人有時被稱為智庫）。這點道理適用於金融投機的投資銀行CEO，同樣適用於北韓和亞塞拜然等國的軍事強人。黑手黨家族的不尋常，或許在於他們鮮少裝模作樣——畢竟黑手黨本來是西西里地方地主的打手，日子久了，自己當家。[11]到頭來，他們仍舊是相同封建傳統下具體而微、於法不容的版本。

最後一個不該把殺手視為狗屁工作的理由是：殺手到底是不是工作實有疑義。沒錯，地方犯罪首腦很可能僱用這位殺手擔任某個職位，說不定是在他的賭場裡為殺手安插一份有名無實的保全工作。那樣的狀況，我們當然可以說**那份**工作是狗屁工作，但他不是因為殺人的能耐而拿這份薪水的。

§

這一點讓我們能更進一步精練定義。我們講狗屁工作，一般是指拿錢為別人做事的僱傭關係（工資或固定薪資[譯2]，大多數人還會納入收費的顧問服務）。大家都知道，有很多自僱人士有辦法從他人那裡撈到錢，手段是謊稱要給他們好處或服務（我們通常稱為騙子、金光黨、江湖郎中或白賊）；同樣地，也有自僱人士傷害人或恫嚇要傷人來取財（我們通常稱為攔路盜、竊賊、敲竹槓的或盜賊）。前一類狀況中，我們鐵定會說那些行為是狗屁，卻不會說那些是狗屁工作，因為那些行為根本不算嚴格意義上的「工作」。這檔事是一種作為，不是專業。江洋大盜亦然。我們有時會說職業竊賊，不過這只是說明盜竊是該竊賊的主要收入來源的一種說法而已。[12]可沒有人按時付竊賊工資或固定薪資，讓他侵入民宅。基於這個理由，你也不能說竊賊確切來說是份工作。[13]

我想，我們能從上述這些考量提出一個定義，當作最終的工作定義：

譯1　帕夏是鄂圖曼帝國的高階官員。埃米爾是伊斯蘭社會的高層文武官員頭銜。柴明達爾是波斯語中的地主，在印度次大陸上是一種貴族，有權對大片土地上的農民徵稅。

譯2　原文為 on a waged or salaried basis，是兩種不同的支薪方式。前者是以小時或日計費，視每次工作的分量計酬；後者是每一段固定時間支付固定費用。

最終工作定義：完全無謂、不必要或有所危害，連受僱者都沒辦法講出這份職務憑什麼存在，但基於僱傭關係的條件，卻又覺得有必要假裝其實不然，這種有支薪的僱傭類型就叫狗屁工作。

論主觀要素的分量，還有，為什麼可以合理假定自認在做狗屁工作的人大致是對的

我認為上述定義還堪用，總之對本書的宗旨來說夠用了。

仔細的讀者或許會發現，還有一處疑義待解，即上述定義主要訴諸主觀。我給狗屁工作的定義是，工作者認為無謂、不必要或有所危害——但我也暗示該工作者是對的。[14] 我假定（工作者的感受）底下埋藏著真實。我還真得做這樣的假定，不然，光是某個善變工作者的情緒變動，就會令完全相同的一份工作今天狗屁、改天就不狗屁了，而我們只能默認而自打嘴巴。我真正要說的是，既然社會價值這種跟市場價值截然不同的事物是存在的，但又從來沒人想出夠周延的辦法來衡量社會價值，那麼要準確估量工作者的處境，工作者自己的觀點已經是最可靠的了。[15]

這其中的道理不難想見：如果一個辦公室職員真的花八成時間設計貓咪迷因，一旁隔間的同事未必會察覺端倪，但她對自己的行為不可能一點察覺都沒有。即使是複雜一些的情況，工作者到底對組織有多少貢獻不得而知，我還是認為假定工作者對自身的認識最深刻，是說得過去的。

我踩住的立場在幾個領域裡會有爭議，這我清楚。經理人和其他大人物會如此堅稱：大公司裡的小螺絲釘多半沒辦法完全理解自己的貢獻，因為從高處才看得清楚大局。這不見得是假話。低階員工往往沒辦法看見大局的一些小節，或根本沒被告知這些；當公司打著不法的算盤時更是如此。[16]不過我的經驗是，基層人員幫同一組人做事一段時間——就說一、兩年吧——正常狀況下，不管是誰都會被拉到一旁，獲知公司的祕辛。

沒錯，有例外。有時經理人蓄意把事務拆開，以致讓員工弄不清楚他們的血汗是怎麼澆灌整個事業的。銀行很愛搞這套。我還聽過美國工廠的例子是，許多生產線的工人渾然不知廠區到底在製造什麼；當然，類似案例十有八九，後來都發現是業主刻意僱用不會說英語的人。可是在那些案例中，設想自己的工作必有用處的工人還是比較多，他們只是不知道發揮了什麼作用。大致而言，員工不會不知道辦公室或生產現場都發生了什麼，當然也清楚他們的工作對企業有何貢獻，或沒有貢獻——好歹比其他人都明白得多。[17]至於他們的上司，他們就未必清楚自己在做什麼了。我在研究過程中頻頻遇到的情境是，基層人員打從心底懷疑：「我花八成的時間設計貓咪迷因，主管真的**知情**嗎？他們只是裝作沒注意到，還是真的渾然不察？」愈是指揮鏈上層的人，底下的人愈有理由知情不報，讓上層愈是高處不勝寒。

我們接著問：特定**種類**的工作（例如電話銷售、市調、顧問）是不是狗屁，亦即能不能說這類工作確實產出任何一種正向社會價值。這時問題就棘手了。對此，我只能說最好還是留待做那種工作的人來判斷，畢竟人們設想社會價值是什麼，它就是什麼。有什麼狀況是其他人的立場更適合判斷的？就此而言，我會認為：如果吃某一行飯的一大批人私底下都相信工作不具社會價值，你應該假定他們是對的，再繼續往下走。[18]

至此，吹毛求疵的人鐵定也會提出反駁。他們或許會問：你哪有辦法斬釘截鐵地知道在某個產業工做的多數人不為人知的想法？答案明擺在眼前：你就是沒辦法。就算有可能對說客或財務顧問做調查，你也不知道會有幾個人老實回答。在《迸！》的那篇專文裡泛泛地講到無用產業時，我以為說客和金融顧問其實對他們的工作無益於他人這樣的情形心裡有數——坦白說，我假定他們擺脫不了下述認知：倘若他們的工作逕自消失，世界上有價值的事物可是一樣也沒少。

我的想法可能是錯的。企業說客或財務顧問可能打從心底服膺一套社會價值理論，這套理論認為國家的健全與繁榮仰賴他們的工作成果。這套理論可能會讓他們夜夜安心入睡，深信周遭每個人都因他們的工作而受惠。我不知道。不過，我懷疑愈往食物鏈頂端移動，上述想法愈有可能符合實情，畢竟有權有勢的一丘之貉在世上積惡愈深，馬屁精和擦脂抹粉的公關專家愈會聚集在他們周圍，提供各式各樣的理由，支持他們真的在做好事——那些有權有勢的人也愈有可能會聽信，不會全都無動於衷。[19] 當然，在人類對世界造成的傷害（至少涵蓋專業職責所需而造成的傷害）中，很大一部分都跟企業說客和財務顧問脫不了關係，也許他們真的不得不強迫自己相信工作內容。

果真如此，推銷生財之道和遊說他人毋寧就更像殺手，而完全不算狗屁工作了。在食物鏈高高的頂端，情形似乎就是如此。舉例來說，我在頭先二〇一三年那篇文章裡提到，我認識的企業法顧全都認為她或他的工作是狗屁。可是，我當然也是從我可能會認識的那種企業法顧身上去反思，才寫出那段話——曾經是詩人兼音樂家的那種企業法顧，而且位階還不夠高，這一點影響更甚。憑我印象所及，真正有權有勢的企業法顧認為他們的角色正正當當，又或他們壓根不關心自己是做好事還是造成傷害。

在金融食物鏈頂點，當然就是這麼一回事。二〇一三年四月，我陰錯陽差出席了一場會議，題目是「永久修復銀行體系」，辦在費城聯邦儲備銀行。議程之一是跟哥倫比亞大學的經濟學者薩克斯（Jeffery Sachs）視訊連線，他最知名的事蹟是設計「休克療法」（shock therapy）等改革措施並應用於前蘇聯。薩克斯提出一份評估報告，驚呆全場，連措辭謹慎的記者都只能婉言「異常直白」。這份報告評估的是經營美國金融機構的那批人，他們以為薩克斯跟他們立場一致（未嘗沒有道理），所以十分坦率；薩克斯反覆強調這一點，他的證言也因此格外難得：

> 請注意，我目前固定會跟許多華爾街人士會面……我了解他們。我跟這批人一起吃午飯。接下來我話會說得非常不客氣：我認爲華爾街的道德環境病入膏肓。〔這批人〕沒有納稅的責任感，對客戶沒有責任感，對交易對造也沒有責任感。他們頑強、貪婪、充

滿狼性，覺得自己毫不受控（差不多就是字面上的意思），而且他們跟體系博弈到了一種明目張膽的地步。不論合不合法，他們能到手多少錢，就要拿走那麼大筆錢（而且多半能到手），因爲他們打從心底相信那是上帝賦予的權利。

> 查查選舉獻金吧，我昨天因爲別的緣故才看過，目前金融市場是美國體系中的頭號選舉獻金金主。我們的政治爛到根了……兩黨都深陷其中。
>
> 不過這一切養出的逍遙法外的感受，才眞的讓人錯愕，目前我在個人層次上領教過了，而這非常、非常惡劣。我已經等了四年……不，五年了，我在等華爾街會不會有哪個人吐出幾句道德辭令，但我一次都沒聽過。[20]

事情就是這樣。如果薩克斯說的不錯——坦白講，還有誰能更逼近真相？——那麼金融體系發號施令的高層，跟我們講的狗屁工作根本無關，他們也不是前面講的那種，把自家的宣傳辭令當真的人。我們這會兒談的其實是詐騙集團。

在此還要記得另一組重要區分：無謂的工作跟就只是糟糕的工作也不一樣。我會把後者稱為「屎缺」（shit job），因為大家時常這樣說。

我要提這件事，只是因為常常有人混淆兩者——說來奇怪，兩者一點都不相像，甚至可說正好相反。狗屁工作的薪資通常很不錯，工作條件偏優渥，但就是無謂。屎缺則多半不見得是狗屁，典型的屎缺是必須有人去做的工作，對社會明顯有益，只是頂著屎缺的工作者領的錢少，待遇也差。

當然，有些工作讓人不快、難以排解，但在其他方面令人滿足。（有則老笑話，說的是一個男人，他的工作是在馬戲團表演完後清理大象的糞便，身上沾滿那股氣味，做什麼都擺脫不掉。換了衣服，洗了頭髮，上下前後刷洗，還是臭氣熏天，女人都敬而遠之。他的一個老友終於問他：「為什麼要這樣糟蹋自己？明明還有其他那麼多工作能做。」男人答道：「啥？要我放棄演藝事業？」）不論工作內容如何，我們都不能把這類工作當成屎缺，也不能當成狗屁工作。其他工作——例如例行清潔——沒道理本來就糟蹋人，只是很容易被人糟蹋。

舉例來說，我目前服務的大學裡的清潔員，待遇就很糟。如同今日多數大學，這份工作已經外包了；清潔員不直接受僱於學校，而是受僱於派遣公司，公司的名字就繡在清潔員穿的紫色制服上。清潔員的薪資微薄，被迫使用危險的化學藥劑，時常傷手，受不了的時候只好請假養護（這段時間不計酬）。主管對待他們的態度一貫專斷跋扈，但根本沒道理用這麼過分的方式對待清潔員。然而，清潔員知道大樓需要他們來打掃，而且少了他們，大學的生意就做不下去。他們至少為此略感自豪——其實我敢說，這份工作最讓他們自豪的就是這一點了。[21]

屎缺藍領居多，領時薪；反觀狗屁工作白領居多，領固定薪資。做屎缺的人常被輕蔑對待，他們工作勤奮，但工作勤奮正是他們的自尊屢屢被壓低的原因。不過，他們至少知道自己做的是有用的事。反觀做狗屁工作的人常有榮譽和聲望錦上添花，身為專家而受人敬重，領高薪，人們以其為高成就人士而禮遇之——高成就人士不是理所當然該為他們做的事自豪嗎？然而，自己的一事無成，他們心裡有數；他們拿消費性玩具填滿生活，卻覺得是不勞而獲，覺得整件事全建立在謊言上——的確如此。

屎缺和狗屁工作是兩種大相逕庭的壓迫形式，肯定不能劃上等號。我認識的人當中，願意拿無謂的中階管理職換挖路工的屈指可數，就算明白坑是非挖不可，還是不會願意做這樣的交換（但我確實認識辭掉狗屁工作改做清潔員的人，而且這個決定讓他十分開心）。在此，我想強調壓迫的形式雖然不同，但兩類工作都是貨真價實的壓迫。[22]

一份工作有沒有可能既狗屁**又是**屎缺？按理來說是有可能的。平心而論，如果試著想像一個人所能承擔的最糟糕工作型態，勢必是兩者的某種結合。杜斯妥也夫斯基被流放到西伯利亞勞改營期間，想出了一套理論：天下最嚴峻的酷刑，莫過於強迫某人無止盡地做一件顯然無謂的事務。照理講，遣送西伯利亞的罪犯都被判「苦役」，不過在杜斯妥也夫斯基眼裡，勞役不見得多苦；大多數農奴的工作要繁重得多，但農奴至少一部分是為自己操勞，反觀勞改營裡，勞役的「苦」，苦在勞動者一無所獲：

> 我想過，如果有心要擊垮一個人——嚴刑拷打，還沒動手就令最頑強的殺人犯顫慄跪

地——其實只需要派給他性質完全無用、甚至荒謬的工作就夠了。

眼前不得懈怠的苦役，對罪犯而言完全沒好處，可是它本身有功效。罪犯燒磚、挖土、建造，他所操勞的事務有其意義和目的。甚至偶有犯人做出興趣，於是有心把工作做得更洗練、更犀利。但你只管他把水從一桶倒到另一桶，只管他搗沙，把一堆土從一處移到另一處再馬上移回來，我敢說不出幾天，犯人就會自盡，或犯下該殺千刀的罪，寧可一死也不願忍受上述羞辱、恥辱和折磨。[23]

論大家常誤以為狗屁工作多半局限在公部門內

行文至此，我們已經把工作分成三大類：有用的工作（可能是屎缺，也可能不是）、狗屁工作，以及為數甚少但不足為外人道的魍魎工作，諸如幫派份子、惡房東、頂尖企業法顧或避險基金執行長，這票人骨子裡就是自私的混帳，也不怎麼假裝自己不是。[24]不論是當中的哪一類，我認為任職的人最明白自己屬於哪一類，而這樣的信任並非空穴來風。接下來，我想釐清幾項常見的誤解，之後才談分類的邏輯。如果你向一個沒聽過「狗屁工作」這術語的人拋出狗屁工作的想法，那人可能會以為你其實在談屎缺。你進一步說明，他多半會退回到那一、兩個常見的刻板印象上：他會假定你在談政府官僚。要是他湊巧是亞當斯（Douglas Adams）寫的《銀河便車指南》（*The Hitchhiker's Guide to the Galaxy*）的粉絲，可能還會假定你在講美髮師。

官僚最容易處理，所以我先討論。世上的無用官僚不虞匱乏，眾所皆知。不過今日的私部門和公部門一樣充斥著無用官僚，我覺得這比較有意思。譬如你遇到西裝筆挺的小個頭男子，氣急敗壞地讀出讓人一頭霧水的規章；這地方可能是銀行或手機賣場，但也可能是領事事務局或土地規劃局，何況公私科層組織交織愈來愈密切，時常難以區分。我之所以用那則故事為本章破題，這是一個原因。一名男子為私人公司工作，該公司承包德國軍方的業務：這樣的故事不但表明「狗屁工作大半存在於政府科層組織裡」的假設大錯特錯，更凸顯「市場改革」十之八九會創造出更多繁文縟節，而不是省去。[25] 我在前一本書《規則的烏托邦》（*The Utopia of Rules*）指出，向銀行反映重重部門把你當皮球踢，銀行的人很可能會告訴你錯在政府管太多，然而，如果你細究那些管制措施真正的來源，多半會發現大部分是出自銀行的手筆。

話說回來，政府必然頭重腳輕，行政階序疊床架屋、充斥冗員，而私部門則精實又節吝——這樣的定見早已在人們腦中根深柢固，舉證歷歷也難以翻轉。

想也知道，上述誤解有些來自對蘇聯之類國家的記憶。蘇聯有完全就業的政策，不論有沒有需求，都必須為每個人生造工作。結果，顧客走進蘇聯的店家買一條麵包，要經過三名店員，而巡迴演出的工作人員無時無刻都有三分之二在喝酒、玩牌或打盹。人們拿這些事情替資本主義說嘴，說是資本主義底下絕不會發生這種事。私人企業要跟別的私企競爭，才不會僱用其實不需要的人。真要說，人們通常是抱怨資本主義**太**有效率，私人的工作場合會以「快還要更快」、工作配額和監視，無孔不入地鞭策員工。

我當然不會否認後者才是常態。事實上，自一九八〇年代的合併和收購狂潮以來，企業承受瘦身和提升效率的壓力節節高升，但壓力的矛頭幾乎無一例外地指向金字塔底層的人，指向真正在製造、維護、修繕、運輸貨物的人。每天執勤被迫要穿制服的人，多半都被逼得很緊。[26] FedEx 和 UPS 的物流士，送貨的行程都經過設計，效率「合乎科學」，根本操死人。但同一家公司的上層，事情就不一樣了。何以如此？我們大可回溯經理人崇拜效率的罩門（你也可以稱之為阿基里斯腱）：經理人每每試圖提出科學研究，佐證就時間和精力而言最有效的人力部署方法，但他們從來不會身體力行；或者他們身體力行同樣的竅門，卻收到反效果。結果，毫不通融地施行流程加速、藍領部門裁員的同一段時期，所有大型廠商裡無意義的管理和行政職位也迅速增殖。簡直像事業體在生產現場毫無底限地減重，卻用省下的額度僱用更多不需要的員工進樓上辦公室（接下來我們會看到，有些公司的狀況確實是如此）。最後，就如同社會主義體制創造了數百萬虛有其表的普羅工作，資本主義體制也領銜創造了數百萬虛有其表的白領工作。天知道是怎麼發生的。

本書稍後會檢視這是怎麼發生的。暫且容我先強調一件事：後面要細述的動力，發生在公部門的，在私部門幾乎悉數發生過。這也是意料中之事，畢竟今日幾乎不可能區別這兩個部門了。

為什麼美髮師完全不適合說明狗屁工作

聽到狗屁工作就想怪政府，這是一種常見反應；但另一種令人費解，是去怪女人。才剛替聽眾釐清你在講的不只是政府官僚，許多人就會轉而假定你講的肯定是祕書、接待，還有各式各樣（通常是女性）的行政人員。好，按照本書闡述至此的定義，這類行政工作確實是狗屁，無庸置疑；可是，假定接掌狗屁工作的主要是女人，這樣的成見不但是性別歧視，在我看來更透露出此人對大部分辦公室的運作方式一無所知。事情往往是這樣：這位輔佐（男性）副校長或「戰略網絡經理」的（女性）行政助理，是辦公室裡唯一做實事的人。她的老闆才是泡在辦公室裡玩魔獸世界（World of Warcraft）的那個人，噢，搞不好他此刻正在玩。

下一章細講幫閑的時候，我會再回來討論動力。在此我只強調，性別方面是有統計證據的。YouGov 的調查結果沒有按職業分群，令人失望，所幸有按照性別分群。結果顯示，男人遠比女人容易對自己的工作感到無謂（百分之四十二之於百分之三十二）。一樣，我合理假定受訪者是正確的。[27]

終於要來講美髮師了。不得不說，亞當斯恐怕要為此負起大部分責任。有時不免會想，每次我提出「我們社會中很大比例的工作是不必要的」這樣的想法，一些男人（向來是男人）會彈起來說：「喔我懂，你指的是像美髮師，對吧？」接著他通常會解釋，他指的是亞當斯的科幻諷刺小說《宇宙盡頭的餐廳》（*The Restaurant at the End of the Universe*），裡頭有一顆叫苟嘎芬春（Golgafrincham）的星球，領導人決定要砍掉他們最無用的住民，辦法是假稱該星球即將被摧毀。要對付這個危機，領導人造了「方舟艦隊」，有三艘船，一號、二號、三號，一號船載了最富創意的三分之一人口，三號船上則是藍領工人，二號船則裝滿剩下一無用處的人。全部乘客都進入冬眠，載往新世界，不過只有二號船真的被造出來，設定的航程將會跟恆星對撞。該書的主角群意外上了二號船，探到一座大廳，擺滿數百萬具宇宙石棺，裝滿上述無用的人，主角群起先以為他們都死了。每具石棺旁都有銘文，主角群之一朗聲讀出：

「這裡寫著：『苟嘎芬春方舟艦隊，二號船，七號艙，二級電話清潔員』——還有編號。」

「電話清潔員？」亞瑟說。「死掉的電話清潔員？」

「最好的那種。」

「但是他在這裡幹嘛？」

福特瞥向棺蓋下的人影。

「沒幹嘛。」他說，然後突然露出總是讓人覺得他最近太操勞應該試著多休息的那種笑容。

他走向另一具棺槨。用毛巾奮力擦了一會兒之後，他宣布：「這是個死掉的美髮師。唷呼！」下具棺槨是個廣告AE[譯3]的安息所；接下來則是個三級二手車業務員。[28]

這下我們就明白，為何頭一次聽到狗屁工作的人或許會聯想到這則故事，只是那份清單實在讓人費解。別的不說，世上根本沒有專業電話清潔員這一行，[29]而廣告AE和二手車銷售員雖然存在——而且少了這些工作，社會會更好也不一定——但基於某些原因，這些亞當斯達人回想故事的時候，總是只記起美髮師。

我就直說吧。我沒有特別要挑剔亞當斯，我喜愛這部英國一九七〇年代科幻小說流露出的種種幽默，但話說回來，這段幻想情節紆尊降貴的姿態讓我格外憂心。首先，這份清單實在算不上無用職業的清單；反之，清單上的人，屬於當年在伊思靈頓（Islington）過著波西米亞生活的中間階級會略感心煩的類型。這樣就該死嗎？[30]我自己也會幻想，幻想消滅那些**工作**，而不是必須做那些工作的人。為了讓滅絕的設定合情合理，亞當斯似乎刻意選擇在他眼裡不僅無用，且別人容易設想他們會樂於接受或認同自己所作所為的人。

§

讓我們先反思美髮師的地位，再接著討論。為什麼美髮師不是一門狗屁工作？嗯，最明顯的理由正是**因為**大多數美髮師不這麼認為。為人剪頭髮，而且剪得有型，就是在世界中造就人人可鑒的差異。若有人認為這只是愛慕虛榮，那純粹是他的主觀想法：對做頭髮的內在價值所下的判斷，誰能說哪個判斷是正確的？亞當斯的第一本小說《銀河便車指南》出版於一九七九年，蔚為文化現象，而我記得很清楚，那一年我還是紐約的青少年，一小撮人群時常聚集在阿斯特街（Astor Place）的理髮店外，看龐克搖滾樂手給人吹整紫色龐克頭，我就在旁觀察整段經過。難道亞當斯的意思是，為他們做頭髮的人也該死，還是髮型品味不合他意的美髮師才該死？髮廊在工人社區時常被當成聚會場地，大家都知道，某個年齡層和背景的女人會在街坊的髮廊耗上大把時間，髮廊於是成為交換地方消息和蜚短流長的所在。[31] 對於把美髮師當成無用工作頭號範例的人來說，女人聚在髮廊就是問題所在。一口咬定他們會這樣想，我也很為難，但在他們的想像中，髮廊內似乎就是頂著金屬頭盔的中年女人，一群蠢婦，無所事事淨嚼耳根子，而沒頂頭盔的就煞有介事地搞些無關緊要的美化工作，對象（據說）不是太胖就是太老，或是太像做工的人，

譯3　AE是 Account Executive 的縮寫，臺灣一般稱為「業務執行」。廣告AE如果在具有播送廣告能力的單位工作，工作內容通常是負責拉廣告業務、販售廣告版面。如果在廣告公司，通常負責執行客戶的廣告預算。

在她身上下再多工夫，也不可能讓她更吸引人。說穿了，這般言論只是勢利眼，再奉送一點莫名其妙的性別歧視。

按邏輯來說，基於上述理由反對美髮師，其講理的程度跟聲稱開保齡球館或吹奏風笛是狗屁工作相去不遠。這只是因為你個人不愛打保齡球或風笛音樂，連同樂在其中的人也讓你看不順眼。

走筆至此，有些讀者可能覺得我論斷偏頗。他們或許會這樣反駁：你怎麼知道亞當斯下筆時想的是為窮人做頭髮的人，也許是替富豪做頭髮的人哪？收費夭壽貴，讓金融鉅子的女兒或電影的執行製作跟上尖端時尚而看上去有點怪的超高檔美髮師，你又怎麼說？搞不好他們不能說的祕密，就是懷疑自己的工作毫無價值，甚至有所危害？果真如此，那他們不就符合做狗屁工作的標準了？

就理論而言，上段的質疑當然有可能是正確的。但且慢，我們再多想想這個可能性。顯然沒有人能拿出一套客觀的衡量標準，據此標準，剪髮型甲值十五美元，髮型乙值一百五十美元，髮型丙值一千五百美元。在最後一種狀況，客人付錢多半沒別的理由，只是為了跟別人說嘴：她花了一千五百美元剪這顆頭，或他的頭是金．卡戴珊（Kim Kardashian）或湯姆．克魯斯（Tom Cruise）御用的設計師剪的。我們談的是大剌剌地展現鋪張和浪費。好，浪費鋪張跟狗屁有著深層的結構親和，這樣的主張稀鬆平常，范伯倫（Thorstein Veblen）、弗洛伊德（Sigmund

Freud）、巴塔耶（Georges Bataille）等經濟心理學的理論家都曾指出：在財富金字塔尖端——不妨想想川普（Donald Trump）的鍍金電梯——極盡奢華跟徹頭徹尾的狗屎只有一線之隔（做夢時，排泄物時常是黃金的象徵，反之亦然，這不是沒有原因的）。

還沒完呢，豈能錯過漫長的文學傳統——從法國作家左拉（Émile Zola）的《婦女樂園》（*Au Bonheur des Dames*，The Ladies' Delight，出版於一八八三年）到不勝枚舉的英式喜劇橋段，俯拾皆是。在英式喜劇橋段裡，零售店鋪的商販和銷售員時常打從心底鄙夷客人和他們賣給客人的產品。既然零售員工真心相信他們給客人的東西一點價值都沒有，我們可否說零售員工其實是在做狗屁工作？根據我們的工作定義，答案必須要是「對」，然而真這麼想的零售員工其實相當少，至少根據我自己做的研究是如此。販售昂貴香水的商家或許會認為自家產品價格太離譜、客人都是不入流的傻瓜，但他們從來不覺得該廢止香水產業本身。

我的研究顯示，這條規則在服務經濟中只有三個顯著例外：資訊科技供應商、電話銷售員和性工作者。第一類當中很多人和第二類中的不少人都確信，自己大抵是在做詐騙。最後一例比較複雜，恐怕也會把我們帶向「狗屁工作」確切範圍之外的領域，牽涉更多危害世間的事，但我想無論如何都值得記上一筆。研究進行期間，有幾個女人寫信或親口告訴我她們做鋼管舞者、花花公子俱樂部的兔女郎、「多金歐爸」（Sugar Daddy）網站常客，諸如此類的經歷，她們的意思是我應該把這類職業寫進書裡。對於這類職業的影響，最強而有力的主張來自一位前脫衣舞孃（現在是教授）。她主張大多數性工作都該被當成狗屁工作，說法是這樣的：她同意性工作無疑回應了消費者的實在需求，可是，性工作存在於一個社會，不啻是告訴絕大多數女性人口：十八歲到二十五歲在臺上跳舞，會賺得比人生接下來任何時刻都要多，她們的才能或成就根本無關緊要。這樣的社會肯定有什麼地方病入膏肓了。同一個女人脫衣服賺的錢是她身為世界肯定的學者、教書所得的五倍之多，這難道還不夠說明脫衣舞這份工作有多廢嗎？[32]

她的主張如此有力，難以忽視（或許還可以附議：性產業中服務的供給方與使用方互相鄙視的程度，在最華貴的精品店也見不到）。在此，我只想提出一個異議，也就是她的主張恐怕沒辦法推進太遠。也許，問題不盡然出在脫衣舞者是狗屁工作，上述境況反而是讓我們了解到：我們生活在一個狗屁社會。[33]

論部分狗屁工作、大半狗屁工作和純粹又徹底狗屁工作的差異

最後，我必須扼要回應一個閃不掉的問題：只是部分狗屁的工作，該怎麼說？

這問題很棘手，畢竟哪份工作沒有一、兩個無謂或愚蠢的要素。某種程度上，這恐怕是所有複雜組織運作時難以避免的副作用。可是，問題明擺在那兒，情況還愈來愈糟。我認識的人當中，同一份工作做三十年以上的，無不感覺狗屁的比重與日俱增。容我補一句：我自己的教授工

作也是如此，高等教育的教師耗費愈來愈多時間填寫行政文件。這樣的變化其實都有紀錄可稽，因為我們被要求（而且以前從未被要求）要做的無謂事務之一，就是每季填寫時間分配問卷，這份問卷要我們翔實記錄每週在行政文件上耗費多少時間。一切跡象都顯示這股勢頭愈來愈猛。二〇一三年，《石板》（*Slate*）雜誌法文版指出：「經濟的廢冗化（bullshitization）才剛開始。」[34]

然而再怎麼難以抵制，廢冗化的過程仍是十分不均勻的。廢冗化影響中間階級的工作類型遠多過工人階級的工作類型，理由很明顯；而在工人階級內，則是傳統由女性擔任的照護工作首當其衝：舉例來說，許多護士向我抱怨，如今他們有多達百分之八十的時間被文書、會議等事務占據，反觀卡車司機和泥水師傅照樣過老日子，幾乎不受影響。在這個範圍內，我們是有統計資料的。圖一擷取自《企業工作報告，二〇一六—二〇一七》（*2016-2017 State of Enterprise Work Report*）的美國版。

根據這份調查，美國坐辦公室的工作者自陳投注於實際業務的時間量，從二〇一五年的百分之四十六降至二〇一六年的百分之三十九，減少的比例可歸咎於處理電子郵件的時間（從百分之十二升高到百分之十六）、「浪費的」會議（百分之八升高到百分之十）和行政事務（百分之九升高到百分之十一）。照這種趨勢下去，不出十年，美國的辦公室工作者就沒有一個真的在做事了，所以驟升的數字必然有一部分來自隨機的統計雜訊。但除此不論，這份調查清清楚楚顯示：（一）美國辦公室裡，超過一半的工時都花在廢冗的事情上，而且（二）這個問題每況愈下。

可見，確實有可能區分部分狗屁工作、大半狗屁工作，以及純粹又徹底的狗屁工作，可惜本書只談最後一種（或精確來說，只談狗屁得徹底或鋪天蓋地的工作——指針才逼近百分之五十的大半狗屁工作，本書不碰）。

如此安排，當然不是否認經濟全面廢冗化是個至關重要的社會議題。請想想前文引用過的數據。假使有百分之三十七到百分之四十的工作完全不知為何而做，而並非無謂的辦公室工作中有至少百分之五十的事務，人們同樣不知為何而做，那我們不難得出結論：在我們社會有人去做的工作中，砍掉至少一半也不要緊。認真說來，這個數字只會更高，因為這裡引用的數據甚至還沒算到二階狗屁工作，亦即做的是實在工作，但內容是支援那些身陷狗屁事務的人（第二章會討論到這類工作）。晉身閒暇社會本非難事，一週工作二十小時也可以制度化，說不定十五小時就夠了。然而，我們卻發現大半的時間都耗在工作上，淨做些自己覺得對世界沒有影響的事，而我們共同組成的社會迫使我們忍受這一切。

事情怎麼會發展成這樣讓人憂心的窘境？這本書接下來的篇幅，我會探究這個問題。

圖一

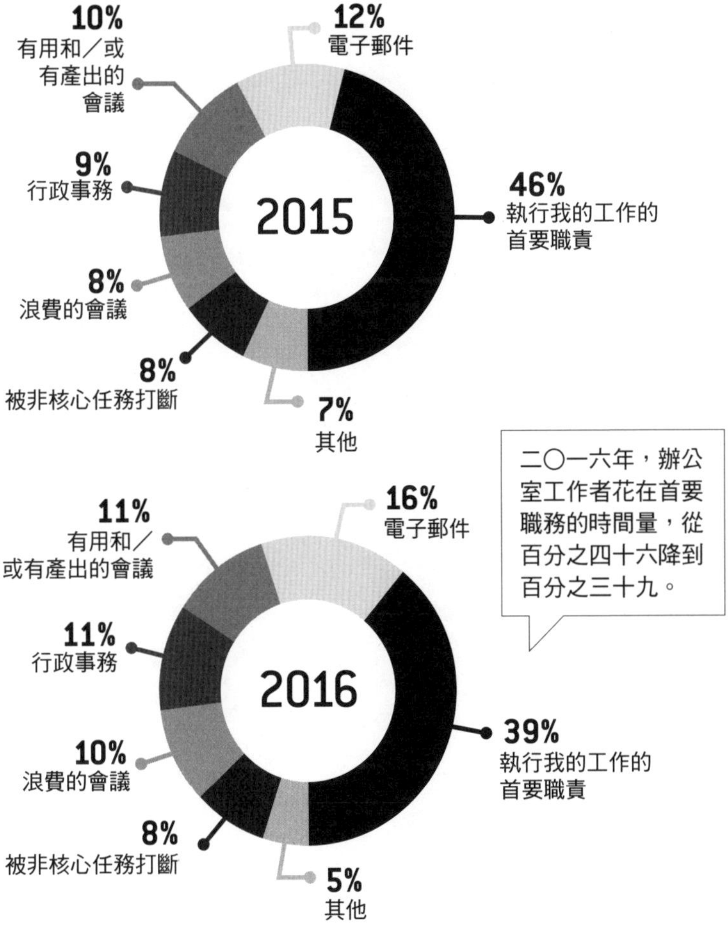
10%
有用和／或
有產出的
會議
12%
電子郵件
9%
行政事務
2015
46%
執行我的工作的
首要職責
8%
浪費的會議
8%
被非核心任務打斷
7%
其他
二〇一六年，辦公
室工作者花在首要
職務的時間量，從
百分之四十六降到
百分之三十九。
11%
有用和／
或有產出的會議
16%
電子郵件
11%
行政事務
2016
39%
執行我的工作的
首要職責
10%
浪費的會議
8%
被非核心任務打斷
5%
其他

第二章

狗屁工作有哪些？

我的研究找出了五種狗屁工作的基本類型。本章會逐一描述，勾勒其核心特徵。

先稍微交代一下這份研究。我從兩大批資料取材。首先，二〇一三年的專文〈論狗屁工作現象〉發表後，不同國家的數家報紙都以投書形式刊登該文，也有幾個部落格轉載。這催生了大量線上討論，過程中，許多參與討論的網友都援引個人經驗，談論他們認為荒謬絕倫或格外無謂的工作。我下載了其中一百二十四則，並花了點時間耙梳。

第二批資料則是積極徵求來的。二〇一六年下半，我創了一個電子郵件帳號，專門用於本研究，並用我的推特帳號敦請網友，若有目前或曾經做過狗屁工作的人，請將第一手見證寄來。[1]回應之多出乎我意料，最後有超過兩百五十則這樣的證言等著我整理；短則一段、長則有十一頁的專文，詳述數段狗屁工作的始末，還推敲產生狗屁工作的組織或社會動力，又描述其社會和心理學上的效應。這些證言多半來自英語系國家的公民，不過我也收到來自歐陸、墨西哥、巴西、埃及、印度、南非和日本的證言。有些讀來觸動人心，有些甚至不忍卒讀，讓人絕倒的更不在少數。不消說，幾乎所有回應者都堅持隱去其名。[2]

梳理回應，刪去離題的材料，我得到了一個逾十一萬字的資料庫，按部就班標色編碼。這樣的結果不能滿足大多數類型的統計分析之要求，但對質性分析來說卻是罕見的豐富來源，尤其我還能對許多個案另行追問，其中有少數狀況我甚至跟報導人進行了長篇對話。有些本書各章將逐步推敲的關鍵概念，都是出現在這樣的在對話之中，或是受其啟發而來的——從這個角度來說，本書堪稱協作計畫。下文的分類邏輯正是從這樣的對話中直接發展出來的。與其說是我自己的憑空發想，我更樂意想成是一場進行中對話的產物。[3]

五大類狗屁工作

沒有萬無一失的分類邏輯。而且若劃分方式不同，每種劃分方式都能揭露不同的面貌。[4]只是，經過這番研究，我發現把狗屁工作的類型拆成五大類最實用。我稱這五大類狗屁工作為：幫閑（flunky）、打手（goon）、補漏人（duct taper）、打勾人（box ticker）和任務大師（taskmaster）。

讓我們逐一探討。

一、幫閑在做什麼

幫閑工作之所以存在，只是、或主要是讓某人看上去或感覺上舉足輕重。

這一類或許也可以叫「家丁」。歷史上，有錢有權的男女，身邊多半圍繞著僕人、侍從、馬屁精和各式各樣的走狗。這批人不見得都在這位顯要人士家裡供職，多半也被指派了一點實際工作；可愈往金字塔頂端，少不了有一部分人，他們的工作說穿了只是站在老闆四周，教人看了不敢輕忽。[5] 沒有一批隨扈在身邊，怎麼可能顯赫得起來；真正顯赫的人讓那批穿制服的家丁在身邊打轉，正是以其無用彰顯自己的偉大。即使都步入維多利亞時代好一陣子了，英格蘭望族仍會僱用男僕，而設置這類穿制服的僕役就只有一個目的：跟著馬車跑，確保前方路面沒有隆起。[6]

這類僕役通常會獲派一些微不足道的任務，不然設置這些員額就不合情理了。但別被障眼法騙了，實情是這樣的：大費周章，只是要僱用俊俏的小伙子，穿光鮮亮麗的制服，當你擄獲賓客目光時在門邊站好，站出皇家風範，或在你進入室內時，先大踏步為你開道。家丁的服裝用品通常是軍事風格，讓人一看就覺得僱用他們的有錢人宛如皇家貴胄。在一個經濟體當中，搾取租金後分贓的規模愈大，家丁這一類的角色就成倍增加。

就如同一則思考實驗：想像你是封建領主，每個農奴戶百分之五十的產出都被你徵收。徵收順利的狀況下，你坐擁的糧食可是堆積如山，多到足夠養活一群人，規模跟為你生產糧食的農奴一樣大。[7] 這麼多糧食，你總得用來做點什麼事——但世上封建領主能設置的廚師、酒侍、洗衣婦、侍寢太監、樂師、珠寶匠，諸如此類的職務，就只有那麼多；你還特意吩咐了，確保有足夠的人手受過訓練、能用兵器壓制一切潛在叛亂。儘管如此，恐怕還是有一大堆糧食吃不完。結果，貧困潦倒的人、逃離故鄉的人、孤兒、罪犯、走投無路的女人，還有其他流離失所的人，都難免會漸漸聚到你的莊園前（沒辦法，食物就在你家呀）。你大可驅離他們，但這麼做的話，他們很可能會形成危險的流寇階級，假以時日難保不會成為一股政治上的威脅。顯而易見的作法，是扔一套制服在他們身上，再指派一些微不足道或根本不需要做的任務給他們。於是你看起來像個大善人，還能多少盯著他們。

好，稍後我會指出，眼前存在的資本主義形式，有一種跟上述思想實驗不見得搭不上邊的動力。不過我暫時只想強調，指派人去做微不足道的事，並以此為藉口留他們在身邊，讓人目不轉睛，這種作法可是有一段漫長又值得讚揚的歷史。[8]

那麼，現代堪與之比擬的會是什麼？

§

有些舊式封建形態的家丁工作仍然存在，[9]門衛就是個明顯的例子。至少從一九五〇年代以來，門房就在鉅富之家執行其他人用電子對講機即可達成的功能。一位前門房向我抱怨：

比爾：另一種狗屁工作——在這其中一幢大樓當門房。我花一半的時間替住戶按鈕開大門，他們通過大廳時打聲招呼。如果我沒及時按下按鈕，哪個住戶不得不伸手開門，那我就要被主管訓話了。

諸如巴西等部分國家，這類大樓還配有著制服的電梯操作員，其工作不多不少就是替你按按鈕。從這類明明白白的封建遺緒，到儘管現場顯然不需要、但還是候在那裡的接待員和櫃檯人員，是有一個連續譜的。

葛蕾特：我二〇一〇年時在一家荷蘭的出版公司做接待員。電話一天可能才響一次，所以上面派給我其他幾項任務：

- 糖果碟隨時放滿薄荷糖（補薄荷糖的在公司裡另有其人，我只要從糖果碟旁的櫃子抓一把糖放進碟裡）。
- 一週一次，我要替一間會議室的落地鐘上發條（這件事反而讓我壓力頗大，因爲他們跟我說，如果我忘記或拖太久才上發條，鐘裡的垂重都會掉落，到時我就要獨力負責修理落地鐘這項艱鉅的任務了）。

- 耗費最多時間的事務，是處理另一位接待員做雅芳（Avon）的訂單。

明顯地，既然一天只有一通電話打進來，出版社大可以照多數人家中的作法處理即可，也就是由剛好離電話最近、手邊又沒事的人接起來應對。何苦付一份全職薪水外加福利，讓一個女人（照這案例，恐怕是有兩個女人）成天坐在櫃檯，也不派給她像樣的事情做？答案是：不這樣做會讓人卻步、錯愕。一家公司沒人坐櫃檯，就沒人會當它是一回事。本來有機會合作的作者、經銷商或包商遇到明擺著不照規矩來的出版社，會難免自問：「如果這家出版社不覺得有必要設一位接待，那其他出版社照規矩該做的事，他們會不會也自己決定可豁免？比方說，付我錢？」[10]

即使接待員無事可做，公司還是需要他們當「正經徽章」；其他幫閑則是「重要徽章」。下面的陳述來自傑克，他受僱在一家低階的證券商做電話銷售。這類券商，傑克解釋道，「靠偷來的企業目錄經營，也就是公司內部的電話簿，裡頭的某個人偷了實體影本出來，然後賣給好幾家公司。」接著，經紀商打給公司高層員工，嘗試把股票推給他們：

傑克：我做電話銷售員的工作就是打給這些人。我打去，不是嘗試賣股票，而是提供「針對即將公開募股、前景看好的公司的免費研究材料」，同時要表明我是代表某位經紀商打這通電話的。我受訓時，講師特別強調這一點，背後的道理是：經紀商本人賺錢賺得不可開交，才需要一個助理幫他打這通電話，這樣還沒成交的客戶才會覺得經紀商神通廣大。這份工作的主旨，就是讓坐我旁邊的這位經紀商顯得比實際的情形更成功。

我一週領現金兩百美元，鈔票不折不扣是從經紀商的皮夾裡掏出來的，就憑我讓他看起來敢玩敢搏。這麼做不只爲經紀商累積面對客戶時的社會資本，就連在辦公室裡，自己有電話銷售員，對一個經紀商來說也是地位象徵，尤其我們這行的辦公室環境超級陽剛、超級競爭，電話銷售員可是重要的地位象徵。對他來說，我就像某種圖騰人物。有沒有我替他做事，有時會是能不能跟來訪的區域代表開到會的差別。不過，僱用我，多半只是把他推上工作場所的社會階梯再高一些些梯級罷了。

這類經紀商的終極目標是讓他們的老闆刮目相看，才能從低三下四的「喊價交易場」（trading pit）搬到樓上自己的一間辦公室。傑克的結論是：「這間公司完全不需要我的職位；我的職位讓直屬上司看起來、感覺上像個大咖，除此之外別無目的。」

這就是幫閑工作的絕妙定義。

此處卑微的格局——兩百美元即使在一九九〇年代都不算大錢——有助於彰顯其中的動力。在較大、較複雜的企業環境，我們或許更難看穿這種動力表現的方式，卻常會遇到一些職位，沒人能完全確定當初是怎麼創設、維持那些職位，又為什麼要那樣做。奧菲莉婭任職於一家代操社群行銷廣告活動的組織。聽聽她怎麼說。

奧菲莉婭：我目前的職銜是「組合規劃師」（Portfolio Coordinator），每個人聽到都會問那是什麼意思，或問我到底在做什麼，但我毫無頭緒。我還在找答案。我的職位描述寫了一大堆促進夥伴等等之間的關係，不過據我所知，其實就只是偶爾回答問題罷了。

我有想過，我實際的頭銜大概算是狗屁工作。然而，我的工作生活就是做總監的個人助理。擔任這個角色時，我確實有工作上的事務要去做，畢竟我輔助的人要嘛太「忙」，要嘛太重要，不該由他們自己做這些雜事。其實在我們辦公區，我多半是唯一手頭上有事做的人。有些日子我忙翻了，多數中階經理卻坐在位子上，盯著牆，一臉快無聊死了的表情，淨做些無謂的事情看能不能殺時間（好比有個男的每天都會花半小時整理一次背包）。

誰都看得出來，沒那麼多工作讓我們忙，可是——基於某種詭異的邏輯，可能只是讓他們全體更加感受到自身工作的重要——我們正在招聘另一位經理。或許招聘才能維持事情做不完的幻覺？

奧菲莉婭懷疑她的工作本來就只是填充員額的。創設這份工作，某人才能吹噓在他底下工作的員工數字。可這份工作一創出來，便啟動一股本末倒置的動力，這股動力讓經理人將愈來愈多職責卸下，交給最低階的女性從屬人員（她）。給人他們忙得沒空自己做那些事情的印象，於是他們需要做的事情當然就比以往更少了——現在高潮來了，他們做了讓人百思不解的決定，亦即再招聘一個經理來，整天瞪著牆發呆或玩寶可夢，因為招這個新人，才不會有人發現其他人整天瞪著牆發呆或玩寶可夢。結果，奧菲莉婭有時會忙得不可開交，一部分是因為完全屬捏造、設計來讓低階職員窮忙的職責，把寥寥幾項必要事務（已經交給她做了）放大了：

> **奧菲莉婭：**我們同仁分屬兩個組織，位在兩幢建築。若我老闆（其實就是整個地方的老闆）要去另一幢建築，我就必須填一張申請表格，幫她留個房間。每一次都要。這實在是不可理喻，但這顯然會讓另一幢的接待員一直有事忙，有事忙就顯得不可或缺。這項規定也讓她顯得井井有條，文件進進出出，她一格都不漏。於是我想到，這不就是招聘廣告上寫的，希望你讓辦公室的種種程序更有效率嗎：要你創造更多繁文縟節來填時間。

奧菲莉婭的例子點出一處常見的曖昧：誰的工作才真的廢？是幫閑，還是老闆？有時明顯是前者，譬如傑克的例子，幫閑的存在只是要讓他或她的直屬上司乍看之下有分量，或讓人覺得有分量。在那種狀況下，幫閑不做事也沒有人在意：

史蒂夫：剛畢業的我，新「工作」基本上只有接收我老闆轉寄來的電子郵件，他會寫「史蒂夫，下收」，而我則回信告訴他那封電郵無關緊要或根本只是垃圾郵件。

至於其他狀況，像是奧菲莉婭的例子，幫閑實際上替老闆做了他們的工作。沒錯，這就是二十世紀大半時間，為男性主管工作的女性祕書（現在職銜換成「行政助理」）所扮演的傳統角色。雖然祕書理論上只是等著接電話、速記口授內容，以及做一點簡單的檔案整理，但實際上他們往往做了老闆的八、九成工作，有時非狗屁的面向百分之百都是祕書做的。若有人寫出一種歷史，揭露哪些有名男人掛名的書籍、設計、計畫和文件，其實是祕書寫的，一定引人入勝——但我看是不大可能。[11]

好，這樣的案例中，是誰在做狗屁工作？

對此，我還是認為我們必須退回到主觀要素。奧菲莉婭辦公室的那位中階主管，每天重新整理一次他的背包，一次整理半小時，他不一定願意承認他的工作無謂；不過，只為了讓他這樣的人顯得有分量而僱來的那些人，恐怕每一個都知道他的工作無謂，而且滿心怨恨——就算不致橫生非必要的瞎忙也一樣：

茱蒂：我做過的唯一一份正職——在一間私部門工程公司人力資源部——完全是不必要的。那份工作之所以存在，完全是因爲人資專員懶惰，不想離開座位。我是人資助理。我的工作——沒唬爛——每天只花我一個小時——頂多一個半小時。剩下的七個多小時，我都在玩 2048 或看 YouTube。電話沒響過，資料不用五分鐘就輸入完畢。人家付我錢來讓我覺得無聊。再說一遍：我老闆輕輕鬆鬆就可以做完我的工作——肏，根本懶得像坨屎。

§

我在馬達加斯加高原做人類學田野調查時，注意到一件事。著名貴族的墓塚正下方，必定有兩或三個簡陋的墳。我每次問這些簡陋的墳葬了誰，對方總告訴我，那些是貴族的「士兵」——其實是「奴隸」的委婉說法。意思很清楚：身為貴族就意味著有權力號令周圍的人。就算人已經死了，但沒有下人，就沒辦法真的自稱貴族。

在企業的環境，可資類比的邏輯似乎也發揮作用。那家荷蘭出版公司為什麼需要接待員？因為一家公司必須有三個指揮層級，人家才會當它是「真的」公司看待。最低限度，一家公司必須有老闆，有編輯，而編輯必須有某種下屬或助理——再不濟也要有那位接待員，一個充當上面所有人的共同下屬，否則你們就只是某種嬉皮團體，稱不上是法人組織。僱用毫無必要的幫閑，到頭來有沒有派事情給幫閑做，完全是次要考量——其取決於一長串外部因素：例如到底有沒有工作可做、上司的需求和態度、性別動力和制度約制。若是組織規模成長，人們卻總以手下員工總數衡量高層的重要性，這就會回過頭來為組織階梯頂峰的人創造一種更有力的誘因，令他們先僱用員工，接著**才**決定要拿這些員工怎麼辦。甚至，可能更常見的，高層還會阻擋那些試圖消去多餘職位的努力。。接下來我們會看到，當主管終於明白，在大公司進行效率革新的效應之一，就是他有一大批下屬會被自動化科技取代，他隨即會流露出彆扭的沉默和毫不遮掩的敵意。這方面的證言來自受僱為大公司（譬如銀行或醫療器材公司）進行效率革新的顧問。若真的實施，無疑是把經理人化為無物，一群麾下空蕩蕩的王。說到底，沒有幫閑，他們還能比誰「高級」？

二、打手在做什麼？

「打手」當然是個隱喻用法，我用這個詞並不是指真正的幫派份子或其他類型的傭兵，而是指某一類人，其工作帶有侵略成分，但這些工作之所以存在，追根究底只是因為其他人有僱用。

國軍是最容易懂的例子。一國只是因為他國有軍隊，才需要軍隊；[12]要是各國都沒有軍隊，那就不需要軍隊了。同樣的道理也可以套用於大多數說客、公關專員、電話銷售員和企業法顧。這批人跟真正的打手一樣，對社會有負面影響。我想大多數人都會同意，假使電話銷售員消失無蹤，世界會變得更好。甚且，我認為多數人還會同意，假使所有公司法顧、銀行說客或行銷大師同樣化為一縷輕煙，世界會變得稍微可以忍受一點。

那你一定會問：上述這些真的能算是狗屁工作嗎？不會更接近上一章講的黑手黨殺手嗎？畢竟，在多數情況下，打手明顯是在做促進僱主利益的事情，就算這一行存在的整體效應對全人類來說是有所危害的。

又一次地，我們不得不再度訴諸主觀。有時候，誰都看得出某一類工作終極的無謂，連從事這類行業的人都懶得否認。目前，英國的大學幾乎都設有公共關係處，處裡的職員數比規模相當的銀行或車廠常設的人數多上好幾倍。牛津大學非要僱用超過一打公關專員，才有辦法說服民眾該校是頂級大學嗎？我的想像是，這麼多公關人員得至少花上好幾年，才有辦法說服民眾牛津不是頂級大學；即使做到這一步，我看也只能證明這種任務從一開始就是枉然。我寫成這樣顯然太浮誇了，公關部門不會只做這一件事。以牛津來說，該校公關處每天念茲在茲的肯定是更實際的事，譬如從他國招攬石油大亨或腐敗政客的子女就讀該校，不然他們會棄牛津而就劍橋。話雖如此，英國許多菁英大學的公共關係、「策略溝通」等部門的主事者仍舊毫不掩飾地把證言寄給我，他們誠心覺得自己的工作大部分都不知所為何來。

正因為有太多做類似工作的人覺得他們的工作毫無社會價值、不該存在，我才把打手納入，成為狗屁工作的一個類別。還記得序言提到的那位稅務律師寫的信嗎：「我是企業法律顧問……

我對世界毫無貢獻，無時無刻都滿腹牢騷。」可惜，我們大概不可能弄清楚有多少企業法顧私底下也有同感，YouGov 的調查結果沒有照職業細分；而我固然從自身研究確認這樣的感受絕非孤例，可是道出這種態度的人，職等都不是特別高。任職於行銷或公關業的人也是一樣的狀況。

打手找不到正向價值，甚至認為自己的工作根本就是操弄人心、侵略好鬥，這才讓各式各樣的打手對其工作心生疑慮：

湯姆：我的公司在倫敦，老闆是美國人，是規模很大的後製公司。公司從電影工作室接案，我讓汽車飛起來，建築爆炸，讓恐龍攻擊外星太空船，爲全球觀眾提供娛樂。這些環節一直讓我樂在其中，很有成就感。

可是最近，顧客當中廣告公司的占比攀升，他們帶來知名品牌的產品廣告，有洗髮精、牙膏、保濕乳霜、洗衣粉等，要我們用特效的把戲，讓產品看起來像是確實有效果。

我們的工作也涵蓋電視節目和MV。我們消滅女人的眼袋，刷亮頭髮，美白牙齒，讓流行明星和影星看起來更苗條，諸如此類。對皮膚用「噴槍」除斑，遇到牙齒就一顆一顆分開來校色，看起來就會更白（洗衣粉廣告上的衣物也用同樣方式處理）。遇到洗髮精廣告，髮梢分岔要塗掉，頭髮要增添光澤，還有一套變形工具組專門替人物瘦身。這些技術原汁原味地用在電視上的每則廣告，以及大部分綜藝節目和很多電影；在女演員身上用得特別兇，但男性也會比照辦理。說到底，觀眾在看主要節目的時候，我們讓觀眾覺得自己不夠好，接著進廣告，我們又誇大了「解方」的效果。

我每年領十萬英鎊做這些。

於是我問他為什麼認為自己的工作是狗屁（而不是，比方說，就只是在害人），湯姆答道：

湯姆：我心目中值得去做的工作，是能滿足某項既存的需要，或是創造某種世人從沒想過的產品或服務，卻能幫助或改善他們的生活。很久以前，大多數工作都是這樣的，但我相信那個時間點已經過了。在多數產業裡，供給都遠超過需求，於是現在反而是需求要被加工。加工需求，再吹噓賣來迎合需求的產品多麼有用。兩個環節結合在一起，就是我的工作。說眞的，你要說在整個廣告產業裡做事、或幫這個產業做事的每一個人都在做同一種工作，也不是太離譜的說法。爲了賣產品，首先你得拐到人，讓他們覺得自己需要這項產品。在這樣的時代，我很難說這些工作不狗屁。[13]

在廣告、行銷和公關業，這類不滿甚囂塵上，以至於催生出一本叫《廣告剋星》（*Adbuster*）的雜誌。業內有一批人抱怨他們為賺取溫飽不得不做的工作，也希望他們做廣告這一行得來的能力可以用來為善而非作惡，譬如設計吸睛的「獷告」（subvertising）譯1來攻擊整個消費文化。

單就湯姆而言，他不是因為反對消費文化本身，才認為自己的工作狗屁。他認為自己做的「美化工作」（用他的話說），骨子裡有強迫和操弄的成分。他試圖區辨（姑且可稱為）誠實的幻術和不誠實的幻術。你讓恐龍攻擊太空船，不會有人以為那是真的；就像觀賞台上的魔術師表演，樂趣有一半來自於每個人都知道台上在變把戲，但就是沒人確切知道把戲是怎麼實現的。反之，當你機妙精巧地強化名流的外貌，你是想改變觀者對「日常生活的實在**應當**如何」（在此是對男女身體）的無意識預設，讓觀眾感到不快，因為他們所生活的現實竟然是不夠好的真貨替代品。誠實的幻術為世界增添歡樂，反觀不誠實的幻術立意則是讓世人打從心底認為，他們的世界是某種俗艷又可悲的地方。

我從電訪中心的員工那邊收到大量證言，情況差不多。其實這一行的行業情況似乎有雲泥之別，有的監控程度猶如噩夢，有的鬆得讓人意想不到，但沒有人是因為僱傭條件而覺得自己的工作狗屁，全都是因為工作涉及誘騙或施壓，要人去做不見得對他們最有利的事情，才會這樣覺得。以下是取樣：

• 「我做過一大堆超廢的電訪中心工作，要人購買他不見得想要/需要的東西，代理保險索賠，參加無謂的市場研究。」

- 「那是『獻餌掉包』（bait and switch）：先說是『免費』服務，再要你繳一．九五英鎊（約新台幣七十九元）試訂兩週，不然沒辦法幫你完成流程，拿到網站上答應要給你的東西，最後幫你登錄自動續約，變成月繳訂户，但月費是一．九五英鎊的十倍有餘。」
- 「那不只是無正面貢獻，根本是對別人的生活造成積極的負面危害。我打電話過去，要他們爲不需要的沒用狗屎付錢，其中最絕的是取得『信用分數』的門路。明明從其他管道可以免費得到，我們卻要人付六．九九英鎊取得信用分數（和一些莫名其妙的附加產品）。」
- 「支援範圍內的基本電腦操作，顧客大部分都能輕易 google 到。支援服務專吃老年人或知識有限的人。我的看法啦。」
- 「我們電話中心的資源幾乎全花在教訪員怎麼教人購買他們不需要的東西，而不是解決他們打進來想處理的眞正問題。」

譯1 原文為 subvertising，這個字是 subvert（顛覆、破壞、動搖）和 advertise（廣告）的結合。

於是我們又看到了，當真讓人坐立不安的是（一）那種侵略態度，和（二）欺騙。儘管為時短促，但我也做過這類打手工作，容我基於個人經驗說幾句：被迫昧著良心，試圖說服別人做出違逆常識的事，實在太讓人過意不去了。下一章，我會更深入探討這個精神暴力的議題，讀者暫且只要留意：這就是身為打手、為虎作倀最核心的感受。

三、補漏人在做什麼

補漏人是指這樣一類員工，因為組織有某種小錯或故障，才需要他來工作，負責解決本來不該存在的問題。我從軟體業借來這個術語，但出了軟體業還是普遍適用。我這邊有一則來自某軟體開發者的證言，他這樣描述他的產業：

> **帕布羅**：基本上，我們這一行有兩種工作。一種人做的事情是開發核心技術，解決困難又引人入勝的問題等等。
>
> 另一種人是拿到一堆核心技術，用防水膠布捆在一起，讓它們一起運轉。
>
> 業界大致認爲前一種人有用，後一種常顯得沒那麼有用，甚至是完全沒用；但不管怎樣，後者就是比較沒有成就感。這樣的感受八成是因爲後者觀察到，若按部就班完成核心技術，就不必捆那麼多、或完全不需要防水膠布了。

帕布羅的主要論點是，當人們愈來愈仰賴免費軟體，支薪的工作內容就漸漸潰縮成捆膠布跟補漏洞。入夜後，碼農常樂於開發免費核心技術，那是有趣又有成就感的工作，不過這也意味著他們愈發沒有誘因去思考最後要怎麼讓這些創新彼此相容，於是同一個碼農白天就只能做沉悶（但支薪）的工作，也就是把這些核心技術拼裝起來。這是個擲地有聲的洞見，稍後我會用足夠篇幅探討它的一部分意涵，但眼前我們暫且只考慮捆膠布這個想法本身。

清潔是一項不可或缺的職能：東西僅僅放著就會生灰塵，平凡的生活起居也很難不留下需要整理的痕跡。不過，要是有人製造莫名其妙、不必要的髒亂，任誰來打掃都會火大。跟在這種人後面替他擦屁股，這種全職工作只會令怨恨不斷滋長。弗洛伊德甚至發明一個詞叫「家庭主婦精神官能症」（housewife's neurosis）。他相信，受這種症候所苦的女人會逼自己全心全意跟在別人後頭清理，於是她愈來愈挑剔居家衛生，引以為一種報復形式。補漏人的道德煎熬往往就在其中：正是**因為**位高權重的人沒辦法放手，補漏人不得不把自己的工作生活安排成只能關注某一項價值（譬如清潔）。

工作是替粗心大意或不濟事的上司擦屁股，這樣的基層人員是最能說明補漏人的例子。

瑪葛妲：我曾在一家中小企業做「測試員」，上面要求我校閱他們家金童寫的研究報告，這人是個研究員，也是統計學者。

但這個金童根本對統計一竅不通，連寫出文法正確的句子都難爲他了。他習慣不用動詞。如果我找到一段文意連貫的段落，我就想賞自己一塊蛋糕；他就是爛到這種地步。在那家公司做事，我掉了十二磅。我的工作就是說服他對每份產出的報告進行重大修正，他當然一概拒絕，重跑統計根本天方夜譚，我只好帶著報告去找公司總監。他們也是統計文盲，但好歹是總監，比較推得動金童。

上司憑著跟工作能力無關的原因占著位子，於是就有一整大類的工作得要去導正這種上司捅出的婁子（這跟幫閑多少有些重疊，做幫閑工作的人也必須做上司的工作，但兩者不盡然相同）。下面是另一個程式設計師的例子：他拿到一份工作，公司經營者是一位自詡為舊式科學革命家的維也納心理學家，他發明了一種演算法，公司內管叫「至尊演算法」。至尊演算法旨在複製人類的口說內容。該公司將至尊演算法賣給藥師，在其網站使用。可是不管用：

諾里：創辦公司的「天才」是這位維也納的研究心理學家，他宣稱他發現了至尊演算法。好幾個月來他都不准我看程式碼，我只是寫點使用那套演算法的東西。這位心理學家的程式碼一直沒辦法產出看得懂的結果。典型循環如下：

- 我把一個基本到不行的句子餵給他的程式碼嘔吐物。
- 他的眉毛擠成「困惑挑眉」的表情符號那樣：「**噢……真怪……**」，彷彿我發現《星際大戰》裡堅不可摧的「死星」的一個微不足道的弱點。
- 他消失在他的洞窟裡，兩個小時……
- 凱旋歸來，修復了臭蟲——現在它完美無瑕了！
- 回到步驟一。

最後，這位程式設計師無計可施，只好在網頁上用非常原始 Eliza 腳本語言[14]模仿說話內容，只為了掩蓋至尊演算法根本是一團糨糊的事實。他後來還發現，那家公司是個只圖名聲的計畫，由外借的CEO經營，而這位CEO以前是管健身房的。

許多補漏人的工作，都是系統的一處小錯，只是沒人願意更正——例如可輕易自動化的事務但沒人照章處理，或經理想維持盡可能多的下屬，或某些結構性混淆，或是上述三者的某種結合。這方面的證言，我這邊要多少有多少。以下是取樣：

- 「我在旅遊公司當程式設計師。有些可憐人的工作是從電子郵件收取更新過的航班表，手動複製到 Excel 裡，一週要做好幾次。」

- 「我的工作是把本州油井的資料從一組筆記本轉入另外一組筆記本裡。」
- 「我整天都在影印榮民的健康紀錄，一天七個半小時……這邊的工作者一直不斷被提醒，買數位化所需的機器太昂貴了。」
- 「我曾被交辦一項職務：監控一個收件匣，公司員工會用特定格式寄電子郵件過來請求技術支援，收到這樣的信，我就複製貼上到另一份不同的表單。在可自動化的工作當中，這是教科書等級的例子，更扯的是，其實這件事本來是自動化處理的！幾個經理間有些意見不合，導致更高層發布標準化作業流程，取消了自動處理。」

就社會層級而言，捆膠布、補漏洞傳統上是女人的工作。有史以來，顯要的男人漫不經心，四處闖禍，此時通常是他們的妻子、姊妹、母親或女兒執行情緒勞動，逐一安撫被惹惱的人，好言相勸，商量怎麼解決男人捅的婁子。從更具體的意思來說，甚且可以把捆膠布當成是歷久彌新的工人階級職能。紙上看來讓人肅然起敬的草圖或許是建築師發想的，卻是建築工人必須想辦法**實際**在圓形房間安裝插座，或按照藍圖指示的組合範本，拿真實的防水膠布，把現實中就是組不起來的東西固定在一塊。

就後面這種情形而言，我們未必是在討論某種狗屁工作，畢竟交響樂團指揮詮釋貝多芬的交響曲樂譜，或一位女演員飾演馬克白夫人，也不見得在我們所謂狗屁工作的範圍內。藍圖、草案和計畫及其在真實世界的實行方式之間，永遠會有一道鴻溝，所以也一定得有人負責做出必要的調整。只是，當計畫明顯行不通，而任何一位稱職的建築師都該預見此事的時候，做必要調整的職責就很廢冗了。系統設計得如此愚蠢，連它會怎麼崩解都能料得一清二楚，但這個組織不修復問題，寧可僱用全職員工，該員主要或全部的工作就只是收拾損害，那這個收拾損害的職責就很廢冗了。就好比一個屋主發現屋頂漏水，但因為僱用鋪屋瓦的工人來重鋪屋頂太費事，因此他決定放個水桶在底下接水，再僱用某人來做全職工作，內容是桶子一滿就把水倒掉。

補漏人很難不察覺自己在做狗屁工作，而且通常很憤怒，這就無庸贅言了。

我在一所知名英國大學當講師的時候，遇過一個補漏人的經典例子。有一天，我辦公室的壁架塌了，書本散落一地，原本固定層板的金屬框半脫落，懸在我書桌上方晃呀晃的，邊緣都裂了。一小時後木工現身，檢查了損壞狀況，卻鄭重其事地告訴我：由於滿地都是書，基於安全守則，他不能進辦公室採取行動。我必須先把書疊起來，不可碰到其他東西，他一有空檔就會盡早回來移除懸著的框。

我遵照指示把書疊好，不過木匠再也沒回來過。於是，人類學系辦天天打電話給總務處，有時一天打好幾次詢問木工下落，但他總是有更緊迫的事情要忙。一個星期過去，我已經接受現實，用掉下來的書堆了一個小窩，在地板上工作，而我們也了解到，總務處僱用了一個男的，他的工作內容就是為木工沒到的事實道歉。這男的似乎人挺溫和，過分謙恭又穩重，不時流露一絲追悔的感傷，這讓他頗適合這份工作，但我很難想像選擇這份職涯能快樂到哪去。最重要的是，學校大可省掉這個職位，把錢拿去**僱用另一位木工**，這樣一來就根本不需要他做的這份工作了。

四、打勾人在做什麼

我用「打勾人」這個詞來指一種員工，其存在只是（或主要是）為了讓一個組織能宣稱它有在做某件事，但事實並非如此。底下的證言來自一個受僱於安養之家、負責排程閒暇活動的女人：

> **貝蒂**：我的工作絕大部分就是訪談住户，填寫一份休閒活動表格，表上記錄了住户的偏好。接下來，那份表格被登錄進一台電腦，之後就被完全遺忘。基於某種原因，紙本表格會保存在一本資料夾裡。在我老闆眼中，目前爲止工作最重要的部分就是填妥表格，一旦拖延我就要見閻王了。常常我替短期住户完成表格後，隔天人就退房，我扔掉的紙都不知道堆幾座山了。訪談對住户多半只會是一種打擾，畢竟他們知道那只是廢冗的紙本作業，根本沒人會關心他們每個人的偏好。

打勾工作最悲慘的地方在於，員工通常都察覺到，行禮如儀的打勾不僅對完成那些裝模作樣的目的毫無幫助，還根本就在扯後腿，因為用於目的本身的時間和資源都被分掉了。正如我們的貝薺明白，她花在處理「住戶希望享有何種娛樂」表單的時間，恰恰就是**沒有**用於娛樂住戶的時間。她設法跟住戶一起投入一些閒暇活動（「所幸每天晚餐前，我還能為住戶彈鋼琴，那是一段有歌聲、笑聲和淚水的美好時光」），可在那些場合，她時常有種感觸：這樣沉溺的時光是她完成了優先職責（填妥並依規定處理表格）才授予她的獎勵。[15]

打勾是我們都熟悉的治理手法。倘若政府僱員做醜事被逮到，譬如收賄或在臨停區定期偷拍市民，政府第一時間的反應鐵定是設立「真相調查委員會」來把事情查個水落石出。這樣做會達成兩種功能。首先，這是一種宣示的作法：除了一小撮老鼠屎，沒人會對發生的事有半點了解（這當然鮮少屬實）。第二，這樣做就意味著，一旦事實查齊了，自然就會有人做出某些處置（這多半也不是真的）。設立真相調查委員會是要告訴民眾，政府正在虛與委蛇。然而有人揭發大型企業旗下成衣工廠僱用奴工或童工，或傾倒有毒廢棄物，它們的處理方式也會跟政府一模一樣。政府或大型企業做的這些都是狗屁，但要真的能歸進狗屁**工作**的類別，就不只是對公眾行緩兵之計而已（至少對公司來說，這還算盡到某種有用的目的），還得在組織內部粉飾太平。[16]

企業合規產業大致可看成是一種中間類型，由（美國）政府監管明文創制：

蕾拉：我服務的產業正在成長中，這產業是由聯邦的監管措施《海外反腐敗法》（Foreign Corrupt Practices Act）所催生的。

> 簡單說，美國公司爲確保不與腐敗的海外公司往來，就必須做盡職調查。客戶都是大公司——科技業、車廠等——它們在像中國（我負責的地區）這樣的地方，多少會有龐雜的小規模往來，不論是別人找上門，還是一起做生意。
>
> 我們公司替客戶建立盡職調查報告：說穿了只是在網路上查找一到兩小時，接著把找到的東西編輯成一份報告。爲了確保每份報告立論一致，製作報告的過程少不了大量行話和訓練。
>
> 有時從網路上就能找到一些該直接發紅牌的資料——譬如該公司老闆有刑事案件在身——但我只能說眞實／瞎掰的比例是二十／八十。除非有人被起訴，不然我的部門在布魯克林，怎麼有辦法知道在廣州的廠商是不是收了塞滿現金的信封袋。[17]

當然，但凡科層組織，在某個程度上都照著這條原則在運作：不論做什麼事情，一旦引進衡量成果的形式標準，對該組織而言「實在」就只存在於紙上了，背後關乎人類的實在頂多放在第二順位考慮。有一段沒完沒了的討論，我至今記憶猶新。是這樣的：我在耶魯大學當新進教授時，考古學系有個一年級的研究生，她丈夫在學期第一天車禍過世。出於某些原因，此事的衝擊造成她對填寫文件患有某種心理障礙。她仍舊出席課堂，積極參與班上討論，報告不但有交，還拿到優秀成績。不過課上到一個階段，教授總會發現她沒有正式選課，而該系的「幕後掌權者」

在系務會議指出，他們只管有沒有選課的紀錄。「註冊組的人只關心你有沒有在時限內把表格送進來，沒有就是沒選課。你的表現怎樣完全不重要。」其他教授只會嘟噥或扯些不相干的事，偶爾有人小心翼翼地點到她的「個人悲劇」——從頭到尾沒有釐清到底是怎樣一樁悲劇（我也是後來才從其他學生那邊知道的），但就是沒有一個人從根本上批評註冊組的態度。木已成舟——從行政的觀點來看是這樣。

結果，讓她填寫一疊延遲申請的請願文件等最後關頭的努力也碰了軟釘子，研究所所長數度發表冗長的獨白，說這學生怎麼這麼不識相，大家只是想幫她忙，[18]她卻讓事情這麼難處理。之後，這個學生就失去學籍，理由是沒有能力處理文書作業的人，顯然不適合走學術。

隨著政府安排其職務的方式越來越像一家公司，上述心態似乎不減反增；至於公民，舉例來說，就被重新界定為「顧客」。英國地方政府「品質與表現」部門的資深官員馬克寫道：

> **馬克：**打從我離開在第一線面對顧客的崗位後，我大部分的工作不外乎打勾，對資深經理粉飾太平，用無意義的數字「對牛彈琴」，數字給人一切盡在掌握中的幻覺。我做的事根本對該地市民一點幫助也沒有。
>
> 我聽過一則來路不明的故事，說一個執行長開啟火災警鈴，於是全體職員都聚集到停車場。接著他告訴全體職員，警鈴響起時正在服務客人的人，請立刻返回樓內。如果應

對客人的職員當中有人需要幫手，負責相應職務的職員可以返回，以此類推。如果這故事發生在市政府，我恐怕得在停車場待上很久！

馬克接著描述地方政府。在他筆下，地方政府只比圍繞著每月「目標數字」沒完沒了的流水帳打勾儀式好一點。目標數字列在辦公室裡的海報上，標綠色是「進步中」，琥珀色是「穩定」，紅色是「衰退」。主管似乎連隨機統計變異等基本概念都一無所知——不然就是假裝不懂——所以才每個月獎勵綠標數字的人，敦促紅標數字的人把工作做好。這些措施對提供服務來說根本無關緊要：

馬克：我經手過一個專案，要發想一些住房的「服務標準」。這個專案要做的事包括口頭敷衍顧客，跟經理開會，進行冗長討論，最後寫成一份報告，讓經理在會議上讚許（主要是因爲報告和訴說的方式引人入勝）。接著，束之高閣——這份報告好歹也花了承辦人許多鐘點，卻對居民全然無關痛癢，還不說居民自己花了好幾個鐘頭填寫問卷或參加焦點團體。就我經驗所及，地方政府大部分的政策都是這樣進行的。[19]

請注意，報告有形的吸睛效果，是此處的重點。這個主題頻頻出現在關於打勾作業的證言中，企業部門猶有過於政府。如果經理手下有多少人為他工作，可以衡量他的位子是否穩固如昔，那麼他發表和報告時的視覺效果品質，就能直接從物質面展現出這位經理的權力和聲望。將這類文飾展示在眾人面前的會議，堪稱企業界的崇高儀式。封建領主會在隨扈中帶上一些僕役，其角色[20]就是擦亮領主坐騎的胄甲，在競技或行進前修整他的八字鬍；同理，今日的主任也會養幾個員工，專門為他準備 PowerPoint 簡報，雕琢地圖、漫畫、照片或配圖，替他的報告增色。這些報告多半只是歌舞伎般的企業劇場中的道具，意思就是沒人會去細讀。[21]儘管如此，誰都攔不住雄心勃勃的主任笑嘻嘻地花公司的錢，浪擲一個員工一年薪水的一半，只為了能說出這句話：「喔當然，我們特別製作了一份報告來說明。」

漢尼拔：我擔任全球規模的製藥公司的行銷部數位顧問，時常與全球公關公司共事，撰寫報告，報告標題都長得像「如何提升關鍵的數位健康照護利害關係人之參與」，全都是不折不扣的瞎扯，只能替行銷部門打上一個勾。不過寫狗屁報告，輕鬆就能收取很大一筆錢。最近我替藥商客户寫了一份兩頁的報告，讓他們在一場全球策略會議中發表，我收取了差不多一萬兩千英鎊的費用。結果，藥商客户在發表時限内來不及講到那一點，那份報告沒派上用場，不過他們團隊還是很滿意。

有一整批小型產業之所以存在，就只是為了讓這樣的打勾動作得以完成。我在芝加哥大學科學圖書館的館際調閱處工作過幾年，那邊至少九成人做的事情就是從類似《細胞生物學》（*Journal of Cell Biology*）、《臨床內分泌學》（*Clinical Endocrinology*）和《美國內科學刊》（*American Journal of Internal Medicine*）醫學期刊中影印文章再寄出（我很幸運，做的是別的事情）。頭幾個月，我還傻呼呼地以為這些文章都寄去給醫生了，直到一個同事向我說明：非也，文章絕大多數都寄給律師了。[22] 顯然，要告醫生不當醫療，會有一場戲是湊出一疊厚得讓人肅然起敬的科學論文，遇到適當的戲劇時刻才能砸在桌上，然後檢視證據。雖然大家都知道沒人會真的去讀它們，但辯方律師或他傳喚的專家證人還是有可能隨機挑一篇來檢視，所以不能掉以輕心，必須確保你的助理把文章一篇篇都找到，不然怎麼說服其他人它們在某方面支持本案。

在後面的章節我們還會了解到，私人公司有各式各樣的方法，聘人以便告訴自己，它們真的有在做其實沒在做的事情。例如許多大型企業會辦自家的雜誌，甚至是電視頻道，表面上說是要讓員工跟上有趣的消息和發展，但其實這種雜誌別無用處，只是讓主管經驗到，在上頭看到一篇對貴公司讚許有加的報導時，那種暖心怡人的感受；或是讓主管了解，由一舉一動都跟記者沒兩樣的人來訪談你，卻絕對不會提出你不想回答的問題，會是什麼感受。每逢這類安排好的場合，通常寫手、製作人和技術人員的酬勞都十分優渥，通常是市價的兩、三倍，只不過全職做這類工作的人，每個都跟我說這差事是個狗屁。[23]

五、任務大師在做什麼

任務大師可分成兩個子類。第一類人的職務完全是指派工作給別人。如果這個任務大師本人認為，即使她人不在場，底下的人也完全有能力推動事務，不需要她插手，那這份工作就可說是狗屁。所以我們可以把第一類任務大師當成幫閑的對立面：任務大師是不必要的上司，幫閑是不必要的下屬。

任務大師的第一種變化只是沒有用處而已，第二種變化就會造成實際的危害了。第二類任務大師首要的職責就是創造狗屁任務，讓其他人去執行；他們監督狗屁，甚至創造嶄新的狗屁工作，不妨稱他們為狗屁產生器。第二類任務大師除了任務大師的角色外，或許也有實在的職責；然而，假使他們做的事情十之八九都是創造狗屁任務給別人，那我們就可以把他們自己的工作歸類為狗屁工作。

讀者可以想見，從任務大師那裡收集證言格外困難。就算他們私下認為自己的工作一無是處，承認的機會也遠低於從事其他類型狗屁工作的人。[24] 不過我還是找到了一小批願意自首的人。

班堪稱第一類的經典例子。他是個中階經理：

班：我的工作是狗屁工作，是中階管理層級。我底下有十個人，不過照我的判斷，就算沒有我監督，他們都能勝任愉快。我唯一的功能就是交辦工作，但實際把工作生出來的人其實自己就能做了（照我看，大部分狀況下指派過來的工作都是其他做狗屁工作的經理的產物，結果我的工作變成雙重狗屁）。

我剛升官來接這份工作，花很多時間觀望，疑惑我該做什麼。說好聽點，上面期待我激勵員工。這份薪水我賺得有些忐忑，不過我是眞的有在上班！

班算過，他至少花百分之七十五的時間排任務，然後監督下屬執行。說是監督，他壓根不信哪個下屬的行為會因為自己在場或不在場而改變。他還說，他一直嘗試不動聲色地搜羅貨眞價實的工作來做，不過他本人的上司終究會留意到，然後要他別分心。話說回來，班寄出證言時才上任兩個半月，不然他能不能這麼耿直，還未可知。如果他最終屈服了，接受他在生活中的新崗位，總有一天會明白其他人的證言所謂「中階管理工作不外乎是確保低職階的人達成他們的『生產力數字』」，於是開始炮製訴諸形式的統計指標，而他的下屬就能嘗試作假了。

其實滿常有人抱怨自己被迫監督不需要監督的人。譬如底下這位奧方索的證言，他是本地化業務的助理：

奧方索：我的工作是監督、協調一支由五位譯者組成的團隊。問題是這支團隊完全有能力管理好自己：需要用到的工具，他們了然於胸，當然也有能力管理時間和待辦事項。所以我通常扮演「事務守門員」的角色。外部要求會從Jira（一個管理繁瑣待辦事項的線上工具）先到我這裡，我再發給相關人等。除此之外，我負責交定期報告給我的主管，他會再把我交的報告融入上呈CEO的「更重要的」報告。

中階管理的精髓，看來就是像這樣，結合了任務大師和打勾人。在奧方索的案例中，他確實有一項用處——但那只是因為他的譯者團隊在愛爾蘭，而日本的中央辦公室指派的工作太少，他只好不斷想辦法在報告中動手腳，顯得團隊每個人都很忙，不需要解僱任何人。

§

那就讓我們接著討論任務大師的第二類：製造狗屁工作給其他人做的人。

不妨先討論克羅伊，她是英國一所著名大學的教務長，專門為問題重重的校園提供「策略領導」。

先打個岔。我們這種在學院磨坊裡拖磨，卻還勇於自認是老師、學者的人，愈來愈怕聽到「策略」這個詞。管理企業的招術首先就是透過「策略任務書」（更糟的是「策略願景文件」）在學院生活中生根。建立可量化的方法來評估績效，迫使教師和學者耗費愈來愈多時間評估自己做的事，再為自己找理由，當真做事的時間卻愈來愈少，所以聽到這個詞就讓我們油然升起一股明確的恐懼。此外，凡反覆使用「品質」、「卓越」、「領導」或「利害關係人」的文件，我們同樣提防。這就不能怪我一聽到克羅伊的職責是「策略領導」，馬上懷疑她的工作是狗屁工作，不僅如此，這份工作恐怕還積極地把爛事安插到其他人的生活中。

根據克羅伊的證言，我料得一點都沒錯——但理由姑且跟我一開始想像的不盡相同。

> **克羅伊：**大學裡面非常務的事務長、佐校長（Pro-Vice Chancellor）和其他「策略」職位都是狗屁工作，同理，我的教務長崗位也是狗屁工作。大學裡真正有權力和責任的崗位都離不開錢在組織裡的流向。常務佐校長或事務長（換句話說，她或他管預算）可以用錢當棍子（或胡蘿蔔），勸誘、強迫、慫恿、霸凌學系，或跟系上斡旋，以達成他們能夠、應該或也許想要做的事。策略事務長和其他類似崗位沒有胡蘿蔔也沒有棍子，非常務就是這樣，不管錢，只有（以前有人這樣描述給我聽）「說服與影響的權力」。
>
> 既然我在領導班子裡沒有位子，也不是茶會邀請的對象，那整體策略、績效量表、審

計等，也都不關我的事。我沒有預算，校舍、課表或其他任何運營事務也都不歸我管。我只能發想新策略，但其實只是大家已經同意的大學策略的老調重彈。

於是，她首要的職務就是發想一份又一份〈策略願景書〉。英國的學術生活重心已日漸變成跟數字周旋和打勾，其根據就在按時出爐的願景書裡。[25] 但克羅伊沒有實權，她所有的作為只是在搬演一齣皮影戲，毫無意義。今日大學高階管理人員都會收到的榮譽勳章，她**的確**也拿到了：自成一個微型帝國的行政班底。

克羅伊：配給我相當於百分之七十五全職的個人助理，一個相當於百分之七十五全職的「特殊專案與政策支援官」，一個全職的博士後研究學人，外加一筆兩萬英鎊的「開銷」零用金。也就是說，很大一筆（公共）錢財就這麼拿來支持狗屁工作。專案與政策支援官是要在專案和政策上協助我；個人助理聰明伶俐，但難免淪爲傑出的旅行專員和行程祕書。研究學人只是浪費時間和金錢，因爲我是獨來獨往的學者，實在不需要助理。

所以，我花了兩年生命，製造工作給我自己和其他人。

說實在，克羅伊算得上是十分寬宏大度的主管。她明知策略會被束之高閣，還是花自己的時間構思。構思期間，她的特殊專案官「忙不迭地製作各種課表」，蒐集有用的統計數據，個人助理管理她的行程，研究學人則把時間用在她自己的個人研究工作上。這樣的安排應該沒什麼不妥吧？好歹每個人都沒有給別人找麻煩，說不定研究學人還獨力為人類知識做出重要貢獻呢。照克羅伊的說法，是她頓悟到，如果她被授予實權，恐怕**真的**會造成危害，這時她才真正為全盤的安排苦惱了起來。事情是這樣的，當了兩年教務長後，她還是沒有長智慧，接了一個短期職缺，擔任她舊學系的系主任，這下她有辦法從另一面看事情——直到六個月後，她又懼又厭地辭職：

> **克羅伊：**我暫代系主任的短暫時間，足以讓我銘記這份職務有百分之九十是狗屁工作，不能再少了。系主任要填寫系務長遞來的表格，讓她去寫她的策略文件，這些文件再上繳指揮鏈。爲了稽核並監督研究教學活動，我要產出洋洋灑灑的文書。爲敘明系上爲什麼需要已撥入的經費和員額，我要產出一份又一份的計畫，還要再一份五年計畫。該死的年度考核一執行完，扔進抽屜就不會再看一眼了。而且，爲了完成這些任務，身爲系主任，你會請同仁幫忙。狗屁工作不斷增長。

你問我的想法？在複雜組織裡，將管理主義的意識形態付諸實行，才會產生狗屁工作，這跟資本主義本身無關。[26] 管理主義落地生根，隨之而來的是一整批學院職員，他們的工作就只是維持管理主義的碟子轉個不停——策略、績效目標、稽核、檢討、考核、更新策略，族繁不及備載——這些事情跟教學和教育這兩道維繫大學存續的血脈徹底脫節。

對於這個主題，克羅伊的最後一段話已經說得很清楚了。

克羅伊還好，職員已經配給了她，之後她才想辦法讓職員有事情忙。曾在公私部門連續擔任任務大師工作的塔尼雅，提供了另一套解釋，讓我們得以明白嶄新的狗屁職位是怎麼誕生的。最後這則證言明白涵括了本章鋪陳的分類原則，因此獨一無二。研究接近尾聲時，我在推特上說明那時才粗具雛型的五分法，藉此引發評語、增補或回應。塔尼雅認為我的術語切中她的經驗：

塔尼雅：照你的狗屁工作分類法，我大概是任務大師。我曾是某祕書室的兩個副主任之一。祕書室處理兩個局的人事、預算、補助、合約和差旅，總資源約六十億，一千人。

擔任經理人（或說協助填補業務漏洞的補漏人）的某些時候，你會了解得僱用一個新人，才能滿足組織的某項需求。我試圖填上的多半是我身為打勾人或補漏人的需求，或其他經理的需求，有時是僱人做非狗屁工作，或是僱用定額的打手和幫閑。

我之所以需要補漏人，通常是因為我得為運作起來漏洞百出的方案管理系統（既有自動的也有人力的工作流程）善後。有些狀況下，漏洞百出的是打勾人，甚至是做非狗屁工作的下屬。這種下屬從歷來的前主管那裡得到二十五年的傑出績效評分，他的職位是終身聘。

最後這句話很重要。如果下屬年資深厚，長期保持良好的績效考核紀錄，即使不濟事，還是很難排除他，即便在企業界也一樣。以政府科層組織的狀況來說，處理這種人最簡單的方式通常是「向上踢」，幫他們升到更高的職位，讓他們成為別人的麻煩。不過塔尼雅已經在所屬階序的頂層，再怎麼把不濟事的人往上踢，仍舊會是她的麻煩。她只有兩個選擇。她可以把不濟事的人調去某個狗屁職位，職務無關緊要，或者，假使當下沒有這類職位可調，只好把人留在原處，另外僱人實際做他的工作。若採後一種作法，問題又來了：不濟事那人已經卡著位子，你不能招募別人來做他的工作。你只好杜撰一份新工作，儘管你其實是要僱人做別的事情，明知職務描述根本是狗屁，還是要寫得煞有介事。接下來，雖然你壓根沒要他或她去做，還是要假裝新人跟你杜撰的工作是天作之合。上述的每一步都是一大堆作業。

塔尼雅：工作分類和職位描述都井井有條的組織裡，一定要先把職務建檔、歸類完成，才能招聘人（自成一整個狗屁工作和窮耗瞎忙的宇宙，類似撰寫贊助申請書或投標書的

> 人所處的世界）。
>
> 那麼，要創造一份狗屁工作，通常包含創造一整套狗屁敘事，細述該職位的目的和功能，還有勝任這份工作所需的資格，同時要遵循人事處和敝機關人事同仁制定的格式和專屬的公文套語。
>
> 完成後，還要準備一份徵人啟事，格式相仿。申請人遞交的履歷，必須涵括啟事中所有要旨，用字遣詞也要若合符節，這樣敝機關用的招聘軟體才認得出申請人的資格文件。此人受聘後，還要再一份文件詳述其職責，這將是年度考評的依據。
>
> 我親自重寫候選者的履歷，確保履歷能唬過招聘軟體，准許我面試並錄用候選人。如果履歷沒通過電腦那關，我就沒辦法選聘他們了。

容我將塔尼雅的證言改寫為寓言版。請再次想像自己是封建領主。你找了一個園丁。園丁勤懇工作二十年後，養成嚴重的酗酒問題。蒲公英到處發芽，莎草即將枯萎，而你三不五時就發現園丁蜷著身子，倒在花圃邊。然而，園丁人脈甚好，開除他會得罪你覺得不宜得罪的人。所以你找來一個新僕人，表面上要他擦亮門把或做些沒什麼意義的活兒，暗地裡你確保找來的擦亮門把員其實是經驗老到的園丁。到此為止還好。麻煩來了，你不可以逕自招來新僕人，為他起個派頭的稱號（「玄關大管家」），再告訴他，他真正的工作是在園丁醉倒的時候接手。在職場上，你不可以這麼做。你必須想出天花亂墜的內容，描述擦亮門把員著實會去做的事情，指導你的新園丁怎麼裝成王國境內首屈一指的擦亮門把員，再按他的職務描述進行績效檢討，逐項打勾。

而且，如果園丁清醒過來，不願來路不明的年輕小伙子打攪他的大事——那你手上就有個全職的擦亮門把員了。

根據塔尼雅的證言，以上只是任務大師不得不創造狗屁工作的諸多原因之一。

論複雜的多重型態狗屁工作

這五大類並未包含所有狗屁工作，人們肯定還能提出新類型。我聽過一個類別，很想加進來，是「想像朋友」。表面上，「想像朋友」是受僱來讓人情淡薄的職場多些人味，可惜實情多半是強迫人捱過冗長的裝假遊戲。稍後我們還會聽聞強迫的「創意」和「專注」研討會，還有強制參加的慈善活動。有些工作者整個職業生涯都離不開扮裝，不扮裝就設計天真的遊戲，試圖在辦公室環境中建立人與人的交情，其實辦公室裡的所有人大概都覺得被放生比較開心。我們可以把這樣的工作當作某種打勾人，但視為自成一格的現象同樣有道理。

從前文的例子就能看出來，有時一份工作毋庸置疑是狗屁工作，卻很難判定它屬於五大類中的哪一類。乍看之下，難以歸類的狗屁工作往往包含許多元素。打勾人或許也是幫閑，要是組織的內規改變，說不定下場就只是個幫閑；幫閑或許兼任補漏人，要是問題大條了，老闆又認定重新指派閒閒沒事的手下收拾善後比修復問題來得輕鬆，幫閑或許就變成全職的補漏人。

想想非常務教務長克羅伊。上頭為了多半象徵性的原因設立她的職位，就某方面來說她也是個幫閑；不過對她的下屬來說，她又是任務大師了。她和下屬沒多少事好做，於是她投入一些時間尋找可以姑且封補的漏洞，最後才明白，即使她被賦予某種權力，做的事情也不外乎是打勾勾的工夫罷了。

我接到一個男人的證言，他在一家電話銷售公司工作，這家公司跟一家資訊科技大廠有簽約（就說是蘋果吧。我不知道是不是蘋果，他沒告訴我是哪一家）。他的工作是打電話給公司，試圖說服他們跟某位蘋果的銷售代表敲個時間見面。問題是，他們會打過去的公司，全都已經有一位持續配合的蘋果銷售代表了，常常是在同一間辦公室。還沒完呢，他們全都心知肚明。

吉姆：潛在顧客的總部已經有一位我們的科技巨擘顧客的銷售代表了，再跟同一家科技巨擘的銷售代表開會，到底有什麼價值？我時常拿這個問題去問經理，有些經理跟我一樣毫無頭緒，不過績效比較好的經理耐著性子說明給我聽：我搞錯重點了，約開會的電話是一種禮尚往來的遊戲。

潛在顧客不是認爲開會可能有助於解決某項業務問題才開會，他們只是怕不接受會顯得不禮貌。

這真的無謂到無以復加了，但確切來說，你會怎麼歸類這個案例？吉姆身為電話銷售員，當然符合打手的界定，不過他這個打手沒有別的目的，就是操弄人去打勾勾。

又如客訴代表這一類工作，也摻雜了多重形態，可以當他們是幫閑和補漏人的結合，卻自有某些特徵，別無分號。客訴代表這樣的下游人員，受僱來承接時常是其來有自的客訴，但上面指派他們這個角色，正是因為他們毫無處理客訴的權能。

不消說，客訴代表在所有科層組織裡都是司空見慣的崗位。先前那個「工作是為木工沒到的事實道歉的男人」就堪稱一種客訴代表，只是照這個思路，他的職位還真是非比尋常地好混，畢竟他真的只需要跟大學教授和行政人員交談，這些對象不大可能會咆哮、拍桌，喜怒不會形之於色。在其他脈絡下，客訴代表可能會涉險，這不是開玩笑的。二〇〇八年我剛到英國，印象深刻的頭幾件事，一個就是公共場合四處可見到告示，提醒公民不要對低階政府官員動粗（我以為這應該是心照不宣的事情，但顯然不是，因此印象深刻）。

有時客訴代表也很明白他們的用途，納薩紐就是如此。納薩鈕報名了加拿大一所學院的半工半讀方案，被派去註冊組辦公室，打電話通知對方某些表格填得不正確，必須重填。（「所有第一線工作人員都是學生，一般人遇到學生，再生氣也有個限度。要是有人要發脾氣了，你第一句台詞就是：『大哥抱歉，我知道這根本是狗屁。我也是學生。』」）其他客訴代表更顯得無邪，幾乎讓人動容：

提姆：夏天時我在一所學院的宿舍工作，這份工作我已經做三年了，但做到現在，我還是沒完全搞懂職務究竟是什麼。

占據櫃檯的空間是我的第一要務，耗費約七成的時間。一邊占據櫃檯，我可以自由「投入我自己的計畫」，我理解成打混，用小屋裡找到的橡皮筋做橡皮筋球。要是沒忙著做橡皮筋球，我或許在檢查辦公室的電子郵件信箱（沒人教過我要怎麼處理這些郵件，我當然也沒有行政權力，所以只能把信件轉給我老闆），把投在門邊的包裹搬去收發室，接電話（一樣，我什麼都不知道，打進來的人很少從我這得到滿意的答案），在抽屜裡發現二〇〇五年的番茄醬包，打給事務組，報告某位住宿生扔了三把叉子進廚餘處理機，這會兒腐爛的食物從槽裡噴出來了。

此外，人們時常爲了明顯不能歸咎到我身上的事情，衝著我大吼大叫。譬如住宿生把三把叉子扔進廚餘處理機的事實，附近在進行裝修工程的事實，或他們遲繳租金的事實，而老闆禁止我收一千四百元的現金，自己週末又不上班。又或者是沒有方便的電視能看《鑽石求千金》（*The Bachelor*）的事實。我猜衝著我大吼大叫有某種宣洩的效果，

> 畢竟我才十九歲，還是個窩囊廢。
> 負責上述職務，我拿十四元[譯2]的時薪。

表面上，提姆好像只是個幫閑，如同荷蘭出版社不必要的接待員，只是因為沒人坐在那裡實在不體面，才坐在那裡。其實，提姆讓憤怒的學生有對象出氣，他正是在這一點上真正為僱主提供了服務，否則為什麼都三年了還把提姆蒙在鼓裡？正因為這**是**一種貨真價實的服務，我才遲遲不把客訴代表列為狗屁工作的一個類別。提姆跟那個工作是為木工沒到的事實道歉的男人不同，他不是在彌補某個結構性的瑕疵。他之所以占著櫃檯，是因為當一大票青少年聚在一起，總會有幾個為雞毛蒜皮的事情鬧脾氣，提姆的僱主可不要他們把怒氣出在自己身上。換句話說，提姆的工作是屎缺，卻不盡然是狗屁工作。

順便講一下二階狗屁工作

最後一種模稜兩可的類別所涵蓋的工作，本身絕對不是無謂的，只是為了支援某家無謂的公司而執行其業務才淪於無謂。清潔工、保全、維修工人和其他支援狗屁公司的職工，就是一個明顯的例子。就說阿寇的辦公室吧，該處提供德國士兵把電腦搬過走廊幾步路所需的文件，又如諾里的公司，吹捧一套無效的演算法，或是上百家造假的電話行銷或合規公司中的任何一家。這些辦公室統統需要人替植栽澆水，要人清理大小便斗，要人防治害蟲。誠然此處討論的公司多在大型商務大樓裡辦公，承租的企業林林總總，任何一個清潔工、電工或噴驅蟲藥的人員，都不大可能只為那些自認身陷無用職業的人提供服務。不過，若真要算清楚支援了狗屁工作的清潔工或電工的總比例，數字恐怕很高。（如果 YouGov 的普查準確，我會估計是百分之三十七）。[27]

如果有百分之三十七的工作是狗屁工作，剩下百分之六十三當中還有百分之三十七在支援狗屁工作，那麼全部勞動中，可歸入最寬鬆定義下廢冗部門的，就略微過半了。[28]再把有用職業的廢冗化（辦公室作業至少百分之五十，其他種類的工作可想而知比例較低），以及根本只是因為人人都太辛勤工作才存在的各種專業（只提兩個：洗狗員、大夜班的披薩外送員）併入計算，何嘗不能把**真實**的一週工時降到十五小時——甚至十二小時——誰都不會察覺有異。

譯2 幣值不明，若為加幣，約合新台幣三百二十元。若為美元，則約為新台幣四百二十元。

最後提點，簡短回顧一個問題：有可能做著狗屁工作而不自知嗎？

狗屁工作在多大程度上只是主觀判斷的問題、又有多大程度上客觀實在？二階狗屁工作的概念再次帶出這個爭議，而我相信狗屁工作是非常實在的——儘管我說我們只能仰賴工作者自身的判斷，但意思是我們身為觀察者，只能藉由工作者的判斷了解狗屁工作。我也要提醒讀者：特定工作者的業務內容到底有沒有做什麼值得一提的事情，這種事實問題，我相信留待該工作者回答是正確的。不過，要是涉及比較細緻的爭議，即此處討論的工作做的事有沒有**價值**，我就認為留待該產業工作者的總體意見才是最妥當的。不然，我們恐怕會淪於頗為可笑的立場，譬如去計較同一間辦公室裡，執行相同任務的三十位法務助理，有二十九位在做狗屁工作（因為他們自認如此），唯有一位堅定的信徒不然（因為他不能苟同）。

人們對自己在做的事情，**可能**會有錯誤的認知。我們無須否認這樣的可能性，除非你主張個體感知之外絕無實在，但這個立場在哲學上問題重重。正好，我在意的大多是主觀要素，所以對本書宗旨而言，人們可能會有錯誤的認知不見得是問題。我的首要目標倒不是說明一套社會效益或社會價值的理論。反之，我們當中有這麼多人，私底下相信自己的工作缺乏社會效益或社會價值，卻還是為這份工作而勞動，去理解這個事實的心理、社會和政治效應，才是我的目標。

我也假定人們不會**時常**是錯的。所以，若有人真的想琢磨出經濟中哪些部門是實在的，哪些是廢冗的，最好的作法還是檢視哪些部門占多數的工作者認為自己的工作無謂，哪些部門則不然。更進一步就要抽絲剝繭，嘗試釐清工作者心照不宣的社會價值理論，因為是這樣的理論引領他得出他對工作的看法。如果有人說「我的工作完全不知道在幹嘛」，此人沒說出口但已經套用的判斷準則有哪些？有些人，譬如特效師湯姆，徹頭徹尾想過這些事情，轉眼就能告訴你。其他個案裡的工作者沒有能力鋪陳一套理論，但你就是知道勢必有一套理論在，而工作者沒有完全意識到。所以，你必須審視人們使用的語言，觀察他們對自身工作不假思索的反應，從中捻出理論來。

這對我來說不成問題。我是個人類學者，人類學者接受的訓練，就是剔出人們的日常行動和反應背後隱含的理論。接下來的問題是，人們的理論不見得都一樣。舉例來說，我做研究的過程中注意到，很多從事銀行業的人私下都深信銀行業務有百分之九十九是狗屁工作，怎樣都不會造福人類。我只能假定其他從事該產業的人不同意這樣的評估。這當中有任何模式嗎？跟年資深淺有關嗎？高層會不會比較相信銀行業務對社會有益處？還是他們私底下大都同意自己的工作沒有社會價值，只是毫不在意？或許他們知道自己的業務不能造福民眾，還會沾沾自喜，自作多情地把自己想成是海盜或金光黨？這是不可能論斷的（然而前一章結尾，薩克斯的證言至少說明了，金融界頂層有許多人只是覺得，能拿得到手的，自己都有資格拿到手）。

有些行業是這樣：**業外**人人都習慣拿來當成狗屁工作的精選案例，業內人士卻似乎不會那樣看待自己的工作。遇到這種行業，我研究狗屁工作的方式才真的碰上了問題。一樣，這方面沒有人做過詳盡的比較調查工作，但我的資料中有某些模式確實引起我的興趣：回覆我的職業當中，只有一小撮律師（可是有為數眾多的法務助理）、兩個公關專員，說客則是一個都沒有。根據這樣的模式，我們是不是要推論這些行業多半是不狗屁的職業？不盡然。這些行業的沉默還有其他可能的解釋：舉例來說，或許這些人用推特的比較少，又或許做這行的更習慣說謊。

容我再補充一點：有一群人不但否認他們的工作無謂，更痛斥「我們的經濟中充斥狗屁工作」這樣的想法。這些人不意外是企業主，以及負責招聘和解僱的人（就此而言，塔尼雅似乎是個例外）。其實，這幾年來，我定期會從義憤填膺的實業家和行政主管那裡接到不請自來的訊息，指出我的整個前提都是錯的。他們堅稱，沒有人會花公司的錢去請不需要的員工。這類訊息鮮少提出夠細膩的主張，多半只是一些常見的循環論證：在市場經濟中，本章描述的事情統統不會真的發生，所以也真的不曾發生，可見自認工作一無是處的人，一定全都被拐了，不然就是自視過高，或者就只是不明白他們真正的功能，唯獨上面的人才看得一清二楚。

你難免會想從上述回應得出這樣的結論：至少有一類人是打從心底不明白自己的工作是狗屁工作。當然，CEO的作為未必是狗屁，他們的行動確實造成世界的不同，更好或更壞則見仁見智，只是他們對自己製造的所有狗屁事務統統視而不見。

第三章

為什麼做狗屁工作的人經常表示不開心？

（論精神暴力，第一部分）

工作場所崇尚法西斯主義，是邪教，大小事情都是爲了吞噬你的生活而安排。老闆像一條搜刮黃金的惡龍，搜刮你的每一分鐘。

——諾里

在這一章當中，我要著手探究身陷狗屁工作造成的道德和心理效應。

我尤其要提出以下這個看似多餘的問題：這為何會是一個問題？或措辭再精確一點：做一份無謂的工作，為什麼會頻頻讓人感到辛酸？單看表面，看不出哪裡有辛酸之處，畢竟我們探討的這群人實際上是拿錢不做事，金額還往往很優渥。人們或許會想像：拿錢不做事的人會自認幸運，要是還多少能夠不用被管，更是加倍的好運道。的確，我不時收到一些證言，說能得到這樣的職位，運氣好到連自己都不敢相信，我詫異的是會這樣說的人竟然如此罕見。[1] 其實，許多人似乎困惑於自己的反應，覺得自己毫無價值，或者沮喪失志，沒辦法理解為什麼自己的處境會讓他們產生這樣的感受。他們的辛酸常常來自於找不到一則說法來向自己說明當前處境的性質為何，又是哪裡出了錯。辦公室職員為了十八美元的時薪，不得不一天坐七個半小時，假裝對著螢幕打字；又如顧問團隊的新進成員，被要求承辦一模一樣的創新與創意研討會，週復一週，一年拿五萬美元。船上的奴隸還知道自己受人壓迫，但狗屁工作卻只讓人不知道自己在做什麼。

我在先前談論債務的書裡寫過「道德混淆」的現象。那時我舉的例子是，綜觀人類歷史，多數人似乎同意欠債還錢在道德上是天經地義的事，卻又同意放貸者是邪惡的。固然狗屁工作是相對晚近才崛起的現象，但我認為它催生了類似的道德窘境。一方面，人人都順理成章地假定，人類總是傾向尋求對自己最有利的作法，也就是說，每個人都會讓自己置身於耗費最少時間和精力就能獲得最大利益的處境中。尤其憑空討論這類事情時，我們十之八九就是如此假定。（「我們不能就這樣發給窮人救濟品！他們會沒有誘因找工作的！」）另一方面，我們自己和身邊至親的經驗卻多半悖離這些假設。人們幾乎從來不照我們的人性理論預測的方式行動和反應。唯一合理的結論是，這些談論人性的理論錯了，至少有幾個關鍵點錯了。

在本章中，我不僅要問：人們做起自己看來毫無意義的閑冗工作，為何會那麼不開心，還要更深入思考那份不開心所能告訴我們的訊息——包括人是什麼、以及人大抵跟什麼有關。

為什麼一個顯然占涼缺的年輕人就是沒辦法應付他的處境

我先講個故事。下面是一個叫艾瑞克的年輕人，出社會的頭一段經驗，就是一份不折不扣地無謂、無謂、無謂得有點滑稽的工作。

> **艾瑞克：**我做過很多、很多糟糕的工作，不過狗屁到毋庸置疑、無以復加的，是我好幾年前大學剛畢業的第一份「專業工作」。我是家裡第一個唸大學的，由於對更高一級教育的宗旨一無所知，我竟然期望它會開啓我的視野，見識那時從沒見過的機會。
>
> 結果，研究所開出來的實習機會是普華永道（Pricewaterhouse-Coopers）、安侯建業（KPMG）等。對此，我寧可領失業救濟半年，用我研究生圖書館的權限去讀法文和俄文小說，直到我不得不依照失業救濟的規則參加面試，才不幸得到一份工作。
>
> 那份工作是在一家大型設計公司擔任「介面管理員」。所謂的介面，是一個內容管理系統——簡單說就是有圖形使用者介面的內部網路——用來讓全英國七處辦公室都能分擔公司的業務。

沒多久，艾瑞克就發現，公司僱用他，只是因為組織內的一個溝通問題。換句話說，他是個補漏人。只因為合夥人們沒辦法接起電話，彼此合作，才需要用到那一整套電腦系統：

艾瑞克：這家公司是合夥制，每處辦公室由一個合夥人掌理，合夥人好像全都唸過三間公校之一，還是同一所設計學校出身（皇家藝術學院）。這些四十幾歲的公校男孩競爭心奇強，常常想方設法勝過同儕，贏得標案。不止一次，兩處不同辦公室發現對方也到同一個客户的辦公室提報設計案，雙方只好在某個陰沉的商業園區停車場火速併標。所謂的介面就是設計來讓公司全部辦公室合作無間，確保這種事（和其他數不完的鳥事）不再發生，而我的工作是協助開發、營運，並讓職員都接納它。

艾瑞克沒多久就看出來了，問題在於自己連補漏人都算不上，他是打勾人。一個合夥人堅持要做這個專案，其他人懶得跟他爭辯，假意答應，然後竭盡所能確保系統不起作用。

艾瑞克：我早該明白，這個專案只是某個合夥人一廂情願的想法，其他人都不想真的實行，不然他們怎麼會付錢讓一個沒有資訊科技經驗的二十一歲歷史系研究生來負責？他們跟一票徹頭徹尾的騙子買了市面上最便宜的軟體，當然頻頻故障，容易當掉，看起來像是 Windows 3.1 的螢幕保護程式。全體同仁都懷疑這套系統是要監視他們的生產力、記錄他們按下的按鍵，或舉報他們在公司網路散播色情影片，所以敬而遠之。而我完全沒有寫程式或開發軟體的背景，沒辦法改善這套系統，所以我的任務只剩下推廣和管理這坨運作不順、沒人想用的大便。幾個月後我了解到，除了回答困惑的設計師幾個疑問，我整天沒事可做，而他們只是想知道怎麼上傳檔案，或從聯絡簿中搜尋某人的電子郵件位址。

這處境全然不知所謂，不久就導致了細微的反抗舉動，且愈來愈明目張膽：

艾瑞克：我開始遲到早退。公司有「週五中餐一品脫譯1」的政策，我延伸為「每天中餐一品脫」。我在座位上讀小說。午休時間，我出門散步三個小時。在座位上把鞋子脫了，一份《世界報》（*Le Monde*）和一本小侯貝字典，法文閱讀能力變得很罩。我請辭過，老闆幫我加薪二千六百英鎊，我只好接受。正因爲我不具備施行他們不想施行的東西所需的技能，所以他們需要我，更願意付錢留著我（不妨稍微改一下馬克思《一八四四年經濟學哲學手稿》（*Economic and Philosophical Manuscript of 1884*）的一段話：爲預先

譯1 指啤酒。

防止他們跟自己的勞動異化的恐懼，他們不得不犧牲我，讓我跟尚未實現的人類成長產生更嚴重的異化）。

日子繼續過，艾瑞克愈來愈尖刻地公然違抗，存心做件能真的讓他被開除的事。他開始醉醺醺地上班，報公司「差旅費」去開不存在的會議：

艾瑞克：股東會上我喝醉了，跟愛丁堡辦公室的一個同事大吐苦水，他開始跟我開假會議。有一次在鷹閣莊園（Gleneagles）附近的高爾夫球場，我穿著借來的、比我的腳大兩號的高爾夫球鞋，就只是去啃地而已，沒有別的。成功後，我開始跟倫敦辦公室的人安排虛構的會議。公司把我丟在布盧姆斯伯里（Bloomsbury）的聖亞詹斯（St. Athans）旅館，一間瀰漫尼古丁的房間。我見我的倫敦朋友，上蘇活區的小酒館喝一上午，老派之美好，常常接著在肖迪奇（Shoreditch）又喝一整晚。不止一次，下週一我回到辦公室時還穿著上週三上班的襯衫。鬍子早就不刮了，到這時候，我的頭髮像是從齊柏林飛船的巡演班底頭上搶來的。我又找了兩次機會提辭職，兩次我老闆都拿更多鈔票攔著我。最後，人家付我一筆不像話的金額，讓我做這份工作，最多一天就接兩通電話。一個夏末午後，在布里斯托爾寺院草原（Bristol Temple Meads）站的月台，我終於崩潰了。我一直想去布里斯托看看，遂決定「拜訪」布里斯托辦公室，確認「用戶接受狀況」。其實我整整三天都在聖保羅教堂附近一個無政府工團主義的轟趴嗑搖頭丸，嗨完後的解離性憂鬱讓我明白了，生活毫無目的的狀態能讓人鬱悶到多深。

費了九牛二虎之力，艾瑞克終於成功把自己換掉了：

艾瑞克：老闆總算回應了我的施壓，聘了一個有資工學位的小鮮肉，看看我們的圖形使用者介面有沒有什麼能改進的地方。這小子第一天到班，我開了一張待辦清單給他——然後馬上寫我的辭職信，趁老闆下次放假，從門縫底下投進去。還有法定提醒期，我打電話回去放棄最後一筆薪水。那週還沒過完，我就飛去摩洛哥的濱海城鎮索維拉（Essaouira）放空。回來後的六個月，我占屋過日子，用三英畝地自己種蔬菜。你在《迸！》的文章一刊出來我就讀了。有些人讀到那篇文章才醒覺資本主義創造不需要的工作，只是爲了讓輪子繼續轉，而我早就知道了。

這則故事值得一提之處在於，很多人會認為艾瑞克做的是夢幻工作。人家付他優渥的錢，他什麼事都不用做。幾乎完全沒人監督他。人家尊重他，公司的規矩隨他詮釋。儘管如此，這份工作還是逐漸毀了他。

為什麼？

我認為，這則故事其實很大程度跟社會階級有關。艾瑞克出身工人階級，是不折不扣的工人之子。年輕人剛離開學校，躊躇滿志，突然「真實世界」的招呼就朝臉上打來了。這個例子中，現實是由三種事實構成的：（甲）中年主任確實會逕自認定二十幾歲的白人男性好歹是個電腦達人（就算是像本例的狀況，他沒受過任何電腦相關的訓練也一樣）；而且（乙）若符合他們暫時的目的，甚至會給艾瑞克這樣的人一個好混的職位；儘管如此，（丙）他們說穿了就是把他當某種笑話看，而他的工作也差不多就是笑話兩個字。他之所以出現在這家公司，不外乎是某個設計師想對另一個設計師惡作劇。

再來，讓艾瑞克困擾至極的事實是，他壓根想不到自己到底為了什麼目的才做這份工作。他連說服自己是為了養家都沒辦法，當時他還沒有自己的家庭。在他出身的階級，大多數人以製造、保養和修復東西為榮，或是認為人**應該**為這一類事情自豪。艾瑞克設想，上大學、晉身專業人士的世界，意味著在更廣大、甚至更有意義的尺度上做同一類事情。孰料，他最後受僱去做的事，他恰恰就是**做不來**。想直接辭職，對方三番兩次用更多錢留著他。試圖讓自己被開除，對方不願開除他。不客氣向對方施壓，讓自己像個劣等蠢貨，反正對方似乎就是這樣看待他，但這一切依舊如船過水無痕。

讓我們想像有第二個主修歷史的——就說是闍黑艾瑞克吧——才好理解這個故事的精義。闍黑艾瑞克這個年輕人專業背景跟艾瑞克相同，不巧也置身同樣的處境，但他會有如何不同的應對？嗯，他很可能姑且照著上面的期望虛應故事，但他不會假託出差去實踐各種自毀的形式。闍黑艾瑞克會運用商務旅行累積社會資本、人脈，而這些最終能讓他邁向更好的環境。他會把那份工作當成墊腳石，而提升專業這項計畫本身，會讓他有目的可懷抱。然而，這樣的態度和性情可不是與生俱來的。來自專業背景的孩子，從小被教導要這樣想事情，但沒有人訓練艾瑞克如此行動、思考，他做不到。結果他跑去占屋種番茄，至少種了一段時間。[2]

談狗屁工作核心的虛假與漫無目的之經驗，又，如今看重讓年輕人也感受虛假和漫無目的之經驗

做狗屁工作的人會對自身處境感到焦躁的一切，幾乎都埋藏在艾瑞克的故事裡了。不只是漫無目的——雖然漫無目的是一定的——還有虛假。前文提過，電話銷售員被迫唬弄或施壓對方，去做銷售員眼中違反對方最佳利益的事，讓他們義憤填膺。這是種複雜的感受，甚至沒有現成的詞彙可用來形容。畢竟，一想到騙局，我們就想到騙子，和自信滿滿的藝人；他們很容易被想成浪漫人物，憑著小聰明離經叛道地過日子，而且因為他們能做到某一種型態的收放自如，也讓人

有讚賞之處。所以好萊塢電影才有辦法把騙子塑造成英雄。自信滿滿的藝人能輕易地從自己的作為中取樂，但**被迫**詐騙某人是截然不同的事情。在被迫詐騙的狀況下，你很難不覺得，你跟你試圖誆騙的人其實同病相憐：你們都被你的僱主施壓兼操弄，只是你的情況更加了一層義憤，因為你本該跟此人站在同一邊，你還背叛了此人的信任。

多數狗屁工作激起的感受，跟我們想像中的恐怕大相徑庭。我們會覺得，若員工確實詐騙別人，那也是僱主指使的，而且是獲得僱主的全權同意，不是嗎？說也奇怪，許多人告訴我，正是這個想法讓陷於狗屁處境的他們深感困擾。知道自己正在說服別人相信子虛烏有的事，會有一種滿足感，但你連這樣的滿足都感受不到。你甚至不是活在自己的謊言裡，多數時候也甚至不是活在別人的謊言裡。你的工作像是老闆沒拉起拉鍊的褲襠，大家都看得到，也知道最好不要提。

若真如此，這還會加重漫無目的的感知。

闇黑艾瑞克或許能找到某種辦法，扭轉那種漫無目的的狀態，認定自己也在這個笑話裡軋上一角。假定他夠汲汲營營，或許還會運用行政管理的技能，實質接管辦公室，但就連有錢有權人家的小孩也很難辦到。他們可能時常感受到道德混淆。底下的證言可以給我們一點概念：

魯弗斯：我爸是公司副總，所以才得到這份工作，被派去處理客訴。公司（名字看起來）既然是生醫公司，退回的產品一概都算生物危害。所以我才能長時間自己待在一間辦公室裡，沒人管我，也沒事做。那份工作只留下玩踩地雷和聽 podcast 的記憶。

我也曾埋首試算表好幾小時，追蹤 Word 文件的更動，諸如此類，只是我可以向你保證，我對公司**毫無**貢獻。我在辦公室的每分鐘都戴著耳機，對旁人和交辦給我的「工作」只付出微不足道的關注。

我厭惡在那裡工作的每分鐘。其實大部分上班日我都早退，午餐休息兩、三個小時，又花好幾小時「上廁所」（亂晃），誰也沒說什麼。這每一分鐘都有計酬。

回想起來，還眞是個夢幻工作呢。

回顧過去，魯弗斯明白他拿到的是打著燈籠也找不到的優渥待遇——說實在的，他好像還頗困惑當初為什麼那麼厭惡那份工作。然而，同事眼中的他大概會是如何，他肯定也不是一無所悉：富二代，領薪水只會偷懶，不願屈尊跟他們講話；主管都明白受命「不要動他」。這種情況只怕很難讓人心暖。

這則故事還帶出另一個問題：如果魯弗斯的父親不盡然期待兒子做那份工作，為什麼還堅持要他上任？他何不給兒子零用金，或另謀一份真的缺人做的工作給他，指點他職責所在，再稍微花點力氣，確認那些任務都照實辦理？奇怪的是，他似乎覺得魯弗斯能對人說自己有份工作，比實際得到工作經驗還重要。[3] 這讓人百思不解。何況這位父親的態度並不罕見，就更讓人想不通了。過去不是這樣的。曾經有一個時期，若雙親負擔得起，或是符合獎學金或擔任助教的資格，在學的學生多半會拿一筆助學金。當時的人認為這是好事，因為年輕男女的生命中會有幾年不必為錢奔忙，於是他或她能有餘裕追尋其他類型的價值：譬如哲學、詩歌、運動、性實驗、嗑到茫、搞政治或西方藝術史。如今大家講求讓學生工作。然而，學生未必要做有用的工作，事實是人們對他們工作的期望甚低，像魯弗斯那樣，露個臉，假裝有做事，也就可以了。有幾個學生寫信給我，就是要抱怨這種現象。在學生活動中心便利商店兼職零售助理的派翠克反思他的工作如下：

派翠克：我其實不需要那份工作（不做，開銷還是過得去），但家裡給了一點壓力，我多少感到有義務獲取工作經驗，爲大學後的前途做準備，所以還是去應徵了。實際上，這份工作分掉我從事其他活動的時間和精力，像是搞社運，或是讀閒書，所以我怨恨更深。

我在學生活動中心的便利商店做的事十分普通，不外乎是在收銀機服務客人（一台機器就能輕易取代我），上面有明確交代要做到哪些事。試用期結束後，我的績效考評寫我「服務客人時應該更陽光、更開心」。看來他們不只要我做機器可以做得一樣好的工作，還要我裝出一副樂在其中的樣子。

午餐時間店裡十分繁忙，時間過得相對快，這時值班還可以忍受。如果是星期日下午值班，學生活動中心根本沒半個人，這時值班就很要命。上面要求我們不得無所事事，就算店裡空無一人也一樣，所以我們不能只是坐在櫃檯讀雜誌，反之，經理指定毫無意義的工作給我們做，像是巡視整間店，檢查東西有沒有過期（但因爲週轉率，我們知道事實就是還沒過期），或是重新擺好本來就已經整整齊齊的架上產品。

這份工作最糟糕的就是動不到腦袋，所以會有很多時間思考。結果我拚了命在想我的工作有多狗屁，一台機器可以怎麼取代我，在想我有多盼望全面實施共產主義，無止盡地把一個體系的出路形諸理論。這個體系裡有好幾百萬的人類**必須**一輩子做那種工作才能活下去。我不由自主地設想這份工作把我害得有多慘。

將年輕的心智送去上大學，讓它初次見識整個社會和政治領域的可能性，接著，叫它別想了，去把已經整齊的貨架擺整齊，這樣派翠克的經歷理所當然會出現。當今家長覺得年輕的心智應該有這種經驗。然而，派翠克在這樣的磨練裡，確切來說該學些什麼？

底下是另一個例子：

布蘭登：我在麻州一所小型學院接受高中歷史老師的培訓。不久前開始在學生食堂工作。

第一天上班，同事跟我說：「這工作一半是讓東西**看起來**乾淨，另一半是裝忙。」頭幾個月，主管要我「監控」內間。我會清理自助餐槽、補甜點，客人離開時把桌子擦乾淨。房間不大，以三十分鐘爲一單位，我通常只要花五分鐘就能做完全部工作。結果我還有空讀完許多指定讀物。

然而，有時當班的主管沒那麼通情達理，我就得用眼角餘光不時確認他們看到我的時候，我都是一副有在做事的樣子。根本沒那麼多事好做，我不懂工作描述爲什麼就是不能寫清楚——如果我不必花那麼多時間和精力裝忙，我可以更快、更有效率地把書讀完**而且**清完桌面。

但效率當然不是重點。其實，若只是在講傳授學生高效的工作習慣，最好的作法就是教他們去做作業。畢竟學校派的作業怎麼說都是貨真價實的工作，只差在沒有錢拿（但如果你有領獎學金或零用金，那其實你讀書是有酬勞的）。事實上，倘若派翠克和布蘭登沒有被迫接受「真實世界」的差事，而是投入其他活動，課堂作業還是會比他們後來不得不做、閑冗居多的項目更實在。學校功課有實在的內容。學生必須出席、完成指定閱讀、寫作業或報告，成果會被評斷。然而那些權威——雙親、教師、政府、行政管理人員——全都冒出一種感覺，亦即課堂作業並不夠，他們還必須把真實世界的狀況教給學生，所以就用一種**太**重視結果的方式看待課業。只要能通過考試，想怎麼唸書都行。好學生要學習自律，但學習自律跟學習聽令行事可不一樣。同理，學生不打工時可從事的項目和活動也一樣。不論是排演劇本、玩樂團、參與政治行動、烘焙餅乾，或者種大麻賣同儕：對於自僱的成人甚或很大程度能自主的專業人士（醫生、律師、建築師等）所組成的社會，上述項目和活動都是恰如其分的訓練，畢竟大學的立意本就是造出這樣的人，甚至派翠克遐想的全面實施共產主義也能受用，因為它的主旨就是培訓年輕人以民主的方式組織成集體。然而，正如布蘭登點出的，學校的訓練大半**無**助於為今日益發廢冗化的職場做準備：

> **布蘭登：**這些學生打工的差事，多半都要我們做某些狗屁任務，像是掃描證件、監控空無一人的房間，或清理已經清乾淨的桌面。每個人都默不作聲，因爲我們一邊溫書還有錢拿；但話說回來，乾脆把工作自動化或免去那些工作，直接把錢給學生，又有什麼不可以呢？ 我不大熟悉這整套體系怎麼運作，不過這種工作很多都是聯邦出的錢，牽連我們的學貸。這是整個聯邦體系的一環，立意就是讓學生背上一大筆債——學貸出了名地難還清，這就保證未來能迫使他們做牛做馬——伴隨一套狗屁的教育綱領，處處迎合我們未來的狗屁工作而培訓我們。

布蘭登的論點有一定的道理，後續的章節裡，我還會回頭談他的分析，但此處我想聚焦在被迫做這些閑冗工作的學生，到底從中學到什麼——他們學到的課題，從學生所操心的、追求的、比較傳統的事情中，像是為考試而學習、籌備派對等等，是學不到的。單從布蘭登和派翠克的說詞（我還可以輕易引述其他人）研判，我認為可以歸結出，學生從這些工作學到至少五件事：

1. 如何在其他人直接監督下作業；
2. 無事待辦的時候，如何假裝工作；
3. 人不是因為做真心樂在其中的事情而獲得酬勞，再怎麼有用或重要都一樣；
4. 人**是**因為做毫無用處或毫不重要，而且沒人會樂在其中的事情而獲得酬勞；此外，
5. 固然拿錢執行不樂意做的任務，也要裝出一副樂在其中的樣子，至少必須跟公眾互動的工作是如此。

布蘭登談到學生受僱去做閑冗是「培訓」學生做未來狗屁工作的方式之一，就是這個意思。他唸書是為了當高中歷史老師，固然任重道遠，但如同美國所有教育崗位，高中歷史老師也難逃教學與備課的時數占比下滑，反之投入行政任務的總時數激增的趨勢。這就是布蘭登提出的看

法：愈來愈多需要大專學歷的工作淪於狗屁，大專生承受愈來愈重的壓力，要他們去熟悉真實世界。把時間投注於自我組織、目標導向的活動愈來愈少，大專生得多花時間去做為未來職涯中比較不用大腦的面向預作準備的事務。

我們關於人類動機的基礎假定，似乎多半不正確，為什麼？

發明家目睹大腦創造的東西一步一步實現……所感受到的那種情緒，讓人忘記吃飯、睡覺、朋友、愛情、一切。這種流經人心的狂喜，無與倫比。

——特斯拉（Nikola Tesla）

如果前一節的主張無誤，你或許會把艾瑞克的問題歸結為：他還沒準備好面對現代職場的無謂。舊式教育體系遺風尚存，其設計是培訓學生扎實**做事**，經此洗禮的艾瑞克抱持著錯謬的期望，一開始還為無法克服的幻滅而震驚。

這說得通，但我不認為這就是故事的全貌，其中還有更深刻的東西在作用。勉強可說艾瑞克不尋常地沒準備好忍耐第一份工作的無意義，但幾乎所有人都認定人們該忍耐那樣的無意義——儘管另一項事實是，我們每個人都經過某種訓練，會假定人們發現自己酬勞優渥又不用工作的時候，都應該喜上眉梢。

讓我們回到一開始的問題。不妨從以下提問著手：為什麼我們假定拿錢不用做事的人**應該**自覺幸運。支持這個假定的人性理論，基礎何在？經濟學理論把這類想法塑造成一門學問，不往經濟學探詢說不過去。根據古典經濟理論的假定，成本和利益的計算凌駕於其他考量，驅動著經濟人（homo oeconomicus）或所謂「從經濟面考量事情的人」。這門學科做的每一種預測，背後的人類模型都是經濟人。經濟學者用來迷惑客戶或民眾的每一條數學方程式，都建立在一個簡單的假設上：若人們不受干預，只依自己的盤算，那每個人都會選擇花費的資源和精力最低、且最能滿足他欲望的行動路徑。是這條公式的簡潔讓等式得以成立：要是承認人類有複雜的動機，就得考慮太多因素，不可能恰如其分地衡量權重，也就沒辦做做預測。因此，經濟學者會說，誰都知道人類不見得是自私、不斷計算的機器，但若做這樣的假設，就有可能解釋很大一部分的人類行為，這一部分就是經濟科學的課題——但也僅限於此。

至此，這條陳述尚稱合理。問題在於，這個假設在人類生活的許多領域顯然站不住腳，而其中一些不巧就落在我們常說的「經濟」領域內。倘若「極小極大」（minimax，成本極小化，利益極大化）的假設沒錯，處境類似艾瑞克的人會開心極了。他領大錢，資源和能量卻堪稱零支出——支出不外乎公車票，加上走路到辦公室、接幾通電話消耗的卡路里。然而處境類似艾瑞克的人會不會不快樂，不受其他任何因素（階級、期望、人格等）決定——不管是誰，在那樣的處境下大概都會不開心。其他因素其實只影響他們會有**多麼**不開心。

我們關於工作的公共論述，一開始都假定經濟學者的模型是正確的。人不逼就不會工作。雖然怕窮人真的挨餓，所以要發救濟品，但一定要極盡羞辱、極盡繁瑣之能事，不然他們會依賴救濟，沒有找正當工作的誘因。[4]這種作法背後的假設是：能選擇的話，人人都想當寄生蟲。

其實，現有的大小證據都指出上述假設並非事實。只要是人，多半都會怨恨過量或猥瑣的工作，鮮少會心甘情願照「科學管理人」從一九二〇年代以來認定的速度或強度做事；此外，人們也格外厭惡被羞辱。不過，若讓他們自己決定，無從指望有用的事情可做，會更讓人忿恨。

支持上段的經驗證據汗牛充棟，我只挑幾個特別生動的例子。屬於工人階級的人，中樂透成了百萬富翁，還是很少會辭頭路（辭掉的話，通常不久就會後悔）。[5]有些監獄供應受刑人免費食宿，受刑人也不盡然需要做事，即使如此，不准他們在監獄洗衣間熨衣服，不准他們清監獄健身間的茅坑，不准他們在監獄工作間替微軟包裝電腦，都是一種懲罰的形式。即便工作沒錢賺，或者囚犯有其他收入管道，這樣的懲罰也是有效的。[6]社會造就的人當中，行事最不具利他傾向的都在這了，然而對他們來說，至為嚴苛、報酬微薄的勞動類型，竟然也比整天坐在電視機前面來得好。

一如杜斯妥也夫斯基點出的，監獄勞作的救贖面向，在於至少人們認為那些勞作是有用的——固然不是對囚犯本人有用。

說真的，監獄體系正向的副作用寥寥可數，其中之一是提供我們資訊：處在被剝奪殆盡的情境下會發生什麼事、人會做出什麼事。藉此，我們得以領會有關「身為人類的意義」的基本真理。再說另一個例子。如今我們知道，將囚犯連續關在單人囚室超過六個月，會造成有形的、可觀察到的腦傷。人類不只是社會動物，社會更是其根深柢固的趨向；如果切斷一個人跟其他人類的關係，生理機能也終將衰退。

能否用相同的考量看待工作實驗，我持懷疑態度。人類也許能、也許不能脫離規律的、朝九晚五的勞動紀律——在我看來，諸多證據顯示人類還樂此不疲——但就連積重難返的罪犯通常也認為，只枯坐著、啥也不做的前景更糟。

為什麼會這樣？這樣的秉性有多麼深植人類的心理？我們有理由相信：真的非常深。

§

早在一九〇一年，德國心理學家谷魯司（Karl Groos）就發現，當嬰兒首次明白自己能在世界中造成可預測的效果時，會樂不可支；效果是什麼、能否認為這個效果對嬰兒有好處，大抵都無關緊要。好比說，嬰兒發現自己隨意動動臂膀，鉛筆會隨之移動，繼而了解到再以同樣的模式動一次，即可締造相同的效果。那麼，嬰兒就會綻放十足的喜悅。谷魯司造了一個詞「操之在己的快感」（the pleasure at being the cause），倡言這就是「玩」的基礎。他認為，玩就是單純為了運用權力而運用之。

對於進一步理解人類動機的通則，谷魯司的發現影響深遠。在谷魯司之前，西方的政治哲學家（以及其後的經濟學者和社會科學學者）大多傾向假定人類僅是出於固有的征服和支配欲望，不然就是為了保證能取得溫飽、安全或成功繁衍所需的資源，才追求權力。其實，尼采所謂「權力意志」（will to power）背後可能有著更單純的事物。這是谷魯司的發現所指出的，迄今得到一個世紀以來的實驗證據所核實。很大程度上，兒童是先了解到剛剛促成某事發生的是「他」，才逐漸明白自己存在，了解到自己是跟身邊事物截然不同的一員。如何證明？他們能讓某事再次發生，這個事實就是證明。[7] 打從出娘胎開始，此般領悟就洋溢喜悅之情，浸染後續所有人類經驗的基底，這也是很重要的。[8] 全心全意做一件事常會渾然忘我，不論是賽跑還是解決複雜的邏輯問題，特別是我們知道怎麼把那件事做得出色的時候更是如此。或許是因為這個緣故，很難想見我們對自我的感知（sense of self）竟根植於行動。即使一件事做到物我一體的地步，仍舊離不開奠基的「操之在己的快感」。它簡直像存有的根柢，只是沒有被明確道出而已。

谷魯司本人感興趣的首先是探問：為什麼人類會玩遊戲，而且即使在遊戲本身的界限之外輸贏都沒差，他們還是會對遊戲的結果意氣用事。他認為，創造想像世界只是他的核心原則的一種延伸。或許是如此。不過，比起健全發展的意涵，此處我們毋寧更關心發展非常不對勁的時候，會發生什麼事情。事實是，實驗也顯示，若先讓孩子發掘並經驗到他能促成某種效果的喜悅，再突然橫加剝奪，結果會很戲劇化：起初暴怒，拒絕參與，然後是某種僵直蔓延全身，對世界全然麻木。精神科醫師兼精神分析師布勞謝克（Francis Broucek）稱之為「徒勞無功的創傷」（trauma of failed influence），並懷疑這類創傷經驗可能是人生稍後許多心智健康狀況背後的根源。[9] 果真如此，我們就不難明白，為什麼身陷一份工作有可能毀掉一個人。在這份工作上，別人對待你的方式就好像僱用你有用處，而你必須配合，裝出僱用你有用處的樣子，但同時又深深察覺到僱用你其實**沒有**用處。不僅一個人器重自己的感受遭到攻擊，「你到底**算不算得上**是一個自我」這份感知的根基都遭到直接的攻擊。無法在世上造成有意義影響的人，就不再存在。

簡短的題外話：談閑冗的歷史，尤其「買別人的時間」這個概念

老闆：你怎麼沒在做事？
員工：沒事做。
老闆：喔，那你該假裝你在工作。
員工：嘿，不然這樣吧。你領得比我多，**你**爲什麼不裝成我在工作的樣子？

——希克斯（Bill Hicks）的搞笑橋段

從「操之在己的快感」理論中，谷魯司發想出一套「玩其實是在假裝」的理論；他提出，人類發明遊戲和各種消遣，跟嬰兒為自己移動鉛筆的能力而樂在其中，是一模一樣的道理。我們希望運用自己的能力，這本身就是一種目的，即使情境是虛構的也不會打折扣；非但不會打折扣，還增添了精心布局的層次。自由的精義就在其中。在此，谷魯司回溯浪漫主義的德國哲學家席勒（Friedrich Schiller）的想法：席勒主張，對創造藝術的欲望正彰顯了對遊戲的衝動，而遊戲也是單純為了自由而運用自由。[10]只是因為有能力編造事物，我們就把事物編造出來。這樣的能力就是自由。

但話又說回來，學生打工族如派翠克和布蘭登，恰恰是為了工作要假裝的那一面而義憤填膺。做領工資的差事，主管還樣樣都要管，平心而論，不管是誰都會發現這樣的差事最惱人的一面就是假裝。工作要有某個目的，或說應該要有個目的。被迫假裝單純為了工作的目的而工作，是在羞辱人，因為人們會把這種要求當成單純為了施展權力而施展權力（一點都沒錯）。如果假裝遊戲是人類自由最純粹的表現，那由他人支使的假裝工作，就是欠缺自由最純粹的表現。無怪乎下述想法最早的歷史跡證都指向一些不自由的人，亦即囚犯和奴隸：即使無事可做，某些類別的人也該隨時工作；即使閒得發慌，也須發想工作填滿他們的時間。睽諸歷史，囚犯和奴隸這兩個類別多所重疊。[11]我不知道有誰真的嘗試過寫一部假裝工作的歷史，探究「怠惰」何時開始被當成一個問題，甚至是一種原罪。這件事想來很有意思，卻幾乎不可能實現。[12] 現有的證據都指出，令派翠克和布蘭登怨聲連連的假裝工作，即現代樣貌的假裝工作，在歷史上是一個新的現象。一部分原因是，曾經存在這世上的人，大都認定正常的人類工作模式是劇烈噴發能量、接著放鬆，再慢慢加速，直到另一個密集階段，如此周而復始。農耕就是這麼一回事：播種和收割時全體動員，其餘時候則是占據一整季的照料和修繕器物、小項目、做些無關緊要的小事。就連日常事務或一些像蓋房子、籌備節慶等等的計畫，通常也八九不離十是這個模式。換句話說，從漫不經心的學習一步步到考前把書本生吞活剝，接著再次懈怠，這種傳統學生模式——我常說是「間歇性歇斯底里」——是司空見慣的。如果沒人逼他改變方式，人類總是傾向如此處理非做不可的事務。[13] 有些學生還會在這個模式上加碼，演出誇張到滑稽的版本。[14] 但好學生不然，他們會想出辦法把節奏調整得不忙不亂。若讓人自行定奪，人們就會採上述模式，而且也沒有理由相信，強迫他們改變方式就有指望造就更佳的效率或生產力。改變往往適得其反。

有些事務明顯更高潮迭起；密集激烈的暴起和相對的蟄伏之間，落差更大。這向來都是如此。採集蔬菜固然要斷續用神，但狩獵動物還是更不容鬆懈。蓋房子比打掃房子更需要一夫當關的氣力。這些例子隱含的意思是，在多數人類社會裡，男人多半想嘗試獨占最刺激、高潮迭起的工作類型，也時常如願——舉例來說，他們放火把森林夷為平地，在上頭闢田耕種；又如他們把比較單調、耗時的事務（諸如除草）交給女人去做。或許可以說，男人總是攬走那種之後會有故事可說的工作，至於邊做會邊說故事的工作，他們就指派給女人做。[15]社會愈父權，男人愈有權力支配女人，也愈容易發展成上述狀況。一個群體處在權力無庸置疑凌駕其他群體的地位，同樣的模式就更容易再生產，罕有例外。封建領主在少數他們有「工作」的時候是戰士[16]——他們的生活多半在彪炳戰功和幾乎全面的賦閒和蟄伏間交替。農奴和僕役則奉命要穩定幹活，即便如此，他們的工作時程也遠不若當今朝九晚五的上班族那樣規律。典型的中世紀農奴不論男女，不論年分，從日出工作到日落約莫二十到三十天，其他日子只工作區區幾小時，慶典期間完全不工作，而慶典的日子還不少呢。

工作會一直這麼不規律，主要原因是多半無人監督。不只中世紀封建制度如此，不論何處，大部分勞動的安排也是如此，直到相對晚近的時期才改觀。就連那些極度不平等的勞動安排，也適用此理。只要位居底層的人產出能達標，位居上層的人還真不覺得他們必須去多花力氣了解東西是怎麼產出的。再一次地，性別關係也明確展現了這樣的邏輯。社會愈父權，男女專擅的領域區隔愈分明；結果，女人一旦消失，會知曉女人工作的男人愈少，當然也愈沒能力執行女人的工作（對比之下，女人通常對男人的工作包含哪些事情所知甚深，要是男人因某些原因不在了，通常女人都能無縫銜接——那麼多過往的社會有高比例男性人口奔赴長年的戰爭或貿易，卻不會造成任何顯著干擾，原因就在此）。父權社會中的女人就算被監督，也是被其他女人監督。好，女人監督女人時常牽涉一個想法，亦即女人跟男人不同，應該時時刻刻找事做，別閒下來。還在波蘭的時候，我曾祖母常警告女兒「手指一停下，就是在為魔鬼織毛衣」。不過這種傳統的三令五申，跟現代的「有空耍廢，不如做點正事」其實很不一樣，因為言下之意不是你**應該**工作，而是你**不應該**做其他事情。歸根結底，我曾祖母要說的是，波蘭猶太區的青少女不編織的時候，恐怕只會惹上麻煩。十九世紀美國南方或加勒比海地區的種植園業主，不時會發出類似的警告：還是讓奴隸有事忙，瞎忙也無妨，總比讓他們在淡季閒晃來得好。理由永遠只有一個：一旦奴隸有自己能支配的時間，一定會密謀逃跑或叛亂。

「你的時間現在歸我，我付錢不是讓你悠哉的」，這句話當中的現代道德就截然不同。一個人自覺被洗劫，顏面掃地，才會講出這樣的話。工作者的時間不是他自己的，而是屬於買下時間的人。只要員工沒有在工作，她就是在偷某種東西，而僱主為了那樣東西付了一大筆錢（或姑且說是承諾要在一週結束時付一大筆錢）。根據這套道德邏輯，怠惰不是危險。怠惰是偷竊。

再三強調這點也不為過，因為一個人的時間竟然能歸另一人所有，這想法其實很不尋常。曾經存在過的人類社會，多半沒能孕育出這種作法。芬雷（Moses Finley）這位偉大的古典學者指出：如果古希臘或羅馬人看到一個陶匠，那麼買下它的陶器是他能想像的，買下陶匠本人也是他能想像的（奴隸制度盛行於古代世界）。可是買下陶匠的**時間**，這個想法卻會讓他大感不解。依照芬雷的看法，這類想法勢必牽涉兩項概念的跳躍，就連思慮最縝密的羅馬法理論家都會感到棘手。首先，要能把陶匠的工作能力，他的「勞動力」，當成是一樣跟陶匠本人有別的事物；其次，要發展出某種方式把那樣的能力「注入」規格齊一的時間容器中——時、日、輪班——這樣才能用現金購買。[17]對一般雅典人或羅馬人來說，這樣的觀念恐怕太怪，是外邦作法，甚至太過神祕。時間怎麼有辦法**買**？時間是抽象的！[18]他所能想見最接近的觀念，大抵是把陶匠當奴隸，並租用一段有限的時間，譬如一天；期間陶匠就跟其他奴隸一樣，主人要他做什麼，他就必須去做。但正因為這個理由，他多半會發現，不可能找到願意投入這種安排的陶匠。去做奴隸，被迫放棄自由意志，變成別人的區區工具，就算只是暫時，當時的人還是認為這是人類所能遭受最屈辱的際遇了。[19]

所以，我們在古代世界遇到的工資勞動的例子，已是奴隸之身的人占絕大多數。譬如，奴隸陶匠可以跟主人講好，讓他去製陶廠工作，一半工資送交主人，自己留下另一半。[20]奴隸有時會做自由契約工作，譬如在碼頭搬行李；但自由的男人和女人不會這麼做。像中世紀的工資勞動，常見於通商口岸諸如威尼斯、馬六甲或桑吉巴（Zanzibar），由不自由的勞動者執行，很少有例外。[21]這樣的舊慣一直維持到相當晚近的時期。

今天，民主國家的自由公民按上段所述的方式出租自己，而一個老闆因為員工在「老闆的」時間裡沒有時時刻刻工作而生氣，這些都被當成再理所當然不過的事。我們是怎麼走到這種境況的？

首先，一般人對時間到底是什麼的概念勢必有所轉變。天體總是依照確切又可預測的規律運行，透過觀測天象，人類很早就熟知絕對或恆星時間的概念。然而，天空通常被當成至善的領域。一般人認為牧師或僧侶或可按照天體時間過日子，但俗世生活則紊亂得多。蒼天之下，行事沒有絕對的準繩。我講一個好懂的例子：假定日出到日落一共分成十二個小時，而你不知道某人旅行的季節，那麼對他說某地是步行三小時的距離，其實沒什麼意義，因為冬季的一小時只有夏季的一半長。我在馬達加斯加生活的時候，發現鄉下人（鮮少用時鐘）還是常常用老派的方式描述距離，他們會說走路去另一個村莊要煮兩鍋飯那麼久。在中世紀的歐洲，人們也會用類似的方式，說某事要「三遍主禱文」或連煎兩顆蛋那麼久。這類說法十分普遍。在沒有時鐘的地方，人們以行動衡量時間，而不是以時間衡量行動。人類學者伊凡普理查（Edward Evans Evans-Pritchard）對這個主題發表過一段經典的陳述，他談的是努爾人（Nuer），東非的放牧族群：

> 努爾人沒有等同於我們語言裡「時間」的說法，所以他們沒辦法像我們這樣，把時間當成某種實際的東西談論。對我們來說，時間流逝，時間可以被浪費，可以被節省，諸如此類。但努爾人主要是以活動本身為參考點，而他們的活動一般來說閒散不拘。因此，我不認為努爾人體驗過趕在時限內、或必須根據時間抽象的流逝來協調活動的感覺。事件遵循邏輯的次序，但不受某個抽象體系控制，沒有一個自主的參考點，活動不需要準確地服膺參考點。努爾人是幸運的。[22] 時間不是拿來度量工作的繩墨，因為工作就是

度量本身。

英國史家湯普森（E. P. Thompson）寫過一篇傑出的專論，探討現代時間感的起源，發表於一九六七年，篇名是〈時間、工作紀律與工業資本主義〉（Time, Work Discipline, and Industrial Capitalism）。[23]文中指出：道德和科技的變革同步發生，相互促進。到了十四世紀時，大多數歐洲城鎮都已經建起鐘樓了——通常是由地方商會出資與遊說。同樣是這些商人養成在書桌上擺設人類頭骨的習慣，意思是「勿忘人終有一死」（memento mori），鐘每敲一下，離死亡就又近了一小時，提醒自己要善用時間。[24]家用時鐘以及懷錶的傳播擴散，則花了更長的時間，大抵跟一七〇〇年代末期開始的工業革命的進程重合。隨著工業革命開展，類似商人的態度得以在更普遍的中間階級傳開。恆星時間，天上的絕對時間，不得不降到地上，就連最親密日常事務都開始受其規制。然而時間同時也是固定的繩墨，是一種所有物，這樣的感知促使每個人像中世紀商人那樣看待時間，把時間當成有限的財產，量入為出審慎運用，彷彿金錢。還沒完呢，新科技也讓人能將任何人在世上的定額時間切分成統一的單位，論單位買賣，**換取**金錢。

時間成了金錢，才有可能說出「花時間」而不只是「渡過」時間，才有可能浪費時間、殺時間、省時間、損失時間、跟時間賽跑，諸如此類。不久，清教徒、衛理派和福音派的傳道人開始指引他們的羊群「善用時間」（husbandry of time）的方法，倡言道德的精義就體現在審慎規劃時間。工廠開始裝設打卡鐘，要求工人上下班都要打卡。以前是慈善學校立意教導窮人紀律和守時，如今在公共學校體系裡，來自所有社會階級的學生一聽見每個小時的鐘響就要起身，從一間教室移到另一間教室。這樣的安排，就是設計來把孩子訓練成工廠僱傭勞動力的後備血輪。[25]現代的工作紀律和資本家的監督技術也有來歷：最初在商船和殖民地的奴隸種植園裡發展出來的全時控制形式，被資本家用在殖民國國內的窮困工人階級身上。[26]然而，這些控制形式是因為有新的時間概念，才有可能施行。此處我想強調的是，這段過程既是一場科技變革，也是一次道德改觀。變革與改觀的成因通常歸於新教思想，新教思想也肯定牽涉其中；但若有人主張喀爾文派煞有其事的苦行形式只是新的時間感浮誇過頭的版本，那同樣說得通。新的時間感以各種方式，重塑了基督教世界中間階級的感知方式。結果，在十八世紀走向十九世紀的過程中，從英格蘭開始，舊時間歇的工作風格愈來愈被時人視為是某種社會問題。中間階級逐漸認為，窮人就是缺乏時間紀律才會是窮人；他們浪擲光陰那副渾不在乎的模樣，就跟他們把錢賭光時如出一轍。

同時，工人也採用相同的語言對壓迫的工作條件發起抗爭。許多早期的工廠不准工人帶自己的鐘錶，原因是業主會對工廠的時鐘動手腳。豈料工人不久後就跟僱主計較時薪，要求固定工時的合約，加班費、一倍半加班費、十二小時工作日，繼而是八小時工作日。衡諸當時的局勢，固然可以理解要求「自由時間」，但這個行動本身滴水穿石地加強了工人是「做鐘點」的觀念；他的時間不折不扣地屬於買下他的時間的那個人——這概念會讓工人的曾祖父覺得不合常理、欺人太甚。老實說，曾經存在這世界上的人，多半都跟這位曾祖父有同樣的想法。

談時間的道德與自然工作節律的衝突，及其創造的怨恨

不了解這段歷史，就不可能理解現代工作的精神暴力。不意外地，這段歷史讓僱主的道德觀跟僱員的常識產生了直接衝突。即使小學教育把工人的時間紀律制約得一板一眼，要求工人不管有沒有事做，都要以穩定速度一日工作八小時，但這樣的要求在工人看來就是違背一切常識——至於上面指示要做到的、裝個樣子的閑冗，則讓人火冒三丈。[27]我記得很清楚，我的第一份工作是在海濱的義大利餐廳洗碗盤。我是夏季開始時餐廳僱用的三個青少年之一。第一次遇到大批人潮湧入時，我們情不自禁把它當成一場遊戲，決心證明我們是有史以來最能幹也最威猛的洗碗工。我們宛如一台神速的機器般合作無間，在創紀錄的時間內產出一大落一大落白得發亮的碗碟。然後我們稍事休息，彼此邀功，或許停下來抽了根菸或囫圇吞了一條大蝦——直到，你猜到了，老闆現身，問我們怎麼閒著沒事幹。

「我不在乎現在有沒有盤子進來，你的時間就是我的錢！你自己的時間要玩要鬧隨便你。回去工作！」

「那你要我們做什麼？」

「去拿鋼絲絨，把踢腳板刷乾淨。」

「可是我們已經刷完踢腳板了。」

「那就好好再刷一次！」

我們當然學到了一課：如果你是做鐘點的，別太有效率。不但沒有獎勵，老闆甚至不會含蓄點個頭，表示知道了（我們本來只預期這樣）。反之，老闆會拿沒有意義的瞎忙工作懲罰你。我們還發現，被迫假裝工作是徹頭徹尾的羞辱——因為不可能假裝它除了羞辱之外，還能有其他意思。被迫假裝工作就是不折不扣的降格，老闆赤裸裸地運用權力，目的就只是在展現這權力本身罷了。我們只是假裝刷踢腳板沒錯，但重點不在那裡；假裝刷踢腳板的每一刻，我都感覺校園裡的惡霸在我們身後幸災樂禍，只是這一次，法律和習俗的全部力量都站著惡霸那一邊。

所以，下一波客人湧入時，我們從容應付一切。

§

我們很容易理解員工為什麼用「狗屁」來為這類閑冗差事下註腳，我收到的許多證詞都長篇細數閑冗產生的怨恨。底下米契的例子或可稱為「傳統閑冗」，他之前在懷俄明州的牧場幫忙。米契寫道，牧場工作繁重但成就感也高，如果幸運跟到好相處的僱主，那通常是在激烈噴發氣力跟只是四處閒晃之間愉快地交替。米契沒那麼走運，他的老闆是「非常老又備受尊敬的社區成員，摩門教會的區域常委」，像是堅持中心德目般，堅持沒事可做的時候，閒下來的人就必須花時間「撿石塊」。

米契：他把我們載到某處鳥不生蛋的田地，叫我們把石塊全部撿起來堆成排。他的說法是，這樣做可以把土地清乾淨，才不會卡住曳引機的附掛作業機。

我當初就說這太廢了。我人到之前，那些田都被犁過好多次了，何況日子一久，嚴冬裡的霜脹只會把更多石塊推上表層。然而，撿石塊可以讓我們這些付錢僱來的幫手有事「忙」，教導我們恰當的工作倫理（意思就是服從，這條原則在摩門教教導的思想裡地位崇高），如此這般。

好嗷嗷嗷哦。一百平方英呎的泥地，拳頭大小或再大些的石塊大概有上百塊吧。

我記得有一次，我一個人花了好幾個小時在一片田地裡撿石塊，完全明白再怎麼撿都徒勞無功，但還是老老實實，想盡我所能（天知道爲什麼）。累到腰都快斷了。後來老頭子回來載我去做別的事，看了我堆成排的石塊，不甚滿意，宣稱我根本沒做多少事。簡直像是說，只爲了幹低三下四的活兒這個目的而被叫去做低三下四的活兒不夠羞辱人，還要告訴我，說我完全徒手進行、不用手推車或任何其他工具、幾個小時的辛苦工作，就是做得不夠好。是喔，謝謝指教。還有，根本沒人來把我堆到一處的石塊運走。從那天起，石塊好端端杵在那塊田裡，就在我本來堆的地方，分毫不差；要是到今天都還堆在那裡我也不意外。

到他進棺材爲止，我都恨那個老頭。

米契的故事點出了宗教的因素，也就是下述想法：在他人的權威下，恭謹服從即便是無意義的工作，是一種道德自我規訓，能讓你成為更好的人。這毋庸置疑是新教思想的現代變體。不過，我暫且只想強調：在「怠惰是偷竊別人的時間」這種悖離常理的道德觀上，宗教因素簡直火上加油。縱然受辱，米契還是不由自主地，把最無謂的差事當成一場要克服的挑戰，同時又別無選擇、只能奉陪這場始作俑者不是他的假裝遊戲，並為此發自肺腑地憤怒。畢竟按照遊戲規則，他是絕對贏不了的。

被迫毫無目的地工作會摧毀靈魂，但被迫什麼事都不做幾乎是同等的摧殘，某個方面來說還更糟，如同任何一個監獄裡的受刑人都寧可整年上鐐去做碎石工作，也不願整年獨自盯著牆那般。

有時，非常有錢的人辦派對，會聘請人類同胞在草坪上裝成雕像。[28] 某些「真實」工作相去不遠，儘管不需要站著一動也不動，卻必須撐上更久的時間：

克雷倫斯：我替一家規模大到遍及全球的保全公司工作，擔任博物館警衛。這間博物館有一間展示廳沒有使用，差不多可以說是永久閒置了。我的工作是看守那間空房間，確保博物館的遊客不會碰到……呃，碰到廳內的**空無一物**，並確保沒人縱火。上頭禁止一切類型的心智刺激方式，像是書、手機等，才能保持我腦袋清晰不分心。

從來沒人經過那間展示廳，我上班就是坐著不動七個半小時，閒得發慌，等火災警報響起。要是眞的響了，我就淡定起身走出去。就這樣。

我可以為他的證言背書，因為我也經歷過可資類比的情況。在那樣的情境下，很難不杵在那裡，一邊這般計算：「如果我在這裡讀小說或玩接龍，到底要等多久才會留意到火災？兩秒？三秒？這還是假定我根本不會更早注意到——畢竟我的心智不像現在這樣被無聊搗成汁，實質停止運作了。就算假設**是**三秒鐘，那單單為了消除這假設出來的三秒間隔，已經從我這裡拿走多少秒的生命了？一起算算看吧（反正我手上有大把時間）：一輪班兩萬七千秒，一週十三萬五千秒，一個月三百三十七萬五千秒。」除非上層的某人垂憐，給他們點別的事做，否則不管是誰被指派這種全然空洞的勞動，鮮少能撐過一年。例子看多了。

克雷倫斯待了六個月（約莫兩千萬秒鐘）。他後來做的工作薪水只有一半，但提供了至少一絲絲的心智刺激。

上面顯然是個極端的例子。不過我們已經對「你的時間就是我的錢」這種道德觀太習以為常，多數人學會的是從餐廳業主的觀點看世界，積習之深，讓公眾成員都理所當然以公務員的老闆自居。別說泡茶聊天，如果公務員做事漫不經心、慢條斯理，人們都會憤憤不平的。有個叫溫蒂的，把她最無謂的幾份工作寫成長長的歷史寄給我。當中她反省到，是因為業主無法接受該公司真的怕需要的時候沒有人，才付錢給人隨時待命：

溫蒂：例一：我在一家小型貿易雜誌做接待，在坐著等電話鈴響的時候，常會被人交付任務。很合理——不過任務幾乎清一色的狗屁。其中一個我這輩子都會記得：廣告業務那邊的某人到我桌邊，倒出幾千只迴紋針在我桌上，要我按照顏色分類。我以爲她在開玩笑，但她是認眞的。我把那些迴紋針都分類了，但就我所見，她後來沒注意過迴紋針的顏色，拿了就用。

例二：我祖母獨力在紐約市的一幢公寓住到九十幾歲了。不過她確實需要幫忙，於是我們僱用一個親切的女人跟她一起生活，顧著她別出事。照理講，我們僱她只是怕祖母跌倒或需要幫忙，另外就是幫她採買、洗衣服。如果一切平安，她大抵沒事可做。但我祖母就抓狂了。「她來就只坐著！」祖母這樣抱怨。我們解釋說我們的用意也只是如此。

我們問那女人是否介意沒事的時候把櫥櫃整頓一下，給我祖母留點面子。她說沒問題。但公寓那麼小，衣櫃和斗櫃一下子就整理好了，又沒事情可做了。又一次，我祖母因爲她只坐著而抓狂。折騰幾次後，那個女人不幹了。她辭職時，我母親對她說：「爲什麼？我母親氣色很好啊！」那女人回得妙：「是啊，**她**氣色好。但我**已經**掉了十五磅，還掉髮。我再也受不了了。」工作不狗屁，不過創造那麼多狗屁瞎忙的事情，做表面功夫，這樣的需求根本不把她當人看。我認爲替長輩工作的人常會遇到這樣的問題（顧小孩也會遇到，只是問題的樣態截然不同）。[29]

不只如此。只要你認出其中的邏輯，就很容易了解各式各樣的工作、職涯，甚至產業都可能逐漸服從這套邏輯。才不久前，這套邏輯走到哪都讓人覺得光怪陸離，但它也散播到全世界了。例如年輕的埃及工程師拉馬丹，他在開羅的公營事業工作：

拉馬丹：我從敝國頂尖工程學校之一的電子元件與通訊學系畢業，選了一門繁雜的主修，所有學生都滿心期待做研究和發展新科技的職涯。

嗯，至少我們學的東西讓我們這樣想，只可惜事與願違。畢業後，我能找到的唯一一份工作是在一家民營化的政府公司做控制與HVAC（暖氣、通風和空調）工程師。這才發現，我不是以工程師的身分受僱，事實上更接近某種技術官僚。我們做的全都是文書工作，檢核清單和表格勾好填滿，而且沒有人真的關心文書有沒有妥善歸檔。

正式職位描述如下：「領導工程師和技師團隊，執行預防維修和緊急維修作業，以及打造新的控制工程系統，實現最大效率。」實際上，這段話的意思是我每天簡短檢查系統效能，然後發出例行文書和維修報告。

簡言之，這家公司其實只需要一組工程師每天早上來檢查空調有沒有運轉，然後這組人就在四周閒晃，以防突發狀況。管理階層當然沒辦法承認實情。只要某個對流散熱器故障時，拉馬丹和他的組員有立刻準備好著手修復，那他們整天圍坐玩牌也無不可，甚或——誰知道？——搞幾樣他們大學時代勾勒的那些發明。實則不然，這家公司發明無止盡的表單陣法、演習和打勾儀式，算好時間讓他們能一天忙八個小時之久。所幸公司職員裡沒有人有心檢查他們是否如實照辦，因此拉馬丹逐漸弄清楚哪些繁文縟節必須完成，哪些就算忽略也沒有人會注意。省下來的時間，他泡在愈來愈感興趣的電影和文學裡。

然而，這個過程讓他備感空虛：

拉馬丹：以我的經驗來說，每個工作日都必須去上我覺得毫無意義的班，讓我心累又沮喪。慢慢地，我逐漸對工作失去興趣，開始看電影、讀小說來填滿空洞的輪班。現在我變本加厲，每個輪班都離開辦公處所好幾個小時，也沒人注意到。

再一次地，結果縱然令人惱怒，卻還不算無可救藥地差，尤其當拉馬丹想出鑽漏洞的辦法之後。既然如此，為什麼他不能把整件事想成把賣給企業的時間偷回來而已？裝裝樣子和欠缺目的，為什麼會把他消磨殆盡？

我們似乎又回到了開頭的同一個問題，不過推進至此，找尋答案的我們已經準備得更周延了。若說監督嚴密的工資勞動差事最讓人恨之入骨的一面，是必須假裝做事、取悅吝嗇的老闆，那麼拉馬丹（和艾瑞克）的工作究其本質，也是根據相同的原則安排的。我的經驗是不得不花好幾個鐘頭（至少在感覺上有這麼漫長）拿鋼絲絨刷洗一塵不染的踢腳板，但兩位的工作或許比我的宜人萬倍。這類工作多半不是付時薪工資，而是固定薪資，也許連個頤指氣使的實質老闆都沒有——其實常常沒有。無論如何，說到底，會需要去玩一場**自己沒有參與設計**的假裝遊戲，而遊戲的存在，只是要把權力橫加在你頭上，這從一開始就讓人灰心喪志。

歸根結底，拉馬丹和艾瑞克遭遇的情境，跟我和洗碗工同儕假裝清理踢腳板沒有根本的差別，只是把大部分工資勞動糟糕透頂的面向抽出來，以一門職業代換之，而這門職業本來應該要讓你生存得有意義。靈魂當然要呼號了，因為人之所以身為人的一切，都被毫無保留地打了臉。

第四章

有份狗屁工作是什麼體驗？

（論精神暴力，第二部分）

官方說法是我們生活在民主社會，人人享有權利。其他不幸的人，不像我們這樣自由，他們活在警察國家。不論命令有多不講道理，這些受害者都得服從。當局固定監控，國家官僚能控制到日常生活最瑣碎的細節。牽著他們鼻子走的官員只聽命於上級，不論公部門或私部門都是一樣。提出異議或不服從都會被處罰。線民會定期向當局匯報。上述的每一樣都糟糕透頂。

是糟糕透頂，只不過那是現代工作場所的寫照。

——布雷克（Bob Black），〈廢除工作〉（The Abolition of Work）

在上一章，我們提了這個問題：為什麼對人類而言，拿錢不做事，幾乎都會是一些讓人火冒三丈、難以消受，或是遭受壓迫的經驗——即使僱傭條件不錯也是一樣。我的想法是，這個問題的答案揭露了一些經濟科學多所忽略的人性真相，連比較犬儒的通俗常識都未能洞悉。人類是一種社會的存有，如果不准他們跟其他人類規律接觸，就會萎靡不振，甚至連身體狀況都有可能衰退。心目中的自己有能力對世界和他人有所作為，而且結果多半符合自己的預期，這多少能讓人感覺自己是一個有別於世界和他人的自主單元。一旦否定人類對自己能夠有所作為的感知，人就不成人樣了。一般來說，在普通狀況下做出假裝的行為，這樣的能力堪稱是將人類本色體現得淋漓盡致的行動類型，尤其充分展現在人們能將無中生有、以假亂真的世界的某些方面確實帶入現實裡。然而，在狗屁工作中，這種假裝的能力卻反倒跟自己過不去了。所以我才考察假裝工作的歷史，以及「一個人的時間可以歸屬別人」這個概念的社會和智識起源。在僱主眼中，工人不工作是如何變成道德錯誤？即便眼前無事可做，也是如此？

被迫假裝工作之所以讓人惱火，是因為這樣的狀況才讓人看清楚，你有多大程度是任憑他人的權力擺布。那麼，如同我前面指出的，狗屁工作就是完全根據同樣原則安排的工作。你是在工作，或說假裝在工作，但只是為了工作的緣故，而不是有任何好理由讓你這麼做，至少你找不到一個好理由。人們會懷恨在心也是理所當然的。

不過，狗屁工作和被迫清潔餐廳踢腳板的洗碗工，其間還是有一個明顯的差異。在後者的狀況，霸凌者是確鑿的，你確切知道自己受誰擺布。但在狗屁工作的狀況鮮少黑白分明。是公司？社會？還是社會常規和經濟力某種詭譎的匯流，即使沒有足夠的實在工作，仍堅持人不工作就不該給予生活的憑藉？至少在傳統的工作場所，還有個人能讓你衝著他發怒。

我蒐集的證言當中，這是反覆出現的主題之一：讓人火冒三丈的曖昧不清。有件很糟糕、荒謬、令人髮指的事正在發生，但你連是否能將那件事指認出來，都沒有明確的準則可依循。至於這件事該怪罪誰、怪罪什麼，則更加不明確。

為什麼有份狗屁工作不見得那麼糟

不過，繼續探究這些主題之前，務必先把一件事放在心裡：做狗屁工作的人不見得都滿肚子苦水。上一章有提過，在我收到的證言中，有一小批人相當滿意他們的狗屁工作，他們的證言大部分是正面的。由於數量實在不多，因此很難概括這些工作者的共同特質，但我們或許可以試著理出一些頭緒：

華倫：我在康乃狄克州的某個公立學校校區擔任代課老師。我的工作只有點名，和確保學生都乖乖做他們手上的任何一種個人作業。老師幾乎沒交代過我要教課。即使如此，我不覺得這份工作有什麼不好，畢竟我獲得很多自由時間閱讀和學習漢文，還不時跟學生聊很有意思的話題。也許我的工作能以某些方式被消除，但我目前爲止還滿開心的。

很難說華倫的工作到底算不算狗屁工作。按照公共教育現行安排，老師生病時，既定的上課時間裡必須要有人顧孩子。[1]狗屁的元素似乎在於，雖然每個人都知道導師（譬如華倫）不是來教課的，但仍舊如此假稱。我料想這是因為，當「老師」叫他們不要亂跑、乖乖寫作業的時候，學生比較會尊重他們的權威。這個角色狗屁的程度肯定也因為他並非完全無用，而多少減輕了。這份工作無人監督、不至於千篇一律，也有與社會互動的內容，更允許華倫花許多時間做他喜歡的事，這些也同樣重要。最後一點，華倫顯然沒打算一輩子做代課老師。

最好的狗屁工作也不過如此了。

雖然沒有什麼了不起的宗旨，但某些傳統科層工作也可能讓人樂在其中；倘若接任這份工作能讓人融入某個偉大而光榮的傳統，譬如法蘭西公務員，那更是錦上添花。就拿寶琳來說，她是格勒諾勃（Grenoble）的稅務官員：

> **寶琳：**我是技術性破產的顧問，我服務的政府局處相當於英國的國稅局。給予專門建議占我工作的百分之五，上班日的其他時候，我向同事解釋難以理解的程序，幫他們翻出無用的指令，激勵我的士兵，重新指派「系統」誤派的檔案。
>
> 很奇怪，我上班上得很開心。就好像我是來做一些跟數獨或拼字遊戲差不多的事情，一年領六萬美元。[2]

這種無憂無慮、隨遇而安的政府辦公環境，已經不像以前那麼多了。二十世紀中葉，這樣的辦公環境似乎還司空見慣，直到內部市場改革（柯林頓執政團隊的說法是「重新發明政府」）大幅提高公務員打勾的壓力為止。不過這樣的環境仍存在於某些部門內。[3] 寶琳之所以那麼樂在工作，原因似乎是她明顯跟同事處得來，而且她是主管，這是她的秀。此外，被受人敬重且安穩的政府僱用，加上她也心裡有數這是場滿荒唐的秀，就讓一切不成問題了。

這兩則例子還有一個共同因素：每個人都知道像代課老師（在美國）或稅務官員（在法國）之流多半是狗屁工作——所以沒什麼幻滅或混淆的餘地。應徵這類工作的人深知自己會做些什麼事；而代課老師或稅務官員該怎麼當，他們腦中也已經有清晰的文化模型。

可見，似乎有一群快樂的少數享受他們的狗屁工作，總數很難估計。YouGov 的民調發現，全體英國工作者中，有百分之三十七覺得工作沒有意義，只有百分之三十三覺得有志難伸。因此從邏輯上說，至少有百分之四的工作人口覺得他們的工作無謂，但還是樂在其中。真實的數字恐怕還高些。[4] 荷蘭的民調數字約是百分之六——亦即認為工作無謂的那百分之四十工作人口中，有百分之十八也說自己至少是樂意去做那些事。

就個案而言，可想而知會有很多樂意做狗屁工作的原因。有些人厭惡家人，或覺得家庭生活充滿壓力，因此把握每一個得以脫身的理由。有些人單純喜歡同事，享受八卦和成天混在一起的情誼。大城市都有個共同的問題，亦即多數中間階級人士目前耗費太多時間在工作，工作之外的社交連結少得可憐，北大西洋的大城市尤其嚴重。住在村莊、小鎮或往來密切的都市社區（假定還存在這樣的地方）的人，可以用每天都有的八卦與個人祕謀來調劑自己。工作之外別無社交的結果是，八卦大部分限縮在辦公室內，或只經由社群媒體，讓人們在想像中體驗八卦（許多人在辦公室假裝工作時，多數就是使用社群媒體）。然而，若上述屬實，人們的社交生活真的多半根植於辦公室，那麼做狗屁職業的人當中有壓倒性的多數宣稱自己苦不堪言，就更讓人訝異了。

論曖昧不清和受迫假扮的辛酸

讓我們回到假裝這個主題上。的確，很多工作都需要假裝，幾乎所有服務業都需要假裝到一個程度。針對達美航空空服員的經典研究《情緒管理的探索》（*The Managed Heart: Commercialization of Human Feeling*）中，社會學者霍希爾德（Arlie Russell Hochschild）引介了「情緒勞動」（emotional labor）的概念。霍希爾德發現，空服員時常要費盡心力創造並維持活潑陽光、富同理心、性情溫順的人格，這是僱傭條件的一部分，以致許多空服員經常被空洞、憂鬱或混淆的感受侵擾，無法確定自己是誰、是什麼身分。這種情緒勞動當然不限於服務工作者，許多廠商也對面向內部的辦公室工作者——尤其女人——抱持相同期待。

上一章，我們看到派翠克初次遭主管要求假裝很喜歡收銀員的工作時，他為此憤慨不已。然而，空服員不是狗屁工作；就我的觀察，沒幾個服務工作者會覺得他們提供的服務全然無謂。可是多數狗屁工作需要的那種情緒勞動，通常與服務工作相當不同。狗屁工作也需要維持虛假的門面，玩假裝遊戲——但規則有哪些、為什麼要玩、誰是隊友、誰不是隊友，你很少會有十足把握。在狗屁工作的情況，你必須在這樣的脈絡下玩遊戲。空服員好歹確切知道自己要滿足怎樣的期望，而做狗屁工作的人要滿足的期望，通常不至於太繁重，但他們總是不確定期望的內容究竟為何，這個事實讓狗屁工作更形複雜。我固定會問一個問題：「你的上司知不知道你什麼事都沒在做？」回答上司一無所悉的人占壓倒性的多數，多半還會補一句說，他們難以想像上司完全被蒙在鼓裡，但也不很確定是否如此，畢竟太坦白地討論這話題似乎是個禁忌。然則他們連禁忌的涵蓋範圍有多廣都不大確定，這一點值得我們深思。

有規則就有例外。有些人的確指出，他們的上司對於無事可做的事實相對坦白，有的上司告訴下屬，可以接受後者「進行自己的計畫」。即便如此，容忍僅限於合理的分寸內，至於怎樣的分寸算是合理，從來就沒個準，只能從試誤中找出來。我從來沒聽過哪個上司會大剌剌地要員工坐下來，把規則一條條講清楚，簡單明瞭開誠布公，讓她了解什麼時候必須工作，什麼時候不必，而她沒在做事時可以怎麼自處、又不可以做哪些事。

有些主管會迂迴地透過他們自己的行為來作為溝通。舉例來說，碧翠絲在英國的地方政府局處工作，上司會在週間直播重大運動賽事或做類似的自我放縱舉動，提示合宜的假扮程度（小裝一下）。對比之下，週末輪班就不需要假扮了：

碧翠絲： 遇到其他場合，我的楷模，人稱「資深經理」的，會在辦公室，他們的桌上，直播世界盃足球賽事。我把這個舉動理解成一種多工的形式，此後只要我工作時一沒事做，我就研究我自己的專案。

另方面，一到週末，我的職責就隨風而去了。週末職務可說是公部門裡人人稱羨，因爲加班費優渥。在辦公室裡，我們什麼事都不幹。我們準備星期天的晚餐，我還聽過有人把日光浴躺椅搬來，這樣開電視時就可以輕鬆躺著看。我們逛網頁、看DVD——但常常就只是睡覺，反正沒事做。星期一早晨到來之前，我們會小睡一會兒。

其他狀況下，規則固然有明白貼出來，但其訂定的方式無疑是要讓人打破的。[5] 在北卡羅萊納州，受僱為臨時人員的羅賓就設法把技術長才轉化成（某種程度上）緩和那段經驗的一種方式：

羅賓： 我被告知務必要保持手頭有事忙，不可以玩遊戲或逛網站。我最主要的功能大概就是占一張椅子，一同維護辦公室禮儀。

> 一開始好像輕而易舉，但不久我就發現，明明不忙卻要看起來忙碌，肯定是你想得到的辦公室活動中，最讓人不舒服的一種。其實才過兩天，我就明白這份工作是我做過最糟的工作了。
>
> 我安裝了 Lynx，純文字的網頁瀏覽器，長得大致像一個 DOS 視窗。沒有影像，沒有 Flash，沒有 JavaScript——只有黑漆漆的背景和等寬字。我放空逛網頁，在別人眼裡就像是熟練的技術人員在工作，這支瀏覽器是一台終端機，我思慮周詳地鍵入指令，每個指令都顯示我突破天際的生產力。

這讓羅賓得以把時間都花在編輯維基百科的頁面上。

只考慮臨時工作的話，要工作者只坐在那裡假裝工作，往往形同在考驗他的能力。像羅賓那樣明確被告知准不准玩遊戲的情形，反而是少數。所幸若公司臨時聘僱的人還不少的話，通常都能私下跟同儕詢問，稍微弄清楚基本規則，以及要多明目張膽地違反規則，才真的會被炒魷魚。

職位做得久了，員工之間的同事情誼夠深厚，可以開誠布公討論這樣的處境，找出共同策略一起對抗上司。在這樣的情境下，團結能帶來一種有志一同的感覺。羅伯特在一家助理交相賊的律師事務所，談到他們的法務助理：

羅伯特：這份工作最詭異的事情是，做起來還滿有意思的，雖然有意思的方式很扭曲。法務助理全都是聰明有趣的人，大家都做這份明顯沒有意義的工作，久而久之團隊就打成一片，用力虧彼此。我處心積慮換到一張背靠牆的辦公位子，才能把時間盡情花在逛網站或自學電腦程式語言。我們做的事情很多都明顯沒效率，像是手動重新貼好上千份檔案的標籤，於是我自動化這件事，本來手動完成要耗掉的時間就用來做我想做的事情。此外，我向來確保手上至少有兩個不同老闆主持的專案，這樣我就能對兩邊都說另一邊的專案占據我太多時間。

保守估計，這樣的怠工策略可能涉及大夥兒串通好睜一隻眼、閉一隻眼，偶爾則積極配合。在其他案例中，有人運氣夠好，能遇到一個上司願意適度坦率，並姑且同意設下大致明確的摸魚分寸。此處我強調「大致」二字。開門見山是行不通的。底下這個人在旅遊保險公司做待命的工作，他大致是個補漏人，每一個月或兩個月，跟合作的公司之間有什麼東西又不出所料出包了，他就現身收拾。但其他時候：

凱文：隨便哪個星期，〔我們合作的公司〕可能會遇到幾個狀況，必須向我的團隊尋求建議。所以每個星期，我們會有頂多二十分鐘實在的工作可做。話雖如此，我通常每天送出五到八封十五字左右的電子郵件，每隔幾天還有十分鐘的團隊會議。一週裡，其他的工作日實質歸我所有，當然這沒什麼好說嘴的。於是，我輕快滑過社群媒體、RSS匯集，還有我藏在兩台螢幕的第二台上一個寬而短的瀏覽器視窗裡的學校作業。每過幾個鐘頭，我會想起這裡是辦公場所，然後回覆一封正等著我的電子郵件，內容類似：「我們同意你說的那件事。請繼續處理那件事。」回完，我就只要假裝每天工作超過七個小時，看起來過勞就好。

大衛：那如果你看起來不忙碌，有誰會注意到嗎？那個人知不知道其實沒事可做，只是要你看起來有事忙？你會不會認爲這當眞是一份全職工作？或者說，他們眞的相信這是一份全職工作嗎？

凱文：我們的團隊經理似乎知道發生了什麼事，不過她從沒拿上檯面追究。有時候我整天零工作，那我就會讓她知道，如果別的部門陷入泥淖，我會志願協助。但似乎從來沒有人需要我協助，於是我的事前告知，就是用我的方式宣布：「我整整八小時都要上推特，但我有先跟你說喔，我做人實在很光明磊落啦。」她跟我排一小時長的週會，每次內容都不到十分鐘，剩下的時間我們輕鬆閒聊。又，她上面不知道多高層的老闆對於合作公司能造成的眞正問題心裡有數，所以我認爲那位老闆也假定，不論何時，我們會，或至少應該會，奉陪對方的胡言亂語。

倒也不是每個上司都苟同「是我在為你的時間付錢」的意識形態。尤其一些大型組織，經理人沒什麼所有權概念，當自己的某個下屬偷懶被上司發現時，他們也沒什麼理由相信自己會在上司那邊惹上大麻煩，那麼他們或許會讓事情自行其是。[6]在這樣的情境中，一般人能獲得的坦承，頂多就是這種禮貌、心照不宣的相互體諒。但即使在這樣盡其寬諒的情況，直言不諱仍是禁忌。「基本上只是為緊急狀況預作準備，才讓你待在這裡，其他時候你就自便，小心別礙到別人做事」，據我所知，絕不會有人真的說出這種話。就連凱文都覺得有必要假裝超時工作，儘管他這麼做只是要跟上司互相致意：點滴在心，彼此尊重。

比較典型的狀況，上司只會找個委婉的方式說：「閉嘴裝乖就對了。」

瑪麗亞：我剛到職開始這份工作，第一次跟部門經理開會時，她迅速對我說明，本來做我這份工作的那個人究竟都做了什麼，但她壓根就不懂。所幸這位前任還在公司，只是在小組中升職了，可以教我她在前職位上做的所有事情。她有教，教了一個半小時。

結果「她做的所有事情」又是跟沒做事差不多。閒著沒事讓瑪麗亞坐立難安，她懇求同事分一些工作給她做；若不做點事，她不知道自己為什麼要待在這裡。為了排遣這種感受，她終於犯下公然跟經理抱怨的錯誤：

瑪麗亞：我跟我的經理談了，她一字一句對我說，我超級不忙的「事實」，不要「昭告天下」。我請她至少把一些沒人認領的工作分過來，她說會給我幾件她在做的事，但無疾而終。

話已經沒辦法說得更白，經理不啻是直接告知要假裝工作。麗蓮的經驗更戲劇性，卻絕對不是單一個案。麗蓮在一家大型出版社的ＩＴ部門做數位產品專案經理，這頭銜乍聽之下多少有點膨風，但麗蓮堅稱這類職位不見得會狗屁，這姑且不論。麗蓮之前幹過類似的差事，固然門檻相對低，但至少她跟一個人數不多、彼此友善的團隊共事，並解決貨真價實的問題。「誰知道這個新地方……」

她盡力重建事情經過（大部分在她到職前才發生）如下。她的直屬上司自大又愛吹噓，執迷最新商業風潮和時髦詞彙。這個上司發出一系列莫名其妙又自相矛盾的指令，造成非預期的後果，亦即麗蓮一點職責都沒有。她委婉指出這個問題，上司白眼一翻，她的疑慮都成了杞人憂天。上司又做了類似的示意，迫不及待要散會。

麗蓮：你或許會認爲，我身爲產品經理，好歹要「執行」這個流程，可惜流程根本沒有「執行」的餘地。沒有人在執行這個流程，每個人都一頭霧水。

> 因爲我頂著那個頭銜，其他人預期我會協助他們，把事情安排好，給他們一般人通常指望於產品經理的信心。然而我沒有權威，也無法控制任何一件事。
>
> 於是我讀了很多書。看電視。至於老闆認爲我整天都在做什麼，我就不知道了。

麗蓮進退維谷，只好勉為其難地兩頭維持假象：一邊是她的上司，一邊是她的下屬。前一個狀況是因為她只能猜想，如果她的上司還有得指望，到底會想要她做什麼；後一個狀況則是基於下述事實：她有辦法做的正面貢獻，只有經營一種振奮的氛圍，姑且激勵她的下屬把工作做得更好（寶琳會說「激勵我的士兵」），至少不要讓她自己的走投無路和一頭霧水感染下屬。背地裡，麗蓮滿心焦慮。她的評述值得長篇摘引，從中能讀出這樣一種處境所能造成的精神損傷：

麗蓮：做這樣一份工作有什麼感受？灰心喪志。生活中，我從工作得到最多意義，現在我的工作卻沒有意義，不知爲何而戰。

工作讓我焦慮。因爲我覺得下一秒就會有人想通，就算我消失，什麼事都不會改變，他們還能省點錢。

我的信心也被踐踏。如果我沒有持續遭逢挑戰，不斷克服挑戰，我怎麼有辦法知道我是有能力的？做出好成績的能力，搞不好全都遲鈍了。搞不好我連一件有用的事情都不知道。我曾想要有能力處理更大、更複雜的專案，可是現在我一件事都沒在處理。倘若我沒有磨練那些技能，我會失去它們。

這份工作也讓我害怕辦公室裡的其他人會認為問題出在我身上，怕他們認為是我選擇怠工，或是我選擇「沒路用」，其實這一切都不是我的選擇，而我每次請纓讓自己更有用、發給自己更多工作，統統都被打了回票。因為我試圖吹亂一池春水，挑戰我老闆的權威，還遭受不少冷嘲熱諷。

我從來沒拿過那麼多錢，卻做那麼少事。而且我知道我根本不配。我知道有些同事，職銜不一樣，做的事遠比我多，但我領的薪水搞不好比他們多！那會有多狗屁？他們不恨我，我就謝天謝地了。

你工作上唯一能去克服的挑戰，是接受你眼前其實毫無挑戰可言的事實。你能運用職權的手段，是發想有創意的方式，掩蓋你沒辦法運用職權的事實，去控管你已經被變成寄生蟲、變成欺世盜名之輩的事實，儘管這徹底違背你的選擇。在這樣的處境下，員工還真的要有信心，才不會開始懷疑自己（而這樣的信心本身可能是惡性的：畢竟這個局面是她老闆妄自尊大起的頭）。

本節描述的這種兩難，心理學者有時稱為「腳本從缺」（scriptlessness）。舉例來說，心理學研究發現，青少年時有過暗戀經驗的男女，假以時日多半能夠接納這段經驗，鮮少留下揮之不去的情緒傷痕。不過，那些被暗戀的**對象**，可就另當別論了；許多人仍為內疚與困惑所苦，而缺乏文化模型正是研究者總結的一項主要原因。若是有誰愛上一個不回報情意的人，那足足有數千年的羅曼史文學告訴他該作何感受。然而，這些為數眾多的作品固然為充任西哈諾（Cyrano）的經驗提供了鉅細靡遺的洞見，但若你是胡克珊（Roxane）[譯1]，又該作何感受，這些作品能說的卻極其稀少。[7] 許多（恐怕是大多數）狗屁工作都涉及類似的腳本從缺，教人憂慮焦心。不只是行為準則曖昧不清，更沒有人拿得準他們該如何應答，對他們的處境又該作何感受。

論操之不在己的辛酸

不論是怎樣的曖昧不清，幾乎所有報導人都同意，狗屁工作最惡劣之處恰恰是對這工作之狗屁心裡有數。第三章我提過，我們身為一個自我，身為有別於周遭環境的存有，這樣的感知，大部分來自我們能對環境造成可預測的效應，了解到這一點讓我們充滿喜悅。嬰兒如此，整段人生也是如此。完全剝奪那樣的喜悅，就是像捏死一隻蟲那樣捏死人。顯然，人們影響所處環境的能力，不可能完全被剝奪——重新整理背包裡的東西，或是玩「四川省」[譯2]，仍然是以**某種**方式對世界發起行動。可是當今世界上（當然是富裕國家）的大多數人，基於他們受到的教導，其影響世界的主要方式就是工作；有人付錢、他們做事，這項事實更佐證了他們的心力確實具備某種有意義的效果。找個人來問「你做什麼的？」，他或她會假定你想問的是「你做什麼養活自己」。

許多人都談到了那種逐漸明白領薪水其實沒事做的劇烈挫折感。譬如查理，大學時就在遊戲業打工，第一份工作在SEGA，起初做測試員，不久升職做「在地化」，才發現在地化的職位是典型的待命工作。平均起來，查理一週會遇到一次需要處理的問題，其他時間上頭要他坐在位子上假裝工作。就像麗蓮的情形，這樣的處境讓查理質疑自己的價值：「說到底，公司是付我薪水，讓我乾坐沒事做，這讓我覺得自己完全沒價值。」有次查理遲到，上司訓了他一頓，他就辭職了，轉進一場閃電戀愛。一個月後，他重新出發。

起初，他以為同樣是遊戲公司的新工作會有所不同：

> **查理：**二〇〇二年，洛杉磯那邊〔大遊戲公司〕僱用我當執行製作。他們告訴我，要讓我負責寫設計文件，將美術師的企圖跟程式設計師做得到的實況對接起來。我滿心期

譯1 西哈諾和胡克珊是《大鼻子情聖》（*Cyrano de Bergerac*）的主角。西哈諾文武全才但其貌不揚，暗戀表妹胡克珊，卻一直幫著別人追求她。

譯2 用麻將牌或麻將外形的牌疊排成盤面，基本規則是同牌面者可對消。

> 待。不過頭幾個月，沒事好做。我每天的重責大任，就是替其他員工向一家外送店訂晚餐。
>
> 又來了，乾坐在那邊，回電子郵件。大部分的日子我都提早回家，幹，有什麼好不早退的？
>
> 手上有這麼大把時間，我開始夢想擁有自己的事業，利用所有自由時間，爲自己的事業製作網站。直到我上面的製作人威脅要跟業主舉報我，才不得不喊停。
>
> 最後，我總算可以投入一份音效設計文件。我全心全意投入這份工作，做得十分開心。完成時，製作人叫我上傳到共享的伺服器，讓同樣在做這款遊戲的人都能取用。
>
> 馬上有人發難。僱用我的製作人一直不知道樓下有個音效設計部門，替每款遊戲製作這些文件。我做了別人的工作。這個製作人已經捅過其他一些大婁子，只好拜託我背黑鍋，不然他會被開除。我的每一分靈魂都抗拒照辦。然而，有這種不適任的製作人，我在程式部門的朋友其實樂在其中，因爲這意味著他們會有做任何自己想做的事情的自由。朋友要我爲他們著想，替製作人擋子彈。他們不想要這個製作人被換成管得住他們的人。結果我扛了責任，隔天辭職，後來再也沒有爲別人工作過。

於是查理告別了領正式薪水的就業世界，開始彈吉他為生，睡在他的廂型車裡。

工作者根本沒在做事，這種一翻兩瞪眼的狀況很少發生（不過如我們所見，還是有可能發生）。比較常見的情形是，好歹還存在小分量的工作，而工作者要嘛立刻、要嘛逐漸明白那些工作之無謂。不論工作的性質或僱傭條件為何，大部分受僱者會考慮自己做的事有什麼社會價值，考慮他們動用了哪些隱微的標準，一旦他們判斷工作不知為何而戰，這個判斷只會愈來愈鞏固，進而影響做那份工作的經驗。當然，如果僱傭條件也糟，事情常會變得無可忍受。

讓我們來看一個最差情況的推演：工作令人不快、條件差，明顯無用。奈久是位派遣工，僱用他的公司拿到替數十萬家公司掃描會員卡申請書的合約。該公司使用的掃描設備不怎麼靈光，而合約載明每份申請書經核可前，至少要檢查三次，因此公司不得不每天送進一支小部隊般的臨時工，擔任「資料糾錯員」。奈久描述他的工作如下：

奈久：我很難解釋這種程度的無聊到出神是怎麼一回事。我發現自己在與神對話，祈求下一份、再下一份、或再下一份紀錄會有一個錯誤。只是出神的時間好像很快就過了，就像某種瀕死經驗。

這份工作對社會毫無用處，完全無法幫它緩頰，過程乏善可陳，讓人麻痺，資料糾錯員全都站在同一陣線。我們全都知道這純屬狗屁。我誠心認爲，如果處理的是社會價值更明顯的東西，像是器官捐贈申請書，或是格拉斯頓柏立音樂節（Glastonbury）的門

> 票，我們的感受就截然不同了。我的意思不是說過程會沒那麼沉悶，不會的，申請書就是申請書；然而，我們知道沒有人在意這些工作；我們怎麼做這差事，眞的不會影響任何有價值的事情。於是，這份工作感覺像是某種個人耐性測試，像是爲了忍受無聊而辦的忍受無聊奧運。
>
> 眞的很怪。
>
> 終於，我們當中有幾個人眞心幹不下去了。有一天，我們因爲其中一個督導的無禮表現而陳情，隔天早上，我們接到派遣公司打來的電話，說公司再也不需要我們了。

所幸奈久和他的同儕工作者都是派遣工，對組織沒有忠誠度，發生什麼事也沒有理由悶不吭聲——至少不必對彼此緘默。在派任期程更長的狀況下，往往很難確知可以信任誰、不能信任誰。

對某些人來說，無謂讓無聊惡化；對其他人而言，無謂讓焦慮惡化。葛列格為一家廣告代理公司的數位展示廣告業務做了兩年設計師：「創作你在大部分網站都看得到的，那種煩死人的廣告。」製作和販售橫幅廣告的整個事業說穿了就是詐騙，葛列格打從心底這麼認為。賣廣告的代理公司握有的研究講得很清楚：逛網站的人多半根本沒注意到、也幾乎從來不會點擊橫幅廣告。然而代理公司並未就此停手：它們繼續假造數據，招待客戶旅遊，並給他們看精心製作的廣告績效「證據」。

既然廣告不是真的有效，那就只能拚客戶滿意度了。設計師被交代，不管客戶反覆無常的念頭在技術上多困難、多自溺、多荒謬，都要一一照辦。

葛列格：衣食父母級別的客戶通常會要把他們的電視廣告，在橫幅廣告的範圍內重製，要求複雜的分鏡腳本，有好幾個「景」和務必要放進去的元素。汽車業的客戶一上來就要求我們用 Photoshop 調整方向盤的位置或油箱蓋，但影像只有縮圖般的大小。

設計師知道，逛網站的人不大可能憑眼角餘光，從迅速變動的影像中分辨那種微小的細節。儘管如此，客戶既然提出苛刻的需求，就必須配合。葛列格本來還能容忍這一切，直到有一次，他實際看到了前文提過的研究：那份研究也揭露了，就算使用者確實看到那些細節，也還是不會點橫幅廣告。他開始體驗到臨床焦慮的症狀。

葛列格：那份工作讓我明白，無謂的感受會讓壓力雪上加霜。剛開始做那些橫幅時，我對過程很有耐性。當我了解到這任務恐怕沒有意義，耐性就煙消雲散了。我得投注心力克服認知失調——才能眞心在乎過程，同時假裝在乎結果。

壓力終於大到葛列格不能承受。他辭職，另外找了份工作。

§

壓力是另一個不時跳出來的主題。就像葛列格那樣，當狗屁工作的內容不只是乾坐著假裝工作，而是真的要做某些每個人都知道——但不能說——是無謂的事情時，環伺的張力會愈繃愈緊，常導致人們恣意花大錢。前文已經介紹過漢尼拔，他寫報告拿的錢多得離譜，然而那些報告只是寫來在藥商的行銷會議上揮一揮，會後就扔掉。其實，他把受僱的狗屁面向限制在一週一到兩天，剛好生活夠用；剩下的時間他投入醫學研究，目標是終結南半球的結核病——似乎沒人想為這個目標埋單。這讓他有機會比較兩種工作場所的行為：

漢尼拔：我注意到的另一件事是，我在工作場所的人身上觀察到的狼性高低和壓力大小，跟他們做的事情的重要程度呈現負相關。「客戶要暴走了，他們的老闆施壓，要這份簡報在週一的第三季規劃會議前準備好！客戶威脅我們**明天早上**就交出去，不然就要撤銷整份他媽的合約！我們全體都必須加班把簡報完成！（別擔心，我們會訂一些屎爛垃圾食物披薩和尿味啤酒進來，就可以通宵工作了……）」做狗屁報告的典型狀況是這樣。反之，做有意義的事總是有更多同心協力的氣氛，大家為了一個遠大的目標通力合作。

同樣的道理，儘管辦公室鮮少能完全倖免於損人取樂和勾心鬥角，許多回應者似乎感受到，沒做什麼事、但人人心照不宣的辦公室，狀況特別嚴重。[8]

安妮：我任職於醫療照護成本管理公司，被安排在特殊任務小組上，在公司裡執行多種職務。

公司從未提供職訓，而我的工作是：

- 從匯總處把表單拉進工作用的軟體裡；
- 標明那些表單上的特定欄位；
- 將表單存回匯總處，讓其他人接手做事。

這份工作的文化十分嚴格（不可以跟別人交談），我從沒在這麼糟蹋人的環境工作過。就提一件事。任職期間的頭兩星期，我不斷犯下一個標記的錯誤。我一明白那是錯的，立刻就更正了。然而，我還待在這間公司的整段時間裡，每次有人發現那些標記有誤的表單，我就會被拉到一旁談話。每一次都這樣，彷彿這是新狀況。每一次喔，彷彿經理不知道標錯的表單都是同一時期內完成的，而且後來再也沒有發生過——雖然我每一次都**告訴她**了。

讀者若在辦公室環境工作過，對這種虐待性質的小動作，多半不陌生。請讀者自問：主管屢次把安妮叫去，「跟她談」一個她完全明白、早已更正的錯誤，這個主管到底在想什麼？難道主管每一次都忘記問題早就解決了嗎？不大可能。主管的行為應該是單純為運用權力而運用權力。叫某人修復一個早已修復的問題，勢必會不了了之，安妮和她的上司都知道這一點。這樣運用權力確實莫名其妙，但恰恰是上司找到一種方式，拿「這**是**純粹、專斷的權力關係」的事實打安妮的臉罷了。這是一種羞辱儀式，讓主管表明誰是不折不扣的老大，也把下屬鎖死在她的位子上。道理何在？這還用說，光憑精神上不屈從、怨恨老大擅權這點，下屬就概括獲罪了。這就像明知嫌疑人清白還毆打他的警察，都會告訴自己這個被毆打的受害人鐵定還犯了別的罪。

安妮：我做了六個月才想清楚，再做下去我不如去死。話說回來，這也是我第一次賺到夠我生活用的工資。之前我是幼稚園老師，雖然做的事很重要，但一個小時的薪資是八．二五美元（在波士頓）。

這把我們帶向另一個議題：此般處境對員工生理健康造成的影響。儘管欠缺統計證據，但從證言看來，狗屁工作會造成跟壓力有關的毛病。五花八門的低潮、焦慮併發生理症狀，從工作結束就不藥而癒的腕隧道症候群，到發作時宛如自體免疫崩潰的狀況，屢見不鮮。安妮也未能倖免，身體愈來愈差。回想起來，她覺得部分原因是前一份工作的工作環境跟這一份天差地遠：

大衛：我嘗試想像，從教學和照顧孩子這樣一份實實在在的工作，換成去做全然無謂又不把人當人看的事情，只爲了繳房租。你認爲處境相同的人是不是很多？

安妮：可以想見這滿普遍的！照顧孩子的工作薪水不多，流動率很高。有些人另外參加職訓，就能換到比較能做久的工作，不過就我所見，很多人（大部分是女人）最後是待在一些辦公室或做零售管理。

我常常在想的一部分經驗是，我從一個整天被觸碰、觸碰人——抱起孩子、被孩子討抱、把孩子扛在肩上、哄孩子入睡——的環境，去到一個彼此不講話、更別說觸碰彼此的環境。事情發生當下，我沒有領略到環境改變對我身體造成的效應，但現在回想，就明白那對我的生理和心理健康衝擊**甚鉅**。

恐怕安妮非但一語中的，她還描述了一個異常戲劇化的例子，而這個例子中的動力其實十分常見。安妮不僅認定她這份工作無謂，還認為這整個事業也不該存在；它頂多就是大費周章捆膠布，稍稍彌補以失靈出名的美國健康照護體系造成的損害罷了，但又跟這個體系水乳交融。不過，在辦公室裡不許討論這種事情，想都不用想。在辦公室裡不許討論任何事情。社交的孤立延續到形體的孤立，在那裡的每個人都被迫變成一顆套在自己身上的小泡泡。

在這種規模極小卻已明顯不平等的社會環境，可能會催生一些怪象。上溯一九六〇年代，基進的精神分析師佛洛姆（Erich Fromm）首先提出，在講究規矩又階序井然的環境裡，日常事務經常瀰漫著「與性事無關的」虐待和戀屍形式。[9] 一九九〇年代，社會學者蕾瑟（Lynn Chancer）把這些想法的一部分跟女性主義精神分析師班傑明（Jessica Benjamin）的想法綜合起來，發展出一套日常生活的SM理論。[10] 實際投身BDSM次文化的愛好者對於他們在玩假裝遊戲的事實心知肚明，然而蕾瑟發現，階序環境中據說是「正常」的人，經常陷於同一種SM動力的病態變體。下位（的人）使出渾身解數，無望地尋求認可，但根據遊戲規則，認可是永遠盼不到的。上位（的人）投入愈來愈多心力申明其宰制，但雙方都知道這樣的宰制說到底只是個謊言——如果上位者真的那麼全能、自信、把他扮的角色扮得出神入化，他就不需要耗費離譜的心力來確保下位者承認他的權力。此外，假裝的SM遊戲（玩SM的人的確稱之為「戲」〔play〕）跟它在真實生活裡無關性事的演作，當然還有一項最重要的差別。在遊戲的版本裡，雙方事前知情同意，仔細談好了所有的分寸，都明白只要喊出約好的安全詞，這場遊戲隨時可以叫停。舉例來說，只要說出「柳橙」，你的玩伴會立刻停止朝你身上滴熱蠟，從邪惡的侯爵搖身變成憐香惜玉的人，一心要確定你沒有真的受傷。（下位者知道自己有權力，但憑己意促成這樣的轉變，其快感頗源自於此，這樣的主張不見得說不通）。[11]這恰恰是真實生活的SM情境欠缺的要素。你不能對老闆說「柳橙」。上司不曾事先跟員工商量，當員工以不同的方式壞了規矩時，能承受、不能承受怎樣的訓斥。如果一個員工，譬如安妮，被訓斥或被羞辱了，她知道她說什麼都沒辦法喊停。沒有安全詞，例外也許是「我走人」。然而一吐出這三個字，效果不只是打破羞辱的劇碼，更會讓工作關係徹底決裂——而且很可能會導致你淪落去玩一場截然不同的遊戲，焦急地四處找東西填飽肚子，或是設法不被斷暖氣。

論不敢直陳辛酸的辛酸

那麼，我的想法是：狗屁僱傭徹底的無意義，很容易加重已然潛伏於所有上下階序關係的SM動力。這絕非不可避免，畢竟有肚量又和善的主管大有人在。然而，辦公室生活的些微屈辱、發脾氣、怨恨和刻毒，很容易被一一放大。因為員工毫無有志一同的感受，也毫無理由去相信：人的集體行動總能以某種方式改善辦公室外頭的人的生活，或真正對辦公室外的任何一個人起到**一丁點**值得一提的效果。說到底，正是因為茶壺裡唯一的風暴就只是辦公室政治。

許多人也跟安妮一樣，被健康遭受的波及嚇壞了。就如同被單獨監禁的囚犯免不了開始經歷大腦的損傷，目的感全被剝奪的工作者也常經歷心智和生理的衰退。我們在第二章見過的諾里，他替不適任的維也納心理學者修理程式碼，為他接連不斷的狗屁工作，以及工作對身心造成的影響，作了類似日記的紀錄：

諾里：

工作一：程式設計師，（無用）新創。

對我的影響：初次領教自我厭棄。每個月都感冒。冒名頂替症候群（imposter syndrome）譯3 壞了我的免疫系統。

工作二：程式設計師，（虛華的專案）新創。

對我的影響：我把自己逼太緊，眼睛不行了，不得不休息。

工作三：軟體開發者，（詐騙）小企業。

對我的影響：尋常的消沉，找不到能量。

> **工作四：**軟體開發者，（死定了，無法運作的）前新創。
>
> **對我的影響：**沒辦法專心，腦袋廢了，恐懼；萬劫不復的平庸；每個月感冒；扭曲意識激勵自己，壞了免疫系統。創傷症候群。我的思緒徹頭徹尾的平庸……

諾里運氣很背，跌進一個又一個荒謬絕倫和／或不把人當人的企業環境。他找到一個不同的目的感，才勉強保持清醒（好歹清醒得足夠抵受徹底的心智和生理崩潰）。他開始一步一步詳盡地分析失敗的企業專案背後的社會和制度動力。他實際上成了一位人類學者（我十分受用。謝了，諾里！）。接著，他發現了政治這片天地，轉而將時間和資源投入策劃，目標是摧毀創造此等荒誕工作的體系。此時，他記錄到自己的健康顯著好轉。

就連在相對親和的辦公室環境，缺乏目的感也會消磨人。缺乏目的感不見得會造成實際的生理和心理退化，但少說也會讓工作者為空洞或無價值的感受掙扎。這類職位時常帶來名聲、敬重和豐厚的薪酬，這些非但沒有緩解空洞或無價值的感受，還會雪上加霜。做狗屁工作的人，像是麗蓮，會懷疑公司付給他們的錢，超過產出其實更豐富的下屬（「要是我真的領比較多，**那**會有

譯3 無法將成功歸因於自己的能力。即使他們的能力有客觀憑據，仍擔心有朝一日會被識破自己是騙子。

多狗屁？」），懷疑其他同事會理直氣壯地憎恨他們，因而備受煎熬。這種情況讓許多人徹底混淆了他們**應該**作何感受。沒有派得上用場的道德羅盤。或許可以說是一種道德的腳本從缺。

底下是一個相對平和的案例。阿芬在一家走訂閱制授權軟體的公司工作：

> **阿芬：**幾年前我第一次讀到「狗屁工作」那篇專文，很有共鳴。幾年來，我不時會調出來讀，也轉給朋友看。
>
> 我在一家軟體即服務譯4的公司做技術支援主管。我的工作不外乎出席會議、回覆電子郵件，跟團隊成員溝通即將發生的改變，決定客戶反映的事情要不要升高處理層級，並進行績效考核。

阿芬坦承績效考核很廢。他解釋：「大家早就知道是誰在閃工作。」事實上，阿芬已經接受自己的大部分職責都很廢；他執行的有用作業不外乎捆膠帶，也就是解決公司裡數種出奇紊亂的科層流程造成的問題。不僅如此，公司本身也相當無謂。

> **阿芬：**都坐下來寫這篇了，一部分的大腦還是想維護我的狗屁工作，多半是因爲這份工作供應著我和家人的吃穿。我想，認知失調是從這兒開始的吧。從情緒的立場來說，並

不是說我對我的工作或公司有什麼放不下的情緒。如果我週一到班的時候，辦公大樓消失，不但社會不在意，連我都不在意。我們公司的組織毫無章法，而我是在這片惡水上領航的專家，而且我有辦法辦妥事情，這是我從工作得到的成就感。不過身為可有可無的事情的專家，實在不是**那麼**讓人滿足，這你也料想得到。

讓我選的話，我會選擇寫小說和評論專文。目前我在空閒時間寫，但我怕一從我的狗屁工作跳船，收支就沒辦法平衡了。

這當然是司空見慣的兩難。工作本身也許可有可無，但它讓你養家活口，就此而言實在很難看成是壞事。一個人醒著的時間大半耗費在無用的打勾事務，或解決不該存在的問題，不這樣做就養不起小孩；你或許要問，到底是什麼樣的經濟體系會創造出這樣的世界。話說回來，你同樣可以倒轉矛頭，質問：如果創造這些工作的經濟體系也讓你有辦法養家活口，那乍看無用的這一切真有可能那麼無用嗎？我們真的想當資本主義的事後諸葛嗎？儘管有些面向明顯無用，但也許這個體系的每一面都不得不然。

然而，在此同時，你也沒辦法把自己的經驗一筆勾銷：有些事情實在離譜。

譯4 software-as-a-service，即軟體在伺服器端運行，使用者通常連網取用。

跟麗蓮一樣，還有許多人談到他們朝向外界的那面所得到的社會觀感，跟他們所知道的、自己實際在做的事情出入甚大，讓人備感煎熬。阿丹承攬某英國企業駐多倫多辦公室的行政事務，他深信自己一週只有一到兩個小時是做實在的工作，而且這些工作他可以輕易在家裡辦完，剩下的時間他全都不知道自己在做什麼。他覺得穿西裝進辦公室只是一場繁瑣的獻祭儀式，他必須展演一系列無意義的姿態，才能證明自己值得一份非凡的尊重。工作時，他時時揣想同事是不是也有同感：

阿丹：感覺像是某種卡夫卡式的夢境序列，夢裡只有我倒楣，因爲我明白我們在做的事，有好多都蠢到家了。可是內心深處，我又覺得這樣的經驗肯定心照不宣。我們一定每個人都知道！這間辦公室六個人，人人都是「經理」……大樓裡的經理簡直要比實際的員工多了。這種情形是徹頭徹尾的荒謬。

在阿丹的例子裡，每個人都配合演出這場「比手畫腳」（charade）：辦公環境絕對沒有欺凌人的情形，六個經理和監督他們的經理的經理都有禮、友善，相互支持，一個個提醒彼此工作做得多棒，要是團隊缺了哪一角，其他人都會遭殃——可阿丹的感覺是，這只是要慰藉彼此罷了，因為他們暗地裡一清二楚，他們談不上有做什麼事，做的事也沒有社會價值，團隊缺了他們這一角也不會有什麼差別。出了辦公室，面對他的家人，他的感受更糟糕，因為家人開始當他是事業有成的家族成員來對待。「說真的，很難形容我有多懊惱、覺得自己多沒用。他們認真把我當成『年輕專業人士』——可是他們有誰知道我真的在做的事？」

最後，阿丹辭職，去魁北克北部的克里族印地安人（Cree Indian）社區當理科老師。

§

高層面對這類情境時，多半會堅稱下屬所感知到的徒勞是庸人自擾，可是高層的堅持不僅毫無助益，有時連堅持都不堅持了。如前文所述，有些主管眨眼一笑，得過且過，更有鳳毛麟角的少數人會誠懇討論到底都發生了什麼事情，至少討論一部分。可是，中階主管一般把維持士氣和工作紀律視為職責，常會覺得除了替這樣的處境打圓場之外別無選擇（說實在的，打圓場是他們職務中唯一**不**狗屁的一塊）。再者，在階序裡爬得愈高，經理人通常愈漠然——通常也具備了更裝腔作態的權威。

瓦斯里在歐洲外交事務辦公室當研究分析師。按他說，他的辦公室裡研究員跟主管一樣多，一個研究員產出的每份文件、每個句子，都要在階序裡往上呈兩級，無一例外，經閱讀、編輯後再傳回來，如此反覆，直到面目全非。如果，有辦公室外的人好死不死有機會讀到這些報告，或因此察覺其存在，包準會是更大的問題。確實，瓦斯里有時試著對他的上級指出這一切：

瓦斯里：如果我質疑我們產出報告的效益或意義，老闆們會像看外星人那樣盯著我。不意外，畢竟對他們來說，最要緊的就是別人不把我們在做的工作看成是通篇胡言亂語。萬一我不幸言中，職位都會被取消，結果就是丟了工作。

在此個案中，不是資本主義經濟體系，而是現代國際國家體系在多樣的領事服務、聯合國，還有布列登森林體系間，創造了數千個工作（多半高薪、體面、舒服），遍布全球，實際數目可能還在此之上。這些職位有幾個真的有作用，又是起什麼作用，人們大可辯上一辯（什麼事都可以辯），畢竟其中一些的工作想必舉足輕重，譬如為了避免戰爭而奔走。但其他職位則成天擺弄辦公室陳設。此外，那些機構裡面有一些酬庸職位，對職級低的「庶民」而言，說多餘都嫌好聽。這樣的感知，照瓦斯里的說法，會造成罪惡感和羞恥感。

瓦斯里：我不想要在公共場合被人問起工作，因爲沒什麼話好說，沒什麼值得一提的。在外交部工作的聲望很好，當我說「我在外交部工作」時，人們通常的反應是敬重，儘管不是眞的知道我都做些什麼。敬重讓事情更糟了吧，我想。

讓人自慚形穢的方法百百種，時常在這個領域開疆闢土的美國，錘鍊出一種深具美式醍醐味的政治論述模式。這種政治論述模式不說別的，就是向人說教：你們竟然認為自己對某些事物有某種權利，真是混蛋。姑且稱之為「權利嘲諷」。權利嘲諷有許多類型，表現方式不一而足。右翼版本的主軸是嚴詞批評那些認為世界欠他們一口飯的人，或生大病時欠他們醫藥治療，或是欠產假，欠育嬰假，或是工作場所的安全，或是面對法律的平等保障。也有左翼版本，內容是當人們自認有權要求差不多是任何事情的時候，就要人「檢查他們的特權」，因為更窮苦或更受壓迫的人連那些東西都沒有。

根據上述標準，即使某人被警棍從頭上打下去，沒頭沒腦地拖進監獄，他也得先指明這種事情比較容易發生在哪類人身上，才能抱怨這種不公正。權利嘲諷可能在北美發展得最浮誇，但也已經隨著新自由市場意識形態散布到全世界了。在這樣的境況下，要求一種嶄新又陌生的權利——譬如僱傭關係要有意義的權利[12]——恐怕遙遙無期，也是可以理解的。在今日，要求你本該要有的東西，這樣的訴求要被當一回事，是難上加難了。

年輕世代承受的權利嘲諷最嚴苛。在多數富裕國家，當前這批二十幾歲的人代表著逾一世紀以來，首度有一個世代，整體而言機會和生活水準遠遜於雙親所享有的條件。他們覺得自己有所屈就，然而左翼和右翼都一樣，孜孜不倦地責備他們的擴權意識，使年輕人要對無意義的僱傭內容表達不滿時更加困難。

那麼，就讓我們跟瑞秋一起結束這一節，藉她的故事，把一個世代的恐慌表達出來。

瑞秋是個數學鬼才，有個物理學位，出身貧窮家庭。她渴望繼續拿研究所的學位，然而英國大學的學費漲了三倍，財務資助砍到見骨，她不得不在一家大型保險公司找份災變風險分析師的工作，存必要的資金。也不過就是一年，她告訴自己，這不是世界末日：

> **瑞秋**：「這不是世上最糟糕的事：學習新技能、賺點錢，在職的時候稍微交關一下。」我當時是這樣想的。「務實考量一下，是可以多糟糕？」當然，大腦深處傳來迴音：「一輩子做無聊又操勞的工作還賺沒幾個錢的人多不勝數，**你**沒有多特別，不過就是一年無聊的辦公室工作嘛。」
>
> 有自覺的千禧世代都逃不開最後這個問題帶來的恐懼。滑過 Facebook，一定會滑到一些自以爲是的長輩語錄，說我這個世代茶來伸手，卻連做他媽一天的工作都嫌，我的老天鵝噢！我對「可接受」的工作的標準到底算是合理，還是笑死人的玻璃心世代「伸手牌的瞎話」（我祖母老愛這樣說）的遺毒，這有點難衡量了。

順帶一提，這是英國味特別重的權利嘲諷變體（不過也逐漸感染歐洲其他地方了）：成長過程擁有「從搖籃到墳墓」福利國家保障的長輩，嘲弄年輕人妄想自己有資格獲得相同保障。還有另一個因素，儘管要瑞秋坦承是有些尷尬：那個職位的薪酬破格地好，比她雙親賺得都要多。瑞秋成年後都在當窮學生，當臨時工、打電話、做服務業工作養活自己，總算能一嚐布爾喬亞生活的滋味，簡直煥然一新。

瑞秋：我做過「辦公室工作」和「像工作的爛東西」，那在爛辦公室工作能糟到哪去，是吧？我那時對一籮筐的繁文縟節、惡劣管理和繁多的狗屁事務之下，自己將要沒入的海底伸手不見五指的深層無聊，還沒有概念。

瑞秋的工作源自控股行為須滿足的法規，不過她的僱主跟其他處境相仿的企業一樣，沒有要遵循的意思。於是，典型的一天從一早收電子郵件開始，郵件挾帶的資料，是該公司的不同業務在一些假設的災變劇本裡會損失多少錢；「清理」資料，將資料複製到一份試算表上（複製時試算表程式必定當掉，只能重新開啟），算出一個總損失的數字。接著，如果有潛在法規問題，上面會要瑞秋把數字搓一搓，直到問題被搓掉為止。以上是一切順利的狀況。若逢倒楣的日子或倒楣的月分，無事可做，她的主管就會製造繁瑣又明顯無謂的活動讓她有事忙，譬如建構「心智圖」。[13]或者逕自放生瑞秋——但總是有一條但書：雖然沒在做事，她仍必須積極裝出不是沒在做事的樣子：

瑞秋：我的工作最詭異、而且（除了職銜之外）可能是最狗屁的事情，就是人人都知道沒那麼多工作可做，但還是不准明目張膽地不工作。連推特和 Facebook 都被鎖，都快想起網際網路早年的光景了。

我拿的學位滿有趣，而且有很多工作要做。所以，又一次，早上起床，整天坐在辦公室裡，試著低調地浪費時間，這件事令我反感到會怕，也是我始料未及的。

抱怨了幾個月後，最後一根稻草來了。某個狗屁倒灶的星期結束後，我跟朋友明蒂見面喝酒。我才被要求替一張心智圖上色，標明「有的話很好」、「必須要有」和「未來想要有」（對，我完全不知道那是什麼意思）。當時明蒂也在做類似的狗屁專案，替某份沒人讀的公司內部報紙版面撰寫品牌推廣的內容。

她向我滔滔不絕地訴苦，我也對她長篇大論地抱怨。我說了一段冗長、淡漠的話，但結尾是我大吼：「我不能等到海平面上升、世界末日降臨，因爲我寧可拿我自己從一根爛桿子磨尖的長矛出門打魚吃人，也不要做這他媽的爛事！」我們倆都笑了好久，然後我哭了起來。隔天我辭職。大學期間打過各式各樣、千奇百怪的工，有一個巨大的好處：你十之八九能迅速找到工作。

結論是，對，我是玻璃心世代的水晶女王，宜人的辦公室空調暖氣就會讓我熔化。不過，老天爺啊，工作的世界就是一坨屎。

瑞秋本來以為「爛辦公室工作」不大可能是世界末日，最後也不得不得出結論：其實世界末日還好一點。14

論自知在害人的辛酸

還有一種因為社會因素而受苦的形式，略有別於前文提過的形式，也該納入我們的視野：必須假裝為人謀福利，卻知道實情正好相反。社會服務供應者為政府或非政府組織工作，因此這種情形最常發生在他們之間，道理非常明白。大部分社會服務供應者都要行禮如儀地打勾，很少能倖免，可是很多人更察覺到，他們在做的事比無用還糟糕：傷害他們在崗位上本該協助的人。施宜如今是藝術家，不過她曾在紐約市做社群治療師。

施宜：一九九〇年代到二〇〇〇年代間，我曾在布朗克斯（Bronx）的社區精神健康中心擔任治療師。我有社工學位。

我的客户之所以被強制「治療」，要嘛是因爲雞毛蒜皮的小事坐牢（柯林頓的犯罪法案），一進監獄就丟了工作和公寓，不然就只是需要對工作福利（welfare-to-work）或社會安全辦公室證明他們精神失常，需要SSI（社會安全生活補助金）或其他食物／房租的補助。

有些人確實嚴重精神失序，但其他許多人只是一窮二白、警察又三不五時找碴罷了。生活在他們那種狀況下，誰都會「精神失常」。

我的工作是進行治療，説穿了就是告訴他們，淪落至此是他們自己的錯，讓自己的生活過得好一點，也是他們自己的責任。如果他們每天出席課程，公司就能幫他們付醫療保險（Medicaid）的帳單，職員會抄寫他們的醫療紀錄，寄給社會安全局，讓社會安全局審核殘障津貼。病歷上的文書作業愈豐富，通過審核的機會愈大。

當時我要帶的團體包括「憤怒管理」、「應對技巧」……那些團體十分侮辱人，而且文不對題！連像樣的食物都沒有，你要怎麼應對？警察霸凌你的時候，你要怎麼控制怒氣？

我的工作既無用又有害。不平等現象創造苦難，卻有那麼多非政府組織從中牟利。當時我做的事賺沒幾個錢，過得很差，然而我是個窮人皮條客這一點，還是讓我深深感到痛苦。

小官員奉文書作業之名，行荒謬又惡劣之事，但敏銳察覺到自己在做什麼、會對有血有肉的人造成何等傷害的，其實不乏其人——儘管他們常常覺得應對民眾時必須鐵面無私。這一點很有意思，也值得留意。有些小官員會找個說法，少數則享受虐待的快感。無論如何，假使這個體系的受害者曾自問「這種人怎麼有辦法面對自己的良心？」，就可堪告慰了，因為事實是，在很多狀況下，他們確實沒辦法面對自己的良心。米納在某英國小鎮的地方政府局處工作，這個小鎮有時被稱作「海邊的小史基卓」（Little Skidrow-by-the-Sea）。她接這份工作時，職位描述是跟無家可歸的人一起工作。她發現某種意義上此話不假：

> **米納：**我的工作不是安置、不是提供諮詢，也不是以任何方式協助無家可歸的人。反之，我要試著搜集他們的文件（身分證明、國家保險編號、薪資證明等），讓臨時安置單位去追回租屋補貼。[譯5] 他們要在三天內提供文件。如果拿不出或不願意拿出必要的文件，我必須請他們的個案管理者將他們趕出臨時居所。其他要求先不說，藥物成癮的遊民多半拿不出兩份薪資證明。同樣地，遭雙親遺棄的十五歲少年、創傷後壓力症候群

譯5 獲租屋補貼（housing benefit）的條件之一是失業，因此如果有工作的話就可能會變成溢領。

的老兵，還有逃離家暴的女人，多半都拿不出來。

說穿了，米納解釋，她的職務是威脅要讓原先無家可歸的人再次無家可歸。「做這些事都只是要讓一個部門能回收從另一個部門轉來的現金。」這種事情做起來是什麼感受？「泯滅天良。」六個月後，她沒辦法承受，完全放棄公職。

米納辭了工作。在另一個地方機關工作的碧翠絲，目睹同事取笑寄給領補助民眾的信件，她同樣無法承受。那些信件都經過蓄意誤植，用意是混淆收件人，讓他們遲繳費用，這樣市政府就可以敲他們竹槓。他們受僱來服務民眾，碧翠絲說，雖然只有一小撮同事從敲民眾竹槓中取樂，但本來步調輕鬆又友善的辦公室環境還是因此蒙上一層死灰。她試著向上級反映（「這肯定不對吧！」），卻被當瘋子看待。於是，一有機會，碧翠絲就另擇良木了。

為奧托斯（Atos）工作的喬治，勉為其難地撐著沒離職。奧托斯受僱於英國政府，業務是盡可能從障礙者名單中剔除公民（後來幾年間，遭認定「適合工作」後不久即過世的超過兩千人）。[15] 照喬治的說法，為這家公司工作的每一個人都知道實際上發生什麼事，「憎惡奧托斯，敢怒不敢言」。在其他個案中，政府工作者深信辦公室裡只有自己知道業務內容有多麼無用，或造成多大的損害。然而，如果問他們有沒有把看法直接說給同事聽，他們大都否認，罕有例外。這樣一來，他們的同事會不會同樣深信自己是唯一知道實際發生什麼事的人？我們無法排除這個可能。[16]看過上述個案，我們逐漸走向略有不同的畛域了。在這類辦公室裡發生的事情多半只是無謂，可是，當你了解到自己涉入主動傷害別人的事情裡，還會加上一個內疚和恐懼的維度。內疚的原因毋庸贅言，恐懼則是因為，在這樣的環境中，總有關於「抓耙仔」下場的陰沉耳語不脛而走。這一切都讓這類工作有揮之不去的辛酸，其紋理與質地，日復一日地加深。

小結：論狗屁工作對人類創造力的影響，兼論：試圖用創意或政治的作法抨擊無謂的業務內容，如何可以視為是一種形式的精神戰事

讓我回到精神暴力的主題，為本章作結。

違反己意，被迫做出專斷、官僚的殘酷行徑，按米納的說法是喪盡天良。我們很難想像更喪盡天良的事情。被迫換上你唾棄的機器面孔，被迫成為怪物。我也留意到其他例子：通俗小說裡最嚇人的怪物，不會只把你撕成兩半、凌遲你或殺了你來威脅你，他們會威脅把你本身變成一個怪物。試想：吸血鬼、活屍、狼人。他們的駭人之處就在於不只要脅你的身體，更恐嚇你的靈魂。青少年難保不是因為這個原因而深受吸引：我們首次面臨「如何不要變成我們唾棄的怪物」這項挑戰時，多半就是在青少年時期。

無用或暗中為害的工作，甚至還打著公務的旗號，恐怕是最糟糕的。不過本章提及的所有工作，大概都算得上以不同的方式泯滅天良。狗屁工作通常會引發絕望、抑鬱，還有自我厭棄的感受。狗屁工作是各種形式的精神暴力，戕害做人的義理。

我在上一章主張，人類心靈的整全，甚至是人類生理的整全（端看兩者有沒有可能分得清清楚楚），牽連著跟他人的關係，也跟人對自己有多少能耐影響世界的感知脫不了關係。如果我的主張沒錯，那麼狗屁工作就是一種精神暴力。

話說回來，靈魂也不是沒有抵抗的手段。讓我記述狗屁工作招致的精神戰事，把工作者投入其他計畫以保持神智清明的一些方式都寫下來，應是適合本章的收尾。不妨稱之為游擊目的（guerrilla purpose）。羅賓，就是那位把螢幕設定成像在寫程式、其實在逛網頁的羅賓，利用那段時間為幾個他看顧的維基百科條目進行無償的編輯工作（顯然包括在下我本人的條目），協助維護一個替代通貨的倡議行動。其他人則創業、寫電影腳本和小說，或私下接性感女僕外賣。

遁入白日夢冒險王式的綺想裡的亦不乏其人，對於注定在死水般的辦公室環境消磨一生的人來說，這是傳統的應對機制。時至今日，這些綺想再也不是當一戰空豪、嫁娶王子，或變成青少年時眾人的夢中情人，而是有一份更好——就只是好到翻，好到浮誇的更好——的工作。就例如波立士，他為「一家大型跨國機構」工作，撰寫狗屁報告。以下是他的（明顯有點捉狹自己的）自述：

波立士：這顯然是狗屁工作，因爲我試過自助書、勉爲其難中斷打手槍、打給我媽哭訴，都藥石罔效。我心下雪亮，人生所有的選擇都是純粹的狗屎——可我還是堅持下來，因爲還有房租要繳。

更糟的是，這樣的處境已經造成我中度到重度憂鬱了，還害我不得不延後我眞正的本命：當J．Lo（珍妮佛．洛佩茲）或碧昂絲的個人助理（分開或同時，我都可以）。我這人工作認眞，成果導向，所以我相信我能處理得服服貼貼。我也願意爲卡戴珊家的隨便一位做事，尤其是金（．卡戴珊）。

大部分的證言還是聚焦在創意上。創意是一種全面抵抗的形式——許多人頑強死撐，試圖追尋藝術，或音樂，或寫作，或詩歌；面對「真實」的有酬工作不知為何而戰的感受，這是他們的解藥。顯然，此處會有抽樣偏誤的因素。寄給我的證言大多數來自我在推特的跟隨者，這批人很可能比一般公眾更熱愛藝術、更關心政治，因此我不會妄自臆測憑創意抵抗的情形會有多普遍。話雖如此，某些有趣的模式還是浮現了。

舉例來說，因某種技能而受僱、之後卻沒有揮灑餘地的工作者，一旦發現手上有可以自由支配的時間，鮮少安於只是低調發揮那些技能。他們最後都去做了別的事情，幾無例外。我們已經在第三章見過工程師拉馬丹，他夢想要做科學和技術前沿的工作。拉馬丹發現公司只指望他閒坐辦公室，整天做文書作業，所以直接放棄了夢想。而他不願偷偷摸摸繼續科學專案，因此一頭埋進電影、小說和埃及社會運動史裡頭。這是典型的狀況。琢磨著要寫一本小冊子，宣傳「如何在企業環境中保持靈魂完好」的阿菲，則寄情音樂：

阿菲：我體內那個受挫的樂手困坐在辦公桌前，想出了無聲學音樂的方法。我學過一陣子印地安古典音樂，他們的節奏系統中，有兩種我已經駕輕就熟。印地安人做音樂的方式抽象、合乎數理，而且不採書面方式流通，這啓發了我幾種在大腦裡練習的方法，旁人聽不見也看不到。

也就是說，雖然人在辦公室裡哪都不能去，我還是可以即興創作音樂，甚至融入周遭世界的種種。沉悶的會議歹戲拖棚，你可以感受時鐘走針的節奏，或是把電話號碼編成一首押韻的詩歌。你可以把企業黑話的音節翻譯成勉強過得去的嘻哈，把檔案櫃的大小比例轉譯成交錯的拍子。做這些事情已經成了一面盾牌，擋住工作場所席捲而來的無聊，效果妙不可言。幾個月前，我甚至給朋友一段短講，主題是運用節奏遊戲舒緩工作場所的無聊。我示範可以怎麼把沉悶會議的各個面向轉化成放克（funk）編曲。

李維斯說自己是「偽投資銀行家」，替波士頓一家金融顧問公司工作，而他正在寫劇本。當他了解自己在公司的角色說到底沒有用處後，工作動機逐漸流失，專注於每天他確實需要工作的一或兩個小時的能力也隨之消逝。他的主管對於時間和「觀瞻」近乎苛求，但似乎對生產力漠不關心，所以只要李維斯不比她早離開辦公室，她大致容許李維斯的作為。然而李維斯形容自己有中西部美國人的內疚情結，這驅使他想出了一種撐下去的辦法：

李維斯：所幸我有一張自動升降書桌，還有大把狗屁的自由時間，只是多少沾染了內疚。於是，這三個月以來，我運用這段時間寫我的第一齣劇本。說也奇怪，創意產出的開端不是我想寫，而是我必須寫。咀嚼過一場戲或一段對話之後，我發現我寫得遠比過往多又快。每天我必須完成七十分鐘左右的必要工作，爲此我需要另外三到四小時的創意寫作。

阿菲和李維斯的境遇並不尋常。困在辦公室裡整天沒事做的人，最常抱怨的是重新把時間投注於有價值的事物何其困難。你或許會想，數百萬年輕男女，受過良好教育，沒有任何真正的職責，偏偏能上網，而網路是幾乎所有人類知識和文化成就的庫藏，至少有此等潛力——這豈不是要引發某種文藝復興了。完全沒這回事。反之，辦公室的困境引發社群媒體遍地開花

（Facebook、YouTube、Instagram、推特）。只要能讓人一邊假裝做別的事，一邊產製和消費的電子媒介，全都開花了，形式不拘。我相信，這才是社群媒體崛起的首要原因，尤其你不只要考慮狗屁工作的崛起，還要算進真正工作愈來愈嚴重的廢冗化。如前文所述，狗屁工作個個有其特定的境況，出入甚大。有些工作者被孜孜矻矻地監督，有些人只消做點樣板事務，其他時候差不多是放羊吃草，大部分人則介於其間。然而，就算論最佳個案，還是有待命的需要，至少要耗費一點精力保持警覺維持虛假門面，永遠不要顯出太入迷的樣子，沒有能力跟別人通力合作——這一切促成的文化更貼近電腦遊戲、在 YouTube 嗆聲、迷因和推特筆戰，而非搖滾樂團、嗑藥寫成的詩歌，還有二十世紀中葉福利國家下創作的實驗劇場。即使沒有事給辦公室工作者做，他們也不能公開坦承此事。在這樣的工作場所裡，他們能掌控的，只有碎裂的、摸魚的時間，於是我們見證其崛起的通俗文化，只能是碎裂的、摸魚的時間裡能產製和消費的形式。

傳統的藝術表現形式在狗屁的境況下，就是難以為繼。有些證言與我同聲哀嘆了這項事實。愛爾蘭的福利與租稅體制太繁雜，照派德雷格的說法，除非本來就有錢，不然幾乎不可能自僱。因此，派德雷格從愛爾蘭的藝術學校畢業後，不得不放棄生命的呼召，馴順地進入海外的科技業跨國公司，做一份無謂的工作：

派德雷格：讓我最難消受的事實是，下班後我沒辦法畫畫，沒辦法跟隨我的創意衝動來繪畫，或把想法塗上畫布。我失業的日子裡畫得十分專注，只是換不到錢；現在我有錢，想發揮創意卻沒有時間，沒有精力，腦袋也沒有餘裕了。[17]

身為無政府主義者，他仍設法持續參與政治生活，決意消滅讓他沒辦法從事人生真正志業的經濟體系。此時，紐約的法務助理詹姆士只能退守低調的抗議：「整天耗在一灘死水般的辦公室環境裡，我的心思遲鈍得只能消化無意義的媒體，」他說。「是啦，有時候我真的對這一切滿沮喪的：孤立、虛耗、疲憊。我一個小小的揭竿舉動是每天別一枚黑紅相間的徽章上班——他們他媽的沒概念！」

最後，拜首相布萊爾（Tony Blair）一九九〇年代的高等教育改革之賜，一位英國的心理學者，本來是教師，被解聘後重聘為「專案評估師」，負責研判解聘教師的影響：

哈利：我很訝異，要將有支薪的時間重新投入有用的事情上，竟然出奇地困難。要我閃掉那些狗屁作業，把時間用在比方說嘗試寫小說，我會良心不安。既然合約要我實行這些活動，我就覺得有義務盡力實行——儘管我知道那些活動完全是白忙一場。

大衛：你知道嗎，你講的正是我在證言裡頻頻讀到的一個主題：這些工作酬勞優渥，只要做少許事情，甚至沒事可做，往往還不會硬要你假裝在工作。可是到頭來，這些工作還是把人逼瘋，因爲他們想不出一個辦法，把時間和精力疏導到其他任何一件事情上。

哈利：嗯，在我身上發生的事印證了你的推論。最近我改在公車站做訓練經理，當然不是多了不起的工作，但比較知道自己爲什麼要做。比起之前那份毫無挑戰的狗屁工作，現在我甚至做更多自由接案的工作，做開心的（短篇小說、文章）。

大衛：終於找到有意思的事情了！

哈利：是啊，眞的很有意思。

所以說，善用一份狗屁工作繼續其他計畫，不是件容易的事。但凡用於工作的時間，多半都發生在詹姆士所謂「一灘死水的辦公室環境」，已經先被壓平且均質化，再隨機切成幾大片，切法經常無從預期，因此需要機智和決心，才有辦法把這樣的時間運用在需要思考和創意的計畫上。有辦法做到的人，無不先押進了大把大把（照理講是有限）的創造能量，就只是要把自己安頓下來，才能做點比貓咪迷因更有企圖心的事。不是說貓咪迷因不對，我看過很多棒透了的貓咪迷因，只是青春毋寧該投入更遠大的事物上。

從工作者那邊收到的說法中，覺得自己很大程度克服了狗屁工作造成的心智崩壞的人，少之又少。他們找到某種方式，把那些工作壓在一週一到兩天的程度；不用我說，這規劃起來難如登天，通常會因為財務或職涯因素而行不通。就此而言，漢尼拔是個不錯的成功案例。讀者或許還記得漢尼拔，此人為行銷公司撰寫狗屁報告，完成一篇多則要價一萬兩千英鎊。他嘗試一週盡可能只做一天，剩下的日子繼續做他認為絕對值得的專案，但也明白財務上他不可能自食其力：

> **漢尼拔：**我正在做的一個專案是要創造一個影像處理演算法，用來讀取開發中國家結核病患者的低成本檢驗棒。結核病是世界上的頭號殺手，每年造成一百五十萬人死亡，隨時都有多達八百萬的感染者。檢驗仍是一個影響深遠的問題，所以如果能改善那八百萬感染者的治療方式，即使只有百分之一，每年生活品質好轉的人數將數以萬計。我們已經有所突破了。這項工作讓所有參與其事的人都很滿足。這件事有技術面的挑戰，要解決難題，要合作，才能達成我們都篤信的更大的目標。它是狗屁工作的反題。儘管如此，事實證明幾乎不可能募到哪怕是一小筆錢來做這件事。

漢尼拔試圖說服好幾位醫療主任，這項專案衍生的某種副產品或許有利可圖。在耗費許多時間和精力後，募得的款項只夠支付專案本身的開銷，自然沒辦法給付出力的人（包括他自己）任何報酬。到頭來，漢尼拔要為確實會拯救生命的專案籌措資金，只得替行銷論壇撰寫無意義的文字糨糊。

漢尼拔：我一逮到機會就會問在公關界或爲全球製藥公司工作的人，他們對這樣的事態作何感想。他們的反應很有意思。如果我問的人比我年輕，他們通常會認爲我在用某種測驗設計他們，或試圖挑他們毛病。說不定我就是試著誘導他們承認，他們做的事毫無價值，才能去說服他們的老闆把他們炒了？如果我問比我年長的人作何感想，他們一開口通常會說類似這樣的話，「歡迎來到眞實世界」，彷彿我是什麼青少年中輟生，還沒「弄懂」規矩，還沒接受我不能整天待在家裡打電動和抽大麻。我必須承認，青少年時我花滿多時間打電動和抽大麻，可是我不是青少年了。說眞的，他們通常要付我一大筆錢，我才願意寫狗屁報告，所以開口詢問之後，我常常察覺一個反思的時刻：他們在心裡自問誰才是眞的沒「弄懂」的那個。

漢尼拔是卓然有成的研究者，能自信地漫步於企業權力的走廊。他凌駕這場遊戲。他也察覺到，在專業人士的世界，最重要的是演好自己的戲分：形式價值永遠高過內容，而從各種跡象研判，他能以登峰造極的技能發揮他的角色。[18] 正因如此，他的狗屁活動在他眼裡，可以只是一場詐騙，只是對企業世界的作弄。他甚至可以把自己想成是某種當代的羅賓漢，這個羅賓漢置身於一個，用他的話說，光是「做值得的事就是顛覆」的世界。

漢尼拔的際遇是最佳狀況的劇本，其他人則轉向政治行動主義。對工作者的情緒和生理健康而言，政治行動主義有可能是靈丹妙藥。[19]在辦公室裡的時間，性質支離破碎，相較於普通講求創意的消遣，通常也較容易結合行動主義——至少就數位行動主義而言是如此。不可否認的是，平衡有意義的興趣和狗屁工作所需的心理和情緒勞動，往往還是讓人生畏。前文提過諾里被工作波及的健康問題，一待他著手鼓動他的工作場所組織工會，就開始好轉了。誠然政治行動主義需要一板一眼的心智紀律，但還比不上在高壓的企業環境有效率地操持事務所需要的程度。何況你也知道，在企業環境裡，你做的事情終究是徒勞：

諾里：以前我爲了投入工作，必須十足十地「暴走」。把「我」擦得一乾二淨，變成能做這份工作的東西。暴走之後，我經常需要一天復原，需要一整天好記起我是誰（如果沒有復原，我對私生活中的人會變得尖刻、雞蛋裡挑骨頭，雞毛蒜皮的事情都會讓我震怒）。

所以我不得不借重各種煉心的技術，讓我能承受工作。期限和憤怒是最有效的動機（例如，假裝自己被看扁，只好「讓他們見識」我優異的生產力）。這麼做的結果卻是很難把不同部分的自己、融貫爲「我」的古老事物兜起來，於是那些東西很快就相互扞格不入。

對比之下，我可以熬夜數小時，擔任工作場所的組織工作，像是教同事如何談判、寫程式、管理專案……那樣的時候，我最是我完整的模樣。我的想像力和邏輯合作無間。延續到我看見夢境，不得不睡去。

做某些有意義的事情所帶來的經驗，對諾里而言也是完全不同的。他不是跟一組同心協力的團隊一起工作，這點的確跟漢尼拔不一樣。然而，他覺得單單是朝更大的、有意義的目的努力，就能讓他把碎裂的自我重新拼在一塊兒。後來他確實開始發覺一個社群的種子，至少找到一種最低限度的形式，也就是一介孤立的工作場所組織者：

諾里：向人自介的時候，我開始說我白天的工作是寫程式，但我眞正的工作是工作場所組織者。我的工作場所資助我的行動主義。

最近我在網路上找到一個跟我氣味相投的人，成爲莫逆之交，而就在上一週，我發現工作時進入「化境」容易多了。我認爲原因是有人懂我。對我其他所有「密」友來說，我是積極的傾聽者，一片共鳴板——因爲他們就是不懂我關心的事情。才講起我的行動主義，他們就兩眼木然。

但就算走到這個地步，我還是必須放空我的心才能工作。我聽 Sigur Rós 的〈Varðeldur〉，我的新朋友傳來的。邊聽，我便進入某種冥想的出神狀態。一曲終了，我的心淨空了，我也能在工作中十分麻木地運轉了。

把淒惶的章節收在救贖的音符上，總是不會錯的。這些故事讓我們看到，就連做最糟糕的狗屁工作也有可能找到目的和意義，但不經一番作為是找不到的。在英格蘭，人們偶爾講到「開小差的技藝」，這項技藝在一些工人階級的傳統裡堪稱高度發展，甚至備受讚揚。不過，沒有貨真價實的事情好規避，似乎談不上名副其實的摸魚。你到底該做什麼，你到底能對你有在做和沒在做的事情說些什麼，你可以向誰請教，你可以向他們請教什麼，上面期待你假裝在工作到什麼程度、分寸在哪，反之哪些類型的事情可被默許、哪些不行：在一份不折不扣的狗屁工作中，這些問題通常全都含糊不清。這種情境讓人備感辛酸，往往拖垮健康和自尊。創意和想像力也分崩離析。

上述情境容易茁生施虐與受虐取向的權力動力（其實我是想主張，缺乏目的、上對下的情境就會茁生這樣的權力動力，幾無例外，除非投注明確的心力確保它不致茁生——有時即便投注了心力還是難以避免）。行文至此，我一直把這樣的結果稱為精神暴力，是有用意的。這種暴力影響了我們的文化。我們的感知方式。最堪憂的是，影響了我們的青少年。我們替年輕人做從事無用工作的心理建設，訓練他們如何假裝工作，再用形形色色的手段，導引他們去做沒有人真心相信是為任何有意義之目的服務的工作。[20]這樣的情形在全世界日漸普遍，歐洲和北美的年輕人受害尤深。

我們將在第五章探究的主題，是這樣的情形如何發生，現狀又如何正常化，甚至受到鼓勵。這是劃過我們集體靈魂鮮明的一道疤，有必要加以說明。

第五章

為什麼狗屁工作大量滋長？

在西西里島……通行的說法是，那一群當中的本地人替彼此洗衣服，微薄地貼補家用。

——隱晦的十九世紀笑話

布爾喬亞的天堂將繼起，天堂裡的每個人都能自由剝削——可這樣一來就不會有人剝削別人。整體來說，這處天堂的型態勢必如同我所聽過的那座城鎮，鎮民拿彼此的衣服來洗，以此維生。

——莫里斯（William Morris, 1887）

各種形式的無謂僱傭關係，向來以某種方式伴隨著我們，甚至從資本主義萌芽起，就一直常相左右。前面的章節僅僅是描述，就夠讓人憂心了，但狀況其實更加危急。我們有充分的理由相信，近年來狗屁工作的總數，甚至是工作者認為狗屁的工作占比，均迅速增長。同時，有用僱傭關係的廢冗化也益發嚴重。換句話說，本書不只講述工作的世界迄今被忽略的面向，還探討一個貨真價實的社會問題：全世界的經濟逐漸變成一個生產胡言亂語的龐大引擎。

這是怎麼發生的？為什麼公眾幾近漠視？我認為，狗屁工作現象乏人聞問的原因之一是，在當前的經濟體系下，它恰恰是不該發生的，道理跟下面這個事實一樣：有那麼多人拿錢又無事可做，還感到十分鬱悶，這違背了我們對人性的共通假設。退一步來說，有那麼多人拿錢又無事可做，這項事實在根本上就違背了我們對市場經濟理當如何運作的所有假設。大半個二十世紀裡，致力於全面就業的國家社會主義政體把創造工作當成公共政策的課題之一，而它們在歐洲和其他地方的敵手，倘若未發起自覺的創造就業計畫（譬如美國在大蕭條高峰期的公共事業振興署），至少在公部門或政府承包商浮濫僱傭、人手過剩等方面也是遙相呼應。一九九〇年代蘇聯集團垮台，全球市場改革，這一切本該告一段落。如果說蘇聯統治下的笑話是「我們假裝工作；他們假裝付我們錢」，那新自由主義的時代就該是效率掛帥。然而，倘若就業模式可以當作依據，一九八九年柏林圍牆倒塌後實際發生的事，似乎就完全不是效率掛帥那麼一回事。

所以，乏人聞問的理由，一部分是人們擅自拒絕相信資本主義**有可能**產生這樣的結果；儘管拒絕相信，是意謂著把他們自己和親朋好友的經驗一筆勾銷，當成異例看待。

狗屁工作現象有辦法順理成章繞過人們腦袋的另一個原因，是我們發展出一套談論就業性質變遷的說法。這套說法會把我們導向完全錯誤的方向，但乍聽會覺得，很多發生在我們周遭、這方面的所見所聞，都能得到解釋。我指的是坊間所謂「服務經濟」的崛起。從一九八〇年代以

圖二 勞動力分配（按部門分），1840 年至 2010 年

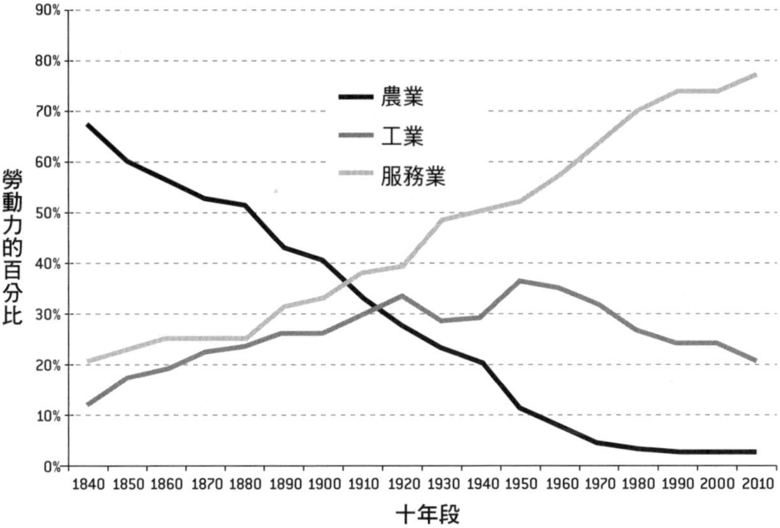

來，就業結構變遷的所有對話，都不得不先承認一股全球大勢，即農業和製造業穩定衰退，某種被叫作「服務」的東西穩定增長，據說這股趨勢在富有國家特別明顯。舉例來說，請看一份按部門分組、典型的長期美國勞動力分析（參見圖二）。[1]

人們通常假定，製造業衰退就意謂工廠外移到貧窮國家（順帶一提，從美國的就業狀況來看，製造業並未衰退得**那麼**多，到了二〇一〇年也才回到約當南北戰爭爆發時的水準）。這個假設一定程度屬實，但有趣的在後頭。觀察工廠工作外移過去的國家，其就業組成的總體趨勢也跟美國相同。此處我們以印度為例（參見圖三）。

工業部門的工作持平或略有增加，除此之外走勢沒有太大差異。

圖三　印度各產業部門對 GDP 的貢獻（%）

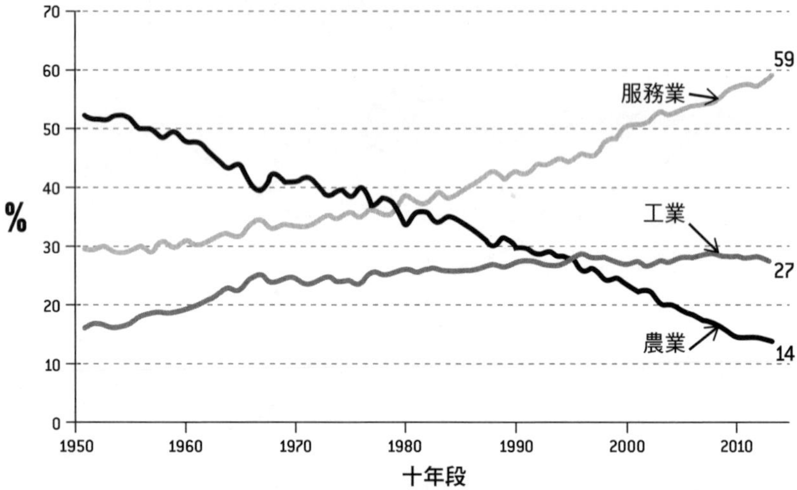

真正的問題出在「服務經濟」這個概念本身。前文我把這個術語放進引號裡，是有原因的。一國的經濟是由服務部門主導，這樣的說法會給人一種印象，即這個國家的人民大致上是幫彼此做冰拿鐵，或者熨彼此的短褲，來支應自己的生活。實情顯然不是這麼一回事。那他們還做什麼？經濟學者談到第四種或四大部門（排序在農業、製造業和服務業之後），他們通常界定為FIRE部門（金融、保險、不動產〔finance、insurance、real estate〕）。然而，早在一九九二年圖書資訊學者泰勒（Robert Taylor）就提議，把這第四部門界定為資訊工作會更實用。果然，泰勒的定義方式更能說明問題（參見圖四）。

可以看出，即使到了一九九〇年，真正的侍應生、理髮師、結帳員等類似工作占勞動力的比例仍舊相當小。長期以來占比也出奇穩定，超過

圖四 資訊之為經濟的一項構成要素

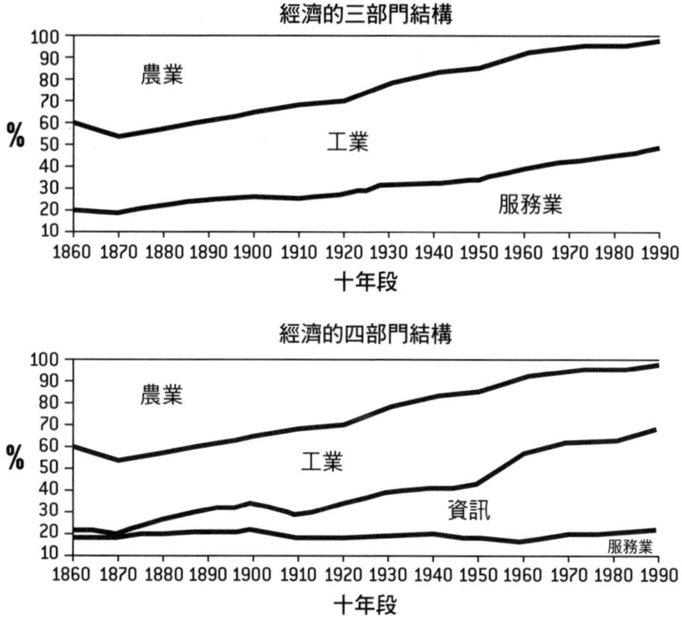

一世紀都在百分之二十上下。被納進服務部門的絕大多數其他工作，其實是管理人員、顧問、文書和會計職員、資訊科技專業人員，諸如此類。這些工作也是服務部門真正在增長的部分，而且從一九五〇年代起，增長幅度就出人意表。就我所知，沒有人把泰勒這套分組方式沿用至今；儘管如此，資訊類工作的比例在二十世紀下半葉就已迅速增加，應可合理推論這股趨勢延續了下來，因此被加進經濟中的一批新的服務工作，其實也是相同的類型。

當然，這正是狗屁工作孳生的區塊。不消說，並非所有資訊工作者（泰勒的分類包括科學家、教師和圖書館員）都覺得自己跟狗屁事務糾纏不清；自覺被狗屁事務糾纏的人，也絕對不全是資訊工作者。然而，如果我們的調查可信，似乎難以否認：被區分成資訊工作者的人當中，多數人確實覺得自己的工作就算消失，對世界的影響也微乎其微。

我認為這一點值得強調，因為自九〇年代以來，有大量（儘管缺乏統計數據）討論是關於資訊取向的工作崛起，以及這類工作對社會的廣大影響。有些人，譬如前美國勞動部長萊許（Robert Reich）就談到新一批嫻熟科技的中間階級崛起，他們是「符號分析師」，恐怕會囊括所有成長的利益，任由舊式勞工階級窮困潦倒。其他論者講「知識工作者」和「資訊社會」。某些馬克思主義者喊出「非物質勞動」——奠基於行銷、娛樂和數位經濟，但也外溢到我們日益充斥品牌、有 iPhone 就開心的日常生活——甚至相信新型態的非物質勞動已成為創造價值的新樞紐，進而預言數位無產階級終將起義。[2] 幾乎人人都假定，這類工作的崛起勢必跟金融資本的崛起有些關聯，然而這是怎麼發生的，就各說各話了。華爾街的獲利愈來愈少來自投身商業或製造業的廠商，愈來愈多來自債務、投機，以及創造複雜的金融工具，既然如此，操持類似抽象事物餬口的工作者占比與日俱增，似乎說得通。

步向二〇〇八前的那幾年，金融部門把它自己包裹在堪稱神祕的氛圍中。近日人們已經很難回想起那股氛圍。金融從業人員設法說服民眾——其實不只民眾，還包括社會理論家（這我記得很清楚）：透過利用像擔保債權憑證和高頻交易演算法等複雜到只有太空物理學者才有辦法弄清楚的工具，他們已經學會從虛空中變出價值的方法，宛如現代的鍊金術士。別問怎麼做到的，你這輩子搞不懂的。後來不意外地崩盤了，海水退去，大部分工具都是騙局，其中許多騙局甚至不怎麼高明。

金融部門對外宣稱，它的業務主要是把資金導向有利可圖的工商機會，但它做的業務鮮少對外宣稱。從這個角度來說，人們大可主張整個金融部門就是一場五花八門的騙局，其利潤絕大部分來自於跟政府一搭一唱，創造各式各樣的債務，繼而交易與操弄這些債。我寫這本書，真正要主張的是：金融部門的所作所為，多數根本是障眼法，而伴隨它崛起的資訊部門工作也是一個樣。

不過走筆至此，我們回到上一章提過的問題：若說這些工作是詐騙，那到底是誰在詐騙誰？

簡短的題外話：論因果關係和社會學解釋的性質

那麼，我在本章想要說明狗屁工作的崛起，並舉出事情何以如此的幾項原因。

沒錯，前面的章節，尤其第二章，我們檢視過促成無用僱傭關係的一些比較直接的原因：經理人的聲望取決於行政助理或屬下的總人數；詭異的企業科層動力；差勁的管理；資訊不流通。這些都是理解總體現象所不可少，可惜還沒能夠真正解釋它。我們還必須問：這種低劣的組織動力，為什麼發生在二〇一五年的機率更高，而非，比方說，一九一五年或一九五五年？是組織文化歷經了什麼樣的變遷嗎？還是其他更深層的事物：難道，改變的恰恰是我們對工作的概念？

我們面臨的是社會理論的經典問題：因果關係層級的問題。就拿任何一件真實世界的事件來說，你可以憑著不計其數的不同理由說它發生了。如果我掉進一處敞開的人孔，你也許會怪我走路不看路。然而，如果我們發現某一座城市在某一時期間落入人孔的人數統計陡增，那就必須探求不同類型的解釋。你必須了解為什麼該城市走路不看路的總體比例升高，但更可能是要弄懂，為什麼沒加蓋的人孔變多了。我舉這個例子太惡搞了。我們來想一個比較正經的例子。

上一章尾聲處，米納指出：流落到無家可歸的人，很多都有酒精或其他藥物的癮史，或者個人癖性；被雙親遺棄的青少年、患有創傷後壓力症候群的退伍軍人，還有逃離家暴的女人也所在多有。如果你在街上或從庇護所裡隨機挑出一個人，審視他或她的生命史，無疑會發現數種上述因素交雜的情況；通常運氣也是一面倒，差得狗屁倒灶。

既然如此，人們就不能說任何一個個體是單純因為道德敗壞而露宿街頭。反過來說，就算露宿街頭的人個個道德敗壞，但道德敗壞也不可能充分解釋無家可歸情形嚴重程度每十年的起落，不可能充分解釋為什麼在給定的任意時期，各國無家可歸者的比例會不同。這一點十分關鍵。話說回來，請把事情倒過來想。每個時代都有道德主義者，主張窮人就是因為墮落才會窮苦。生在窮苦人家，全憑志氣、決心和企業家精神而致富的人不在少數，例子我們也聽多了，大家都這麼說，準沒錯的。那麼，窮人顯然沒有付出**本該**付出的心力，才會一直是窮人。單挑個體來看，這套說法天衣無縫，可是，一旦詳查互作比較的數據，了解到長時間而言上層階級的流動率起伏甚大，這套說法就愈來愈站不住腳了。一九三〇年代窮苦的美國人，難道只是比前幾十年那時的美國人少了幹勁？還是說大蕭條會有些影響？再考慮一個事實：流動率在各國之間也很懸殊，那麼只講道德就更站不住腳了。生於瑞典、雙親小康的孩子，比美國同樣的孩子更有機會致富。難道你只能歸結於瑞典人總體而言比美國人志氣更高，企業家精神更強嗎？

當代的保守道德主義者，多半不會想爭辯這一題。我肯定。

既然如此，人們必須尋求不同種類的解釋：例如受教育的機會，或是最窮的瑞典小孩並不比最窮的美國小孩窮困。[3] 這不是說個人特質無助於解釋，為什麼有些窮苦的瑞典小孩成功了，其他則否。這些只是不同種類的問題和不同層級的分析。為什麼這個玩家贏了遊戲而不是另一個，這個問題跟遊戲玩起來有多難，是不同的問題。

§

又，難道不該先問人們為什麼會玩這場遊戲嗎？這是第三個問題。遇到這狀況，基於類似的理由，當你審視牽涉較廣的社會變遷模式，譬如狗屁工作的崛起時，我認為實在有需要審視不只是兩個、而是三個不同的解釋層級：（一）任一給定個體流落街頭的特殊原因；（二）導致無家可歸的規模增長的廣大社會和經濟力（例如房租上漲，或家庭結構改變）；最後是（三）無人介入此事的原因。最後這項，我們不妨稱為政治和文化層面，這一層往往專門針對人們**沒有**在做的事情，最容易被忽略。我第一次跟馬達加斯加的朋友討論美國的遊民現象，當他們得知世界上最富裕、最強勢的國家裡有人露宿街頭，全都驚呆了，讓我難以忘懷。「可是美國人不覺得丟臉嗎？」一個朋友問我。「他們那麼有錢！世上其他國家的人都會把這件事當成國恥，他們無所謂嗎？」

我不得不同意這是個好問題。為什麼美國人**沒有**把露宿街頭的人當成國恥？在美國歷史上的某些時期，他們肯定會把這件事當成國恥的。一八二〇年代，或甚至一九四〇年代，如果為數可觀的人露宿大城市的街道，會有人大聲疾呼，採取某種行動。這行動不見得特別親切。在一個時間點上，採取的行動八成是把流浪漢聚集起來安置在工廠；其他時期，或許會建設公共住宅。不論採取怎樣的行動，就是不會任其在人行道上的瓦楞紙箱裡萎靡。打從一九八〇年代以來，美國人還是美國人，只是不再為了社會境況竟如此艱困而憤慨，他們更有可能訴諸第一層解釋——遊民是人類弱點無可避免的結果，沒什麼好憤慨的，如此作結。人性無常，向來如此。任誰都沒辦法做任何事情改變這項事實。[4]

我強調第三層同時是政治的，也是文化的，原因就在這裡。這一層承載了基本預設，諸如人是什麼、對人可以有什麼樣的期望，以及人可以正當地向彼此要求什麼。當人們要判定哪些議題算政治議題、哪些不算的時候，那些預設就回頭起了巨大的影響。我並未暗示人民的態度是此處唯一的變因。政治上的當權者時常對人民的意志視而不見。民調固定發現約莫三分之二的美國人偏好某種全國健保體系，但檯面上的主要政黨從未支持過此案。民調顯示英國人多偏好恢復死刑，但也沒有主要政黨跟進此事。[5] 儘管如此，涵蓋範圍較廣的文化形勢顯然還是一項變因。

§

針對狗屁工作這個題目，上述說明意謂著我們可以提出三道問題：

1. **在個體的層級，為何人們會同意做狗屁工作，而且多方容忍？**
2. **在社會與經濟的層級，有哪些導致狗屁工作滋長、涵蓋較廣的力量？**
3. **在政治與文化的層級，經濟的廢冗化為何沒被當成一個社會問題，又為何沒人有所作為？**[6]

辯論一般社會議題時揮之不去的混淆，多半可以回溯至下列事實：上述不同的解釋常被當成互斥的版本（alternatives），而非全部同時起作用的因素。舉個例子，偶爾會有人對我說，從政治條件解釋狗屁工作的嘗試全是一廂情願；狗屁工作之所以存在，他們篤定地說，是因為人需要錢——語氣彷彿我之前從來沒從這個角度想過。接下來，檢視接受這類工作的人所抱持的主觀動機，就被他們當成是一個互斥的版本；問主觀動機，就不會去問為何有那麼多人進退不得、一開始就只能接受這樣的工作才掙得到錢。

在政治—文化的層級，情況還更慘。在斯文體面的社交圈裡，一種心照不宣的默契已然成形：只有講到個體層級的事情時，你才能歸結於別人的動機。因此，只要暗示有權勢的人曾做過一件他們沒說自己正在做的事，或甚至連說他們出於某個理由做出可公開觀察到的在做的事，只是因為這個理由跟他們自己說過的理由不同，你的說法都會立刻被斥為「偏執的陰謀論」，被斥為無稽之談。因此，指稱某些「守法律、護秩序」的政治人物或社會服務提供者或許不覺得為遊民問題做點治本的努力符合其最佳利益，聽在這些人的耳朵裡，就像是在說某個檯面下的集團陰謀策劃才造成無家可歸的問題，那乾脆說銀行體系都是外星爬蟲人在經營好了。

數記政府在創造和維持狗屁工作時擔任的角色

我之所以寫這一節，是因為原先在二〇一三年論狗屁工作的專文裡，我提出一項看法，即我們當前的工作體制絕非有意設計而成，但對當權者來說，它的效應其實在政治上相當便利，這或許是它延續不輟的原因之一。當時許多人都譴責我的看法是胡言亂語。因此，本章可以做到的另一件事，是針對這方面做些澄清。

世上確有社會工程這件事。舉例來說，曾存在於蘇聯或共產中國的閑冗體制，就經過政府自覺的完全就業政策，由高層所創造。這差不多是人盡皆知的事實，沒什麼好爭執的。然而，若說是高踞克里姆林宮或人民大會堂的某人當真送出一道指令，要「眾官員聽令：創造不必要的工作，直到消除失業」，恐怕也不是這麼一回事。

未曾送出這種命令，因為從一開始就不需要。政策自己會說話。只要你不是說「目標完全就業，但創造工作須符合下列標準」——然後再三強調你會一絲不苟地確保創造出來的工作均符合那些標準——那就不難想見結果了。地方官員不會跟你客氣的。

據我所知，在資本主義政體下從未發出過這種中央指令。儘管如此，事實是晚至二次大戰起，所有經濟政策都以完全就業的理想為制定前提。請注意，我們有充分理由相信，大部分的政策制定者不見得想要完全達成這個理想，因為不折不扣的完全就業會大大增加「提高工資的壓力」。馬克思主張：一支「失業後備軍」必須存在，資本主義才能運作如常；這項主張迄今仍正確。[7]話雖如此，不可諱言左翼和右翼無時無刻都會為「更多工作」這句政治口號背書。[8]雙方的分歧只在於製造工作最便宜行事的手段為何。工會遊行時，人們高舉橫幅，籲求工作，但從未限定那些工作應當服膺於某些實用目的。人們逕自假定工作會有某些實用目的——這當然意謂那就是沒有。同理，當右翼政治人物呼籲減稅，把更多錢塞進「工作創造者」的手中時，他們從未言明那些工作會不會有任何一丁點益處。人們逕自假定，既然工作從市場產出，那一定是有益處的。在這樣的形勢下，落在掌理經濟的政務官身上的政治壓力，就類似於克里姆林宮一度發出的指令。不同之處在於其來源更分散，而且大部分落在私部門。

最後，如我所強調，還有刻意為之的公共政策這個層面。蘇維埃官員布達計畫文件，或美國政治人物呼籲創造工作，恐怕都沒有完全察覺其行動的可能效應。一旦創造出某種處境，就算創造出該處境乃非預期的副作用，可預期政治人物仍會一邊決定（如果想得到作法）要怎麼應對，一邊估量該處境有沒有在政治上進一步操作的空間。

這是否意謂著維護無用就業的人當中，或許真有政治階級的成員參與其事？如果我的片面之詞貌似大膽，甚至像陰謀論，那請考慮底下的引言。時任總統的歐巴馬（Barack Obama）接受專訪，解釋他為什麼力阻選民的偏好，堅持美國應維持私有、營利的健康保險體系：

> 「我從來不會意識形態先行，」歐巴馬說，繼續談健康照護的主題。「支持健康照護只有單一玩家的人，每個都說：『看看我們會從保險和文書作業上省下多少錢。』省下的這些錢，代表著一百萬、兩百萬、三版萬份工作，〔由〕在藍十字（Blue Cross）、加

州藍盾（Blue Shield）、凱撒醫療機構（Kaiser）或其他地方工作的人〔所填滿〕。我們該拿這些人怎麼辦？要請誰僱用他們？」[9]

我要敦促讀者再三思考這個段落，它或許稱得上是百口莫辯的證據。總統在這段話中說了什麼？他同意，像凱撒醫療機構或藍十字這類醫療保險公司裡的數百萬份工作，是不必要的。他甚至同意，社會共同負擔的健康體系會比現行取法市場的體系更有效率，因為前者會減少數十家私有公司相互競爭時不必要的文書作業和重複付出的心力。然而他也說了，正是因為這個原因，才使得前者不可取。歐巴馬堅持，之所以要維護既有的、取法市場的體系，其中一項動機就是它的無效率。與其上窮碧落下黃泉、替送公文的仙女（paper pusher）找事做，還是維護那數百萬大抵無用的辦公室工作吧。[10]

於是，受訪時權傾一世的男人，公開反省他任內代表性的立法成績——而且堅定地表示，主要是為了保存狗屁工作，這部法案才立成這個模樣。[11]

儘管「創造工作」凌駕一切的政治文化可能產生這樣的結果，應不至於讓讀者震驚（雖然基於一些原因，人們其實是以震驚的態度看待這樣的政治文化），只是這樣的政治文化本身，並未能解釋狗屁工作起初被創造出來的經濟和社會動力。本章接下來的篇幅裡，我們要思考這些動力，然後回頭略談政府的角色。

談幾種對狗屁工作崛起的錯誤解釋

解釋明顯無謂的僱傭關係為何崛起時，市場擁護者提出的解釋往往千篇一律，有些甚至思慮不周。我必須先處理掉這些解釋，才能細述實際都發生了什麼事。由於通俗經濟論壇裡充斥了自由派、「無政府資本主義者」、蘭德（Ayn Rand）或海耶克（Friedrich Hayek）這一類作者的粉絲，此外，市場擁護者奉下述假設為圭臬：從定義推論，市場經濟不可能創造毫無目的的工作。[12] 所以，人們不但會聽聞這些論證，而且是時常聽到。因此我們最好也予以回應。[13]

這類論證大致可歸為兩大類，各自的支持者都樂於承認：公部門裡認為自己做的是無謂工作的那些人，至少有一些說對了。然而，第一群人主張，那些對私部門抱持類似懷疑的人錯了，因為時時處在競爭中的廠商絕不會付錢給員工，卻讓他們無事可做。他們的工作一定有其用處，只是他們不懂罷了。

第二群人承認私部門中存在著無用的送公文仙女，甚至承認其滋長。然而，這一群人認定私部門的狗屁工作絕對是政府干預的產物。

第一種論證可以在《經濟學人》（*Economist*）的一篇文章裡找到絕佳範例，該文就在二〇一三年原先那篇「狗屁工作」專文面世後約一天半發表，[14] 通篇都是急就章的痕跡。[15] 自由市場正統說法的堡壘，竟然覺得有必要幾乎是立即回應，顯示編輯知道如何甄別意識形態的威脅。他們將論證總結如下：

> 過去的一世紀間，世界經濟變得益發複雜。供應的貨物變得更複雜；用來打造貨物的供應鏈更複雜；行銷、販售和分銷貨物的體系更複雜；融資這一切的手段更複雜；以此類推。這樣的複雜性是我們致富的源頭，但管理起來卻不堪其擾。依我的淺見，一支由通才組成的團隊是綜理全局的方法之一——從設計階段一路到客户服務電話，整套系統都由工匠般的經理人規劃。但在那樣的世界裡，這種複雜性在經濟上絕對行不通（就好比在某個世界裡，生產汽車是由通才技師組成的團隊，一次生產一輛，那車子絕不可能便宜滿街跑）。
>
> 行不通。所以有效率的做事方式，是把生意拆成許多不同種類的任務，這樣專業化才能淋漓盡致。所以你會得到等同於反覆把甲鎖片固定在乙框架上的文書作業：調整文件的次序、管理供應鏈細瑣的環節，諸如此類。事情一旦分散，看起來或許就沒有意義，畢竟許多工作者做的事離流程的終點有十萬八千里。鐵礦從一扇門進去，車子就從另一扇亮相，這樣的日子已經過去，但觀念是一樣的。

換句話說，作者聲稱，我們講到「狗屁工作」時，[16]談論的其實是生產線工人在後工業時代的對應物。這種工人的命運艱苦，必須執行重複、窮極無聊的任務，否則經理人無從管理日益複雜的生產流程。隨著機器人取代工廠工人，僅存的工作也凋零到只剩這種工作了。（這個立場偶爾會跟暗貶自視過高的論調結合，這論調頗紆尊降貴：要說為什麼那麼多人覺得自己的工作無用，是因為今日受過教育的勞動力，全都主修過哲學或文藝復興文學，自命應該有更好的際遇。在行政機器裡當一顆微不足道的齒輪，在他們眼裡是委屈了自己。）

我不認為有必要花太多力氣處理第二種論證，畢竟讀者以前可能已經遇過上千次它的各種變體。全心全意信奉市場魔法的人總是堅稱：看似市場造成的一切問題、一切不正義、一切荒謬的現象，其實都是政府干預所致。市場即自由，而自由永遠是好的，所以前一句只能是真的。我把他們的立場說成這樣，稍嫌話中帶刺，但我遇過講得出這種話的自由派，講出來的話幾乎字字雷同。[17] 當然，但凡這類論證都有循環論證的問題，沒辦法否證。既然所有實際存在的市場體系，某種程度上都有國家的管制，那輕輕鬆鬆就可以堅稱你喜歡的結果（例如財富的總體水準高）都是市場運作的結果，而你不喜歡的特徵（例如貧窮的總體水準高）其實都是政府干預市場運作所致——還咬定舉證責任都落在要另作別論的人身上。既然只是申明信念，有沒有能支持這個立場的真實證據，根本無關緊要。[18]

話說回來，我還得趕快補一句：我不是說政府管制跟創造狗屁工作**毫無**瓜葛（跟打勾一類的狗屁工作尤其有瓜葛）。政府顯然牽涉其中。如前所述，諸如企業合規等產業，整個產業都是拜

圖五　行政服務的供給與需求變化，1985 年至 2005 年

職員	+240%
行政主管	+85%
招生	+56%
教員	+50%
授予學位的機構之數量	+50%
授予的學士學位數量	+47%

資料來源：從國家教育統計中心，《摘要》，2006 年計算而得

政府管制才會存在。然而此處的論證不是這類管制是狗屁工作崛起的原因之一，而是主張政府管制就是首要、甚至唯一的原因。

那麼，容我將上述歸結成兩大主張：第一，全球化致使生產流程太過複雜，我們持續需要更多的辦公室工作者來經管，所以這類工作並非狗屁工作；第二，縱然其中確實有不少狗屁工作，但它們之所以存在，只是因為政府管制增加，不僅催生人數愈發膨脹的無用官僚，更迫使企業派出一整批打勾人來抵禦。

這兩種論證都是錯的，而且我認為單單一個例子就足以駁斥兩者。讓我們細想美國私立大學的個案。這裡有兩份表格，擷取自金斯堡（Benjamin Ginsberg）的《師資的沉淪》（*The Fall of the Faculty*）。該書探討美國大學逐漸被行政人員接管，幾乎囊括我們需要知道的資料。第一張表格顯示，總體而言，美國大學的行政主管及其支援的比例成長。金斯堡考察的三十年間，學費一飛沖天，總體師生比大致維持穩定

圖六　公立與私立機構的行政職成長，1975 年至 2005 年

	1975	1995	2005	變化
公立學院的行政主管和經理人員額	60,733	82,396	101,011	+66%
私立學院的行政主管和經理人員額	40,530	65,049	95,313	+135%

資料來源：從國家教育統計中心，《摘要》，2006 年計算而得

（其實這段時期結束時，師生比跟以往比較還稍微縮水了）。在此同時，行政主管、尤其行政職員的數目則膨脹到前所未見的程度（參見圖五）。

難道這是因為「生產」的流程——在大學的情況，想當然是指教學、閱讀、寫作，還有研究——在一九八五年到二〇〇五年間複雜了兩倍或三倍，以致現在需要一支辦公室職員小部隊來管理？[19] 顯然不是這麼一回事。在此我可以就個人經驗講幾句。從我在大學裡的一九八〇年代到現在，事情當然有些微變化——現在的講師不寫板書了，他們被要求要提供 PowerPoint 畫面，此外也更密集地使用班級部落格、Moodle 頁面及類似的工具。但這些都是雞毛蒜皮的小事，完全比不上，例如，貨運業的集裝箱裝運、日式「及時」（just-in-time）生產體制，或是供應鏈的全球化。教師的工作大同小異，還是講課、帶討論班、在面會時間跟學生面談、打報告分數、改考卷。[20]

那麼政府的鐵腕在哪裡？金斯堡也駁斥了那項主張，同樣

又是一張明快的表格(參見圖六)。

實際上,私立機構中行政主管和經理人的數目,增長速度比公立機構**快了超過兩倍**。若說是政府管制造成私部門創造行政管理職務的速度比政府科層本身還快兩倍,實在非常離譜。其實,對這些數字唯一合理的詮釋,恰好要反過來談:公立大學最終對公眾負有責任,一直頂著削減成本、避免浪擲經費的政治壓力。這可能會導致一些莫名其妙的優待(美國大多數州支薪最高的公務員是州立大學的美式足球或籃球教練),但確實多少限制了新任命的校長因自命不凡,擅自決定他應該要有五或六個額外的行政職員在他手下工作才對——而且是先有這批人手之後,才開始想到底要讓他們做什麼。私立大學的行政主管只要對董事會負責,且董事們通常都極富有,就算不是企業世界的造物,至少都在企業世界的慣例和感知方式所塑造的環境裡怡然自得——結果,這種院長的行為在董事們眼裡多半完全正常,毫無可置喙之處。

大學行政主管的人數和權力之增長,在金斯堡本人看來就是奪權。對於大學本來的性質和存在的理由,世人的設想有了深刻的變動,他說,這才導致這場奪權。回到一九五〇或六〇年代,大學可謂是碩果僅存的歐洲制度,從中世紀以降尚稱完好如初。關鍵在於,大學仍按照古老的中世紀原則運營,亦即唯有投入某種形式的生產(生產的是石作、皮革手套或數學方程式在所不論),才有權利安排他們自己的事務,誠然也只有他們才夠資格這麼做。大學基本上是為學者開辦、由學者運營的手工藝行會,其最重要的生意是生產學位,第二優先則是訓練新一代的學者。

沒錯，十九世紀以來，大學跟政府一直維持某種紳士協議，大學也訓練公僕（後來則是企業官僚），交換政府在其他方面任其自是。可是，從八〇年代起，金斯堡主張，大學的行政主管發起了實質的政變，從教職員手中搶過大學的控制權，令這個機構本身轉向截然不同的目標。如今，主要大學發布「策略願景文件」稀鬆平常，但這份文件鮮少提到學術成果或教學，只是長篇大論地談「學生的經驗」、「研究優異」（獲得計畫資金），跟企業或政府合作，諸如此類。

對熟悉大學場景的人來說，上段所述是斑斑血淚。不過問題懸而未解：如果這是一場政變，行政主管是怎麼取得不在場證明的？你必須假定，即便是在一八八〇年代，照這個方式掌握權力後會沾沾自喜的大學行政主管也大有人在，個個還都會為自己僱用一批下屬，隨侍在側。中間的這個世紀裡到底發生了什麼事，把他們推上得以實行的位子？此外，不管發生的是什麼，其與學院外同一時期內發生的，經理人、行政主管和無意義的送公文仙女總占比提高，之間有什麼連結？

金融資本主義也是在這個時期崛起的，因此回到FIRE部門（金融、保險、不動產）或許是上策。亦即，從該部門尋找洞見，並弄清楚經濟中的哪一種總體動力觸發了這番改變。假使《經濟學人》認定在管理複雜的全球供應鏈的人，其實並沒在管理複雜的全球供應鏈，那麼他們究竟**在**做什麼？那些辦公室裡發生的事情，能否權充某種觀景窗，讓我們窺見別處發生的事？

為什麼可以把金融業當成創造狗屁工作的典範

- 搶制先機，平順匯合
- 市場制度，協調互動
- 締約虛擬，票據交換
- 邊際調整，調整有方[21]

粗淺觀之，FIRE部門裡創造狗屁工作的直接機制，當然跟在其他地方並無不同。我在第二章描述五種狗屁工作的基本類型及其由來時，列出了其中一些機制。幫閑的職位之所以被創造出來，是因為高踞組織裡權力位置的人，認為下屬是其聲望的徽章。打手之所以被僱用，是因為高人一等的心態作祟（如果我們的對手僱用頂尖法律事務所，那麼我們也必須比照）。補漏人的職位之所以被創造出來，是因為有時組織發現修復問題比應付後果還困難。打勾人的職位之所以存在，是因為大型組織裡的文書作業佐證下述事實：已經完成某些行動，經常被認為比行動本身更重要。任務大師之所以存在，多半是各種形式的非個人權威的副作用。如果把大型組織設想成多方重力的複雜作用，從許多對反的方向拉曳，可以說五種狗屁工作總是拉曳著組織。就算是這樣，我們還是必須問：為什麼沒有一股更強的應力，從相反的方向拉？為什麼狗屁工作沒有被更被當成一個問題看待？公司不都愛「矜」出一副精實又精悍的樣子嗎。

在我看來，在FIRE部門裡創造、玩弄並消蝕大筆金錢的那些公司，恰是著手探問這個問題的完美所在。部分原因是，許多在這個部門工作的人都確信，在此完成的每一件事情，十之八九基本上就是詐騙。[22]

艾略特：我在「四大」會計事務所之一做過一陣子。他們跟某家銀行有簽約，那家銀行提供賠償給捲入PPI醜聞的客户。會計事務所依案子計酬，再付給我們時薪。這樣安排的結果是，他們蓄意不當培訓職員，也沒有妥善規劃工作內容，於是工作接二連三頻頻出錯。他們不時改動、替換系統和作法，才不會有人習慣新作法，眞的把工作正確地完成。這意味著案子不得不重頭來過，合約展延。

怕讀者不知情：PPI（還款保障保險）醜聞二〇〇六年在英國爆發，大批銀行被揭露其將不想要且往往不利得離譜的帳戶保險政策倒賣給客戶。法庭判決銀行應返還大部分款項，催生了一個圍繞著解決PPI索賠的嶄新產業。按艾略特的說法，受僱處理這些索賠的公司，少說有一部分刻意慢條斯理，盡其所能從合約中撈錢。

艾略特：資深管理階層一定知情，但從來沒有明說。心防比較放鬆的時候，有些管理人員會說出類似這樣的話：「我們從一條會漏水的水管賺錢——你要把水管修好，還是讓它繼續漏？」（不見得字字相符，但就是這個意思。）銀行撥出來支付PPI賠償的是很大一筆錢。

在我收到的證言中，這其實是滿普遍的故事。我聽過負責石綿賠償給付的法律事務所也有類似的蹊蹺。每當組織撥出總額甚鉅、高達數億之譜的金錢，賠償一整類人的時候，就必須設立科層組織來把債權人找到、處理債權及撥款。這個科層組織往往需要數百甚至數千人，拿來付他們薪水的錢說到底來自同一只錢袋，他們連俐落分贓的誘因都沒有——何必殺雞取卵呢！照艾略特的說法，這種情形常常導致「瘋狂、超現實的鳥事」，像是蓄意把辦公室設在不同城市，強迫人在不同辦公室間通勤，或是印出並銷毀同一份文件五、六次。誰要是向外人揭露這樣的作法，就等著吃官司。[23] 這麼做的用意，顯然就是要在錢落入債權人口袋前盡量五鬼搬運。低階層的人花愈長的時間工作，公司就賺愈多。然而，由於上一章探討過的特殊動力，這番五鬼搬運極其無謂之處，似乎是加重壓力的程度和不當的行為。

艾略特：裡面的犬儒主義高張，我猜還逐漸發展成一種形式的米蟲心態。不巧工作也極端艱難，壓力超大。簡直像是商業模型有一部分是設置不可能達成的目標，而且還不斷抬高，於是流動率高，時時招入更多員工，不當培訓；終於（在我想像中），事務所得以理所當然地要求客戶展延合約。

這種作法當然不道德。目前我擔任清潔工，這是我做過最不狗屁、最不異化的工作。

大衛：嗯，這聽起來像是全新的類別：蓄意用錯誤方式去做的工作！你認爲這有多普遍？

艾略特：就我從任職不同公司的人聽來的說法，PPI產業大致就建立在這條原則上，前提是顯然只有大型會計事務所才有能耐吃下那種合約。

大衛：好，我明白其中的道理了。大抵是在處理分贓的系統當中，在中間創造愈多層寄生蟲愈好。這有道理。不過他們最終是從誰那邊揩油？他們的客戶？還是誰？

艾略特：我不確定最終是誰爲這一切埋單。是銀行嗎？還是起初爲銀行承保詐騙行爲的損失的保險公司？當然，最終會是消費者和納稅義務人埋單，這些公司都只需要知道如何揩油。

狄更斯早在一八五二年的《荒涼山莊》（*Bleak House*）就曾以詹迪斯訴詹迪斯（Jarndyce and Jarndyce）的案子消遣過法律這門專業。本案中，兩組出庭律師針對一處規模龐大的宅邸纏訟不止，直到雙方把整個標的蠶食鯨吞，利害關係人耗盡生命，本案逕歸無效。律師繼續過日子。故事的教訓是，當營利事業參與分配一筆鉅額款項時，最能讓它賺錢的事情就是盡可能地無效率。

當然，整個FIRE部門說穿了就是在做這種事：它創造金錢（藉由放貸），接著以極其複雜的方式把錢從一處移到另一處，每次交易都能再搾取一筆小錢。這麼做的結果往往讓銀行員工感覺，這整個事業就跟會計公司為了從金牛身上揩油而蓄意以錯誤方式培訓員工，這等無謂的程度不相上下。想不出要怎麼為自己所屬的異種銀行認真辯護的銀行員工，數量多得讓人意外。

布魯斯：我在一家保管銀行（custodian bank）當基金會計師。我從來沒眞的弄懂保管銀行的功能。我了解跟保管銀行有關聯的各種概念，但總把它們想成是會計上的疊床架屋罷了。保管銀行保障概念，諸如股票和債券。到底是怎麼做到的？俄羅斯駭客有辦法偷走這些概念嗎？就我所見，整個保管銀行產業都是狗屁。

走筆至此，我們考慮了許多事業的狀況。待在銀行，工作中籠統的恐懼、壓力和偏執程度，恐怕遠大於在我們考慮過的大多數事業任職。員工承受著巨大壓力，不被允許問太多問題。規模最大的幾家銀行會遊說政府引入對它們有利的管制措施，繼而期望每個人都照遊戲規則走，一邊假裝管制單純是政府強加於銀行業的。這類檯面下的運作方式，是一個反骨銀行員詳細描述給我聽的，他還告訴我，他認為在銀行工作承受的壓力，差不多就跟同志在一九五〇年代出櫃的際遇一樣糟：「有許多人讀過〈論狗X工作現象〉，也明白我們這一行的實況，然而丟工作的恐懼吞噬了他們（也包括我），所以我們不公然提及也不討論這類議題。我們欺騙自己、我們的同事，還有我們的家人。」

到處都有人懷著這樣的心情。與我通訊的銀行工作者，幾乎全都堅持保密到家，抹除任何一點認出他們業主的可能。同時，許多人也強調，終於能對人說出多年來從他們胸口滲出來的心事，簡直痛快。魯培特是來自奧地利的經濟難民，如今在倫敦市工作。他的證言可以當例子。以下是他談他目前工作的金融機構裡頭的廢冗化：

魯培特：好的，銀行業嘛，顯然整個部門都沒有附加價值，根本是狗屁。這點姑且先擺一邊，我們來看看銀行業裡面不折不扣沒在做實事的人。其實這種人沒那麼多，畢竟銀行業是個詭異的混合。總體來說，我們沒在做實事，但在那些虛功當中，銀行業有效率、論功行賞，而且大致算精實。

這當中廢得最明顯的，就是啦啦隊長人力資源部門。有一天，銀行業了解到每個人都討厭銀行，他們的職員也心知肚明，於是他們著手做點事情，想改善員工對這一切的感受。我們有個內部網路，上面要人資把內部網路經營成某種內部「社群」，像 Facebook

那樣。人資架起了網站，可是沒有人用。於是他們開始慫恿和霸凌每個人使用，更加深我們的厭惡。接著他們讓人資張貼一大堆「好感人喔」的大便，或讓人寫「內部部落格」，試圖誘使大家使用。還是沒人在乎，網站乏人問津。

這檔事他們已經做了三年，內部網路的Facebook頁面只有滿滿的人資同仁說些關於公司的廉價好話，然後其他人資同仁回覆「好文！同意到不行。「我想不通他們怎麼有辦法忍受。銀行業的徹底缺乏凝聚力，由此可見一斑。

另一件事是他們有莫大的驅力每週做慈善。我雖然爲慈善付出，但我不會經由我的銀行，畢竟對他們來說，慈善只是一個大型廣告驅力，銀行試圖由內撐起士氣，掩飾銀行業藉放貸占有勞動的事實。我拒絕參與。他們設立一個「目標」，比方說九成參與率——全出於「自願」——接著有兩個月的時間，他們試圖要人登記。如果你不登記，他們會記下你的名字，然後會有人來問你爲什麼不登記。結束前兩週，我們接到自動派發的信件，看起來像CEO寄來「鼓勵」你登記的。最後一次，我眞的擔心再堅持不簽會丟飯碗。對我來說，我來自異國，拿工作簽證，無權居留，丟工作的話就糟了。不過我還是挺住了。

花在追逐這「自願」慈善工作的工時，數字高得嚇人。「被說自願」（voluntold）是我聽來的專門術語。

慈善工作本身徹底空虛。都是類似撿兩小時垃圾之類的事。或是把難吃的三明治給遊民，有其他人安排所有袋裝三明治等，而銀行員工只是到場，把三明治送出去，然後開著光鮮的車子回家。很多慈善工作的動力是「某年年度最佳僱主」獎項，獎項中納入像「慈善工作」的判準。銀行要達成該項判準才能入圍，入圍的話有助招聘。天知道他們每年花多少鐘頭努力達標。

好的，下一個：管時間表的傢伙……

魯培特繼續列出幾個輕易可被自動化取代的職位，其存在儼然只是為了提供就業機會。沉甕底的，是無用得令人無話可說的職位：

魯培特：最後，中階經理。有一天，我需要中階經理層級的某人核准某事。我在一個系統上點擊，以電子郵件寄出審核請求。上面列出二十五個中階經理（只有一個需要核可）。我只聽過其中一個。這些人整天都在做什麼？不會擔心人家發現嗎？一發現就只好去麥當勞打工了。

根據一些有跟我聯繫的中階經理，「這些人整天都在做什麼」的答案，在許多案例裡，差不

多都是：「沒幹嘛啊。」因此，根據魯培特的判斷，在下層階級裡，能力與效率確實是適職與否的標準；但層級越高，這樣的標準看似愈發無用。

魯培特的說詞從許多觀點來說都引人入勝。就拿人工競賽怎麼成了廢冗化的機制這個主題來說吧，它也頻頻常出現在其他脈絡。舉個例子，英國地方政府的愚行，很多都是由類似的欲求所驅動；地方政府希望被封為某區或全國「最佳市府」。這類競賽無不掀起打勾儀式的熱潮，而本例則是在東施效顰的荒唐慈善活動中達到高峰：要求在職員工出席，這樣才能告訴潛在的未來員工，他們的公司獲選最佳僱主之一。其他來自主要金融機構內部的說法，也提到魯培特證言裡的其他元素。某些部門發狂似地做事，壓力大，效率卻幾近魔法，另一些部門則嚴重膨風；兩種情形混合，令人混淆。混淆之餘，沒有人敢說銀行到底在做什麼，連是不是正當事業都不清楚，一切就被蒙在這樣的脈絡裡，而且絕對禁止討論這類問題——這也是魯培特和其他人的證言提到的事實。

許多在金融機構勞心勞力的人，不大清楚他們的工作對銀行整體有什麼貢獻，甚至一無所知。他們的情形十分類似，而且程度遠甚於在多數大企業上班的人，以致成為另一個常見的主題。舉例來說，艾琳曾為數家大型投資銀行做「引導」（onboarding），意思是監督銀行客戶（在艾琳的個案中，是諸多避險基金和私募股票基金）是否合乎政府規範。理論上，銀行從事的每一筆交易都該經過評估。然而真正的工作已經外包給百慕達、模里西斯和／或開曼群島（「連行賄都便宜」）的可疑小組，在他們眼皮底下從來沒有發現一件不規矩的事，你就知道這套流程有多腐敗了。話說回來，百分之百的核可率說不過去，因此不得不大費周章構築一套潛規則，好讓外人看起來他們有時確實會找出問題來。於是，艾琳報告外部審核人放行了這筆交易，品管委員會複查艾琳的文書作業，行禮如儀地抓出打字錯誤和其他小錯。然後各部門「不予放行」的總數會轉交指標小組製表，這個過程讓每個參與其事的人每週耗費數小時開會，爭執哪一個「不予放行」屬實。

艾琳：指標狗屁人上頭有一群位階更高的狗屁人，也就是資料科學家。他們的工作是彙整不予放行的指標，匯入複雜的軟體跑，用那些資料製作精美的圖表。上司會接著拿這些精美圖表給他們的上司過目，這一步有助於舒緩尷尬。尷尬在於下述事實：他們自己都不知道自己在說什麼，也不知道組內任何一個人實際做了什麼。在〔大銀行甲〕，兩年間我有五個上司。在〔大銀行乙〕，我有三個上司。這些上司絕大部分是安插的，高層欽點，然後這些車載斗量的屎就從「天上掉下來」。可悲的是，在許多狀況下，公司使用這種方式塡滿管理階層裡的少數保障名額。

詐騙、假裝（不允許任何人談論開曼群島上的可疑公司），還有以不讓別人理解為目的而設計的體系，又一次以相似的方式結合在一起。搞不清楚底下都發生了什麼事的經理，接著承擔體系的壓力，壓力大半源於體系根本沒有道理、一切只是沒有意義的儀式。食物鏈的頂層——碾壓資料的人、只是路過的主管，甚或拔擢他們的更高層——當中，有沒有人真的知道這一切有多無謂？對此，我們毫無頭緒。

尋常的、人為引致的壓力和緊張，衝著截止日期大吼大叫。尋常的施虐與受虐的人際關係。還有尋常的、瀰漫著恐懼的沉默（以上是按由上到下的軸線安排無謂專案時屢見不鮮的狀況）。還沒完呢，最後還有加諸員工的綿密壓力，要他們參與不同套儀式，設計這些儀式的用意則是要證明機構誠摯的關懷。在艾琳的個案中，這些儀式不是安排好的慈善活動，而是 New Age 風味的研討班，時常把她逼到瀕臨掉淚：

> **艾琳：**指標之上有殘忍又假惺惺的「彈性」和「專注」研討班。沒錯，你的工時不能因此縮短。沒錯，你不會因此領到比較多錢。沒錯，你不能選擇婉拒哪個狗屁的專案。不過你可以耐著性子撐過這個研討班，聽你家銀行告訴你它有多重視彈性。
>
> 講專注的研討班更糟。人類經驗深不可測的美和令人痲木的哀傷，到了這研討班上，都成了呼吸、吃飯、拉屎時原汁原味的生理過程。專注呼吸。專注吃飯。專注拉屎。這樣一來，你做生意就會成功。

這一切想必是要提醒員工：有些抽象方式比其他的抽象方式「真實」，有些辦公室事務似乎有其法律和道德、甚或經濟的目的，而其他事務沒有；這些儘管是事實，但若能把生活化約成純粹的生理過程，那這些事實真的沒那麼重要。他們顯然是先禁止你承認自己所投身的是空洞的儀式，再強迫你參加研討班，延聘大師來告訴你：「到頭來，每件事不都只是空洞的儀式嗎？」

至此，我們從艾略特、魯培特和艾琳的故事見識到的，都還是從片面、座落於組織一隅的觀點，觀察非常大且複雜的組織。這三人都沒有鳥瞰的、全見的視野，但也不見得真的有人具備那樣的視野。艾琳故事裡的高層，蓄意從出身政治少數的人當中指派客戶引導部門的主管，而公司這一角所發生的多半是狗屁的事情。對此，你只能假定高層知情，或是不全然清楚怎麼會演變至此、原因是什麼。此外，我們也不可能建立某種祕密問卷，以確認在銀行工作的人有多大比例暗地裡相信他們的工作是狗屁工作，這些工作又容易集中在哪些部門。有這麼一個賽門，他曾被一連串大型跨國銀行僱用，工作內容是風險管理。他說風險管理的意思是分析並「找出他們內部流程的問題」。賽門的想法是我有辦法發掘到的線索中最接近概括洞見的了：

賽門：我花了兩年，分析某家銀行關鍵的付款和營運流程，只有一個目標，就是找出職員可能會怎麼運用電腦系統詐和盜竊，據此建議解決辦法以茲預防。我無意間發現，銀行裡大多數人做事都不知道緣由。他們的說法是，他們就是該登入這個系統，選擇一個選單上的選項，鍵入某些東西。他們不知道緣由。

也就是說，賽門的工作大抵是擔任全視之眼，這只眼睛判定一家銀行各部分的諸多可動零件要怎麼組合在一起；假使他找到任何衝突、易受攻擊或冗贅之處，就加以整頓。換句話說，沒有人比他更有資格回答上述問題了。那他的結論？

賽門：據我保守估計，那家銀行的六萬名職員，有百分之八十是不需要的。程式要嘛可以完全執行他們的工作，或者因爲程式設計的本意就是催生或複製一些狗屁流程，所以壓根不需要他們。

那家銀行的六萬名員工中，有四萬八千名沒有做任何有用的事情——或說他們做的事都能輕易由一台機器做到。銀行員工被剝奪了估量或齊心分析處境的憑藉，只能把疑慮放在心裡，投告無門。儘管如此，賽門還是相信他們做的事是事實上的狗屁工作。可是，為什麼銀行高層的人物沒有想通這一點，並設法處理？嗯，要回答這個問題，看看賽門確實提議改善的時候，都發生了什麼事就好：

賽門：有一次，我寫了一支程式，解決了一個嚴重的安全問題。我呈報給一個主管，他把所有顧問都找來開會，一行共二十五個人坐在會議室裡。開會當時和之後，我都面臨嚴峻的敵意，這才慢慢明白，我的程式把他們目前領錢手動進行的工作全都自動化了。畢竟是乏味的作業，單調又無聊，他們當然不會樂在其中。我的程式僅要價他們付給那二十五個人的金額的百分之五，他們仍舊冥頑不靈。

我發現許多類似的問題，也都想出了解決方案。不過我任職期間，沒有一項建議獲諸實行。原因在於修復這些問題都會導致一些人丟工作，每一項建議都是同樣的情形。而那些工作除了賦予他們上報的主管某種權力感之外，根本沒有意義。

所以，即便這些工作初設時不是幫閑工作（料想大部分都不是），最後都當成幫閑工作延續下來。在任何大型事業體中，自動化的威脅勢必持續受到關切——我曾聽說一些公司的程式設計師上班時，身穿「走開，不然就用一小段 Shell 腳本取代你」的T恤——只是在這個案例（和許多類似案例）中，關切升高到極高層：到達那些（只是舉例：假設他們都以某種方式參與私募股票）為自己併購其他公司、並以縮編和效率之名給該公司套上龐大債務而沾沾自喜的主管。同一群主管也為他們手下膨脹的職員而沾沾自喜。說實在的，如果賽門沒說錯，這群主管之所以沾沾自喜，是因為大型銀行原本就是如此：由一支支封建扈從組成，每一支都對主管負有義務，宛如效忠封建領主。24

論當前的管理封建制哪些方面像、哪些方面不像古典封建制

> 上層的五分位組，規模和收入都愈來愈龐大，因爲下層五分位組裡眞正有所產出的工人所創造的價值，全被上層搾取了。當上層階級劫掠其他所有人時，他們就同時需要更大批護衛的勞工，確保他們偷來的戰利品安全無虞。
>
> ——卡森（Kevin Carson）

回顧第二章封建領主的例子，其實這一切完全說得通。在第二章裡，我把封建領主和隨扈當成一個隱喻使用。不過至少在銀行的狀況，實在分不清有多大程度是隱喻，又有多少是直白的真相。如前文所述，封建制度的本質是一套再分配體系。農奴和工匠製造東西，很大程度是自己管好自己。領主憑著某些法律權益和傳統的複雜集合（我在大學學到的專門詞彙是「直接管轄—政治搾取」），25徵收他們產出的一分，接著處理的是把掠奪來的東西分配各麾下的職工、幫閑、戰士、隨扈——雖然份額較小，但也透過贊助宴飲和節慶，透過時不時的禮物和施恩，把其中一些重新還給工匠和農奴。在這樣的安排下，貨品是藉由政治手段搾取、依政治目的分配，根本談

不上把「政治」和「經濟」區分成不同的領域。事實上，一直到工業資本主義初露鋒芒時，才有人把「經濟」當成一個原先就自有其規律的人類活動領域來討論。

按「資本主義」這個術語的古典意涵，在資本主義下，利潤來自於管理生產：資本家僱人製造、建造、修復或維護事物，而他們從客戶或客人那裡入帳的數值大過前期開銷的總額——包括付給工人和承包商的錢——後，利潤才進到他們的口袋。這樣的古典資本主義條件下，僱用不必要的工人確實說不通。利潤極大化的意思，是付盡可能低的金額給為數盡可能少的工人；那麼在競爭險惡的市場中，哪個資本家僱用不必要的工人，恐怕就很難活下來。可想而知，這就是為什麼照搬教條的自由派，或與之對應的正統馬克思主義者，老是堅稱我們的經濟中不大可能充斥狗屁工作、關於狗屁工作的一切肯定是某種幻象。然而，按照一種經濟跟政治考量有所重疊的、封建制度的邏輯，同樣的行為就完全說得通了。好比配發ＰＰＩ的公司，它們念茲在茲的是抓準機會圈起一筆錢，看是從敵人那裡偷，還是從人民那裡，藉著手續費、服務費、租金、稅金等名目搾取，再重新分配。過程中，你會催生出一批繞著你打轉的跟班，他們既是你有多顯赫、多傑出的度量衡，人人看得到，同時也是分配政治恩惠的手段：舉例來說，積怨未發的人，加以買通；忠心的盟友（打手），論功行賞；或者，建立一套榮譽和頭銜的繁複階序，讓地位較低的貴族鷸蚌相爭。

如果上述的一切神似大型企業內部的運作，那我要說這不是偶然：這類企業做的事情跟製造、建造、修復或維護事物的關聯愈來愈少，跟占有、分配還有調度金錢和資源的關聯愈來愈多。這意謂政治和經濟又像過去一樣，愈來愈難區分彼此。自從「大到不能倒」的銀行問世，我們見識到政府本該拿來管制銀行的法條，通常是出自遊說專家的手筆。下述事實更嚴重：金融利潤本身大半是從直接管轄—政治手段聚斂而來。舉例來說，美國最大的銀行摩根大通（JPMorgan Chase & Co.）於二〇〇六年表示，該公司約三分之二的利潤來自「手續費和規費」，而且一般而言的「金融」其實指的是交易其他人的債務——當然是法庭可強制執行的債務。[26]

不論在美國、丹麥或日本，要想知道典型家庭每個月的收入有多少比例被FIRE部門搾取，取得準確的數據幾乎不可能。不過我們有充分的理由相信，這一塊不但十分肥美，而且相較於在同樣的國家裡企業部門直接得自製造或販售貨品與服務的另一塊，前者占總利潤的分額明顯比較大。就連我們視為舊工業秩序核心的那些公司（例如美國的通用汽車〔General Motors〕和奇異公司〔General Electric〕），它們的利潤如今全部、或幾乎全部都是來自於他們自己的金融部門。就拿通用汽車來說，這家公司不是靠賣車賺錢，而是從汽車貸款收取利潤。

然而，中世紀封建制度跟當前金融化的版本有一項關鍵差異。本章前面已經提過，中世紀的封建制度建立在生產領域歸自我治理的原則上。不管是蕾絲工匠、輪匠、商販還是法學者，社會的期望就是他們集體管他們自己的事情。此外還包括誰能入行，入行後如何訓練。外人的督導只能聊勝於無。行會和類似的組織通常內部階序繁複（但今天階序繁瑣的組織，過去不見得如此：

舉例來說，在許多中世紀的大學裡，教授是學生選出來的），可是退一萬步言，中世紀的鑄劍匠或製皂師做事時可以很有把握，絕對輪不到本身不是鑄劍匠或製皂師的人來對他的做事方式指手畫腳。工業資本主義顯然改變了這一切，二十世紀的管理主義把這個進程推得更遠。在金融資本主義下，不但毫無逆轉的跡象，處境著實還惡化了。「效率」的意思變成把愈來愈多權力交在經理人、監督者和其他理所當然的「效率專家」，結果實際生產的人能自主的程度趨近於零。[27]同時，經理人的位階和倫常顯然會無止盡地再生產經理人。

§

過去四十多年裡，資本主義可能都發生了些什麼事，我知道一則寓言或許堪稱最佳範例。那是法國馬賽市郊的大象茶葉工廠（Elephant Tea factory），目前由員工占領。幾年前我造訪那間工廠，其中一位占領者帶我和幾個朋友認識環境，告訴我們發生在這裡的故事。工廠原本是一間本地企業，在併購的時代裡，公司被聯合利華（Unilever）買下。聯合利華持有世界最大的茶葉製造商立頓（Lipton）。起初，公司沒有太干涉工廠的運作。話說回來，廠裡的工人都慣於修繕機具，到了一九九〇年代，他們陸續進行改良，生產速率提昇超過百分之五十，利潤也跟著竄升。

補充一點：在一九五〇、六〇和七〇年代，工業化世界大半都有一個默契，那就是某一家企業的生產力改善，增長的利潤中有一份會重新以加薪和福利的形式分配給工人。但自一九八〇年代以來，事情就不一樣了。於是：

「那筆錢他們有沒有多少分一點給我們？」我們的嚮導問。「沒有。他們有沒有用那筆錢僱用更多工人，或者新機具、拓展營運規模？沒有。他們也沒有那樣做。那他們做了什麼？他們開始僱用愈來愈多白領工作者。我剛開始在這裡工作的時候，白領只有兩個，老闆和人資部的那個人。好幾年來都一樣。這會兒突然有三個、四個、五個、七個穿西裝的傢伙晃來晃去，各自掛著公司發明的頭銜，晃半天，說穿了全都只是在努力想出一點事來做。他們每天走上貓道又走下來，盯著我們，在我們工作時沙沙沙地做筆記。然後他們開會討論，寫報告。儘管做了這些，他們還是沒辦法想出一個好理由，能說明他們爲什麼存在。最後，他們當中有個人靈機一動：「我們何不把整個廠關掉，解僱工人，把業務搬到波蘭做？」

一般而言，多僱經理人的目的，顯然是為了提升效率。不過在這個案例中，可資改善的空間微乎其微，畢竟有可能衝高效率的作法，工人都已經做了。儘管如此，公司仍舊僱用了經理人。由此可見，此處我們處理的問題其實跟效率毫無瓜葛，完全是社會對於企業道德責任的理解經歷

圖七

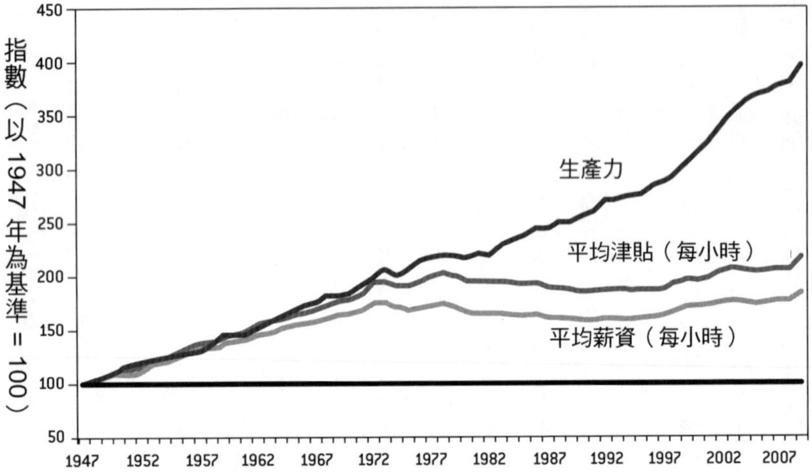

來源：經濟分析局和勞動統計局資料的EPI分析

了改變。從約莫一九四五年到一九七五年，工人、僱主和政府之間存在著有時被稱為「凱因斯協議」的默契。工人生產力增長一分，工人的津貼就該實實在在地增長一分。稍微看一下圖七，就可確認事情確實是這樣發生的。在一九七〇年代，生產力和津貼開始分道揚鑣，津貼大半持平，生產力則一飛沖天。

這些是美國的數據，不過幾乎所有工業化的國家都能觀察到類似的趨勢。

增長的生產力帶來的利潤都去哪裡了？嗯，我們常被提醒，很大一部分最後都為最富有的百分之一的財產錦上添花了，亦即投資方、主管，專業—經理階級的高層。不過，如果把大象茶葉工廠當成整體企業世界的縮影，那顯然錦上添花還不是事情的全貌。增長的生產力帶來的利益中，還有分額可觀的一塊用於創造全新、而且大致不知所為何來的專業—經理職位，通常還伴隨一小隊同樣不知所謂的行政職員，一如我們在大學的案例裡看到的。先配發了職員，**然後**某人才來想職員到底要做什麼——如果能想出事情給他們做的話。我們頻頻見到這樣的狀況。

換句話說，封建制度的類比恐怕不只是類比。管理主義已經變成一種託辭，其實是為了創造一種新的、檯面下的封建形式，根據政治而非經濟的理由，分派財富和職位。或者不如說，在這種封建形式下，什麼可以算是「經濟的」、什麼算「政治的」，其間的差異每天都變得更難區分。

中世紀封建制度的另一項經典特徵，就是階序的建立。階序由次第井然的貴族或官員構成：譬如一個歐洲的國王將土地封給男爵，男爵繼而以相同的基礎，將那片地的大部分授予地方上的家臣，以此類推。經由「次級分封」的過程，權力繼續下放，直到地方上的莊園領主。英國有些地方還存有公爵、伯爵、子爵等的繁複位階，原先就是經由這樣的過程出現的。至於印度和中國，事情通常比較迂迴。常見的作法是將一塊領地或省分得來的收入逕行配發給可能真的生活在鄰近城市的官員。不過以本書的論旨來說，結果倒是沒有太大的差別。[28]

我要提出以下的通則：奠基於占有和分配財貨（而非製造、輸送或維護財貨）的政治—經濟體系，其人口一大部分會致力在體系內上下疏通資源，這樣的體系會傾向將自身組織成繁複、次第井然的階序，擁有多個層級（至少三層，時有十層、十二層，甚至更多）。我要再加一句：由此可推知，在那些階序中，家丁和下屬的界線時常會變得模糊，這是因為服從上級通常是工作描述的關鍵部分。大部分關鍵角色都同時是領主和家臣。

創意產業不斷增設中間的執行位階，如何彰顯了管理封建制

每個院長都需要副院長和下級院長，他們每一位都需要一組管理團隊、祕書、行政職員；每一位都是來讓我們更難教書、更難做研究，更難執行我們工作的最基本功能。

——匿名的英國學者[29]

管理封建制的崛起，產生了一種對階序的痴迷，類似引文那般，痴迷於階序本身。管理其他經理的經理，或是艾琳描述的繁瑣機制，即銀行設立一個辦公室階序，針對終歸是任意且沒有意義的資料集來錙銖計較，沒完沒了。這些現象我們都領教過了。這種經理人之間的次級分封，經常是「市場力」一經釋放的直接結果。請回想第一章開頭提過的阿寇，他為德國軍方的承包商的承包商的承包商工作。他的職位是市場化改革的直接產物，而市場化改革本來應該是設計來讓政府更有效率的。

同樣的現象，我們可以在十幾個不同場域觀察到。舉例來說，幾乎所有的「創意產業」都充

斥了職級倍增的經理人，他們的基本職務是賣東西給彼此。圖書業：學術出版社的編輯被要求把大半時間拿來行銷東西給其他編輯，以致在許多情況下，照理講是他們編輯的書，有半數他們壓根沒讀過。視覺藝術：近幾十年有一個全新的階層崛起——屬於管理性質的中間人，稱為策展人。策展人的工作是集合藝術家的作品，人們如今認為這項工作的價值和重要性跟藝術本身相當。新聞業：編輯跟記者間的關係，因為新增的「製作人」層級而更形複雜。[30] 電影和電視產業的情況又特別糟，至少我從產業內得來的證言是這樣反映。在過去，製片、導演、劇本作家之間相對簡單的關係，讓好萊塢的製片體系順利運作。近幾十年，經理人之間的次級分封過程顯然沒完沒了，導致製片、副製片、執行製片、顧問等一字排開，洋洋灑灑，令人不敢領教。他們全都在找、一直在找真的可以做的事做，什麼事都好。[31]

我從電視「開發」業界的工作者那裡收到數則證言。電視開發是指業內發想節目製作構想的小公司，小公司再把構想推銷給較大型公司。這個過程導入市場諸要素後，很多事情都改變了。下面這個例子頗能說明改變的程度有多深：

> **歐文**：我做〔電視〕開發。過去二十年間，電視產業的這部分擴張得愈來愈快。以前電視是由一個頻道總監委制，總監會要求他偏好的製作人放手製作想要的節目。那時沒有「開發」，就是製作節目。

現在每家電視（電影也不例外）公司都有自己的開發團隊，員額三到十人，而製作委員也愈來愈多，後者的工作是聽前者提案。製作委員都不是做電視節目的。

四年來，我一個節目都沒賣出去。不是因爲我們特別差勁，而是因爲用人唯親和潛規則。這是差不多一事無成的四年。我不如無所事事過四年，反正沒有任何差別。不然我本來也可以去做電影。

平均水準的開發團隊，我會說是每三到四個月拿一個節目出去投售。屢敗屢戰，眞是狗屁。

這樣的抱怨類似於人們在學院裡常聽到的抱怨：令人怨懟的不只是過程愚昧，而是就跟一切打勾儀式一樣，花了那麼多時間投售、評估、監控和爭執自己做了什麼，結算下來遠比真正在做事情的時間還要長。這項事實更讓人怨懟。在電影、電視，甚至是廣播界，處境愈來愈讓人灰心，由於產業內部市場化的緣故，做這一行的人要把大把光陰花在不存在也永遠不會存在的節目上。舉例來說，阿波羅尼亞曾短期效力於開發團隊。該團隊提的案子是實境電視節目，名稱諸如《喀掉》（觀眾票選出太淫亂的男人，接受輸精管切除手術，現場直播）、《跨性主婦》，還有《胖到幹不動》（這是真實的節目名稱）。這些提案全都發了通告也宣傳了，儘管從來沒進製作階段。

阿波羅尼亞：事情是這樣的，我們會一起腦力激盪，再把點子賣給聯播網。其中包含發包藝人、剪輯一段「僞預告片」（sizzle video，以還不存在的東西爲主題的三十秒預告片），再拿這支短片四處兜售，看能不能賣給哪一家聯播網。我在職期間，一個節目都沒賣出去，八成是因爲我上司是個白痴。

阿波羅尼亞一肩擔起所有工作，於是襄理和資深襄理（這兩位是她所屬團隊僅有的成員）得以搭直昇機，在市內到處跟其他襄理和資深襄理共進午餐，舉手投足宛如位高權重的媒體主管。她在職期間，像這樣共進午餐的努力，換來的成果是不折不扣的零。

為什麼會發生這種事？如果某個點子**是**被接受了，又會發生什麼事？一個線上的好萊塢編劇很好心，傳來一份局內人對事情哪裡走歪和目前行事方式的分析：

奧斯卡：一九二〇到五〇年代是好萊塢的黃金時代，那時片場是垂直作業。片場所屬的公司由一人領軍，他做所有決策，拿他自己的錢進場。片場還不是企業集團所有，沒有董事會。這些片場的「老大」不是讀書人，也不是藝術家，他們具備商業直覺，甘冒風險，而且對電影成功的元素自有一套想法。他們不會僱用整團行政經理，反之，他們爲劇本部門僱用整團寫手，每件事情都在公司內部完成：演員、導演、舞台設計、實際搭景等等。

他繼續說明：這套體系從六〇年代開始被攻訐，人們說它粗俗、專斷，扼殺了藝術家的才華。其後，攻訐導致的騷動確實讓一些創見大放異彩，可是最終的結果是比之前的一切都更加教人窒息的企業化。

奧斯卡：六〇和七〇年代的電影業一片混沌，當時機會頗多（新好萊塢：比提、史柯西斯、柯波拉、史東）。接著，一九八〇年代間，獨占企業接掌片場。可口可樂買下哥倫比亞影業（爲期不長）是一件大事，我認爲這也預示了後續的發展。從那時起，電影不再由喜愛電影的人來製作，製作電影的人甚至連電影都不看（顯然，這跟新自由主義到來以及社會上較大規模的推移密不可分）。

終於茁生的這套體系，每個層級都充斥狗屁的事情。現在，「開發」的過程（編劇喜歡稱之為「開發地獄」）包管每一部腳本都必須通過不只一個、經常是半打行政人員，一個個儼然複製人，頭銜諸如（奧斯卡列了一些）「國際內容與才藝管理長、執行管理總監、開發執行襄理，還有，這個是我的心頭好：電視部執行創意襄理。」大部分都頂著行銷和財務MBA學位，但幾乎不懂電影或電視的歷史或行話。他們的專業生活跟阿波羅尼亞的上司相仿，似乎就是寫電子郵件，跟其他專員共進貌似位高權重的人在吃的午餐，這些人的頭銜也一樣花俏。這門生意本來還算開門見山，就是推銷一部腳本的構想，結果整個行業墜入了自我行銷的迷宮遊戲，一個專案可以折騰好幾年才終於獲得青睞。

我必須強調，上述情形不只發生在獨立編劇四處碰運氣，嘗試出售腳本構想給片場的情況。就連已經任職於工作室或製片公司的公司內部編劇，都有可能遇到。公司責成奧斯卡跟一個「孵化員」共事，後者的角色約莫跟文學經紀人相當，協助他擬定腳本提案，接著孵化員會將腳本提案發給他自己的高層專員網絡，網絡涵蓋公司內外。他給的例子是另一部電視節目，不過他強調，電影經歷的流程也如出一轍：

奧斯卡：於是我跟這個「孵化員」一起「開發」一系列專案……撰寫一本「聖經」：一份六十頁的文件，細細說明專案的概念、角色、事件、劇本、主題等等。完成後，接著是投售嘉年華。孵化員和我會向一大堆電視台、證券投資基金和製片公司提呈專案。這些人照理講是在食物鏈頂端，跟他們溝通可能會陷入長達數月的眞空——不回電子郵件之類的。他們的工作是閱讀和探詢專案——可他們簡直比在亞馬遜叢林裡的小屋工作還難找到人。

投售是一場運籌帷幄的芭蕾。每次往返至少要儀式性地拖一週，然而一個月或兩個月後，搞不好某個專員攢足了興趣，同意面對面會談：

奧斯卡：會面中，他們要求你向他們從頭到尾再報一遍專案（儘管他們應該已經讀過了）。報完，他們通常會詢問預先寫好、一體適用、充斥時髦字眼的問題……他們對投售總是若即若離，而且每次他們都會告訴你其他所有專員的事情，這些專員都必須核可這個專案，專案才能繼續推進。

你離去後，他們就把你忘了……而你必須跟進，迴圈重新來過。慘的是，專員根本不會告訴你「可以」或「不行」。如果他說「可以」，後來專案無疾而終，或者交付製作然後爆炸，那就會是他的責任。如果他說「不行」，後來專案在別家公司做成功，他也會因爲看走眼而被責備。說到底，專員能不扛責任就不扛。

照這樣說，投售遊戲就是讓球滯空，能停多久就停多久。只是要為一個構想拿到期約，內含一筆只是宣告意向意味的款項，通常需要該公司其他三個部門的核可。期約的文件一簽好，新的拖延流程就開始了。

奧斯卡：他們會跟我說他們期約的文件太冗長，不方便四處傳遞，他們需要一份短些的提案文件，說不定他們突然也想對某些概念做些改動。於是我們開會，交換意見，腦力激盪。

過程有一大部分只是讓他們替自己的工作找理由。房間裡的每個人都有不同意見，這樣才有待在現場的理由。現場簡直就是想法的大雜燴，偏偏他們講話又窮極空泛，淨挑最概念性的術語講。他們以身爲行銷達人和犀利深思而自豪，但出口的統統是泛泛之論。

這類專員說話愛用隱喻，也愛對觀眾怎麼想事情、觀眾想要什麼、觀眾對說故事的反應大發議論。很多人都往自己臉上貼金，以走入企業的坎伯（Joseph Campbells）[32]自居——無庸置疑，這又是Google、Facebook和其他同類的巨獸級企業的「哲學」風行草偃。

或者他們會說「我不是說你該做X，但也許你應該做X」；既叫你做某事，又叫你不要做。你愈逼問細節，細節就會埋進更深的迷霧中。我嘗試解碼他們的五四三，告訴他們我以爲的意思。

另一種狀況下，專員會徹頭徹尾、全心全意地同意編劇提出的每件事。接著，會議一結束，他馬上寄出一封電子郵件，指示她做相反的事情。或者等幾個星期再通知她必須重新構思整個專案。說穿了，如果只是跟編劇握完手就讓她著手工作，那要一個執行創意襄理何用——更不用說五或六個了。

換句話說，如今電影和電視製作跟不當培訓員工（以拖延PPI給付）的會計公司大同小異，跟狄更斯筆下詹迪斯訴詹迪斯的案件沒什麼兩樣。過程拖愈久，就愈有更冠冕堂皇的理由，讓中間職位無止盡地倍增，五鬼搬運更多錢，實際做事的人卻連錢都拿不到。

奧斯卡：而且這全都只是爲了一份（目前）十五頁的文件。現在，把這一切外推，外推到更多人，一個腳本、一個導演、製片、更多專員、攝影、剪輯——你現在對這產業的瘋狂有個譜了。

再追下去會踏入的領域，或許可稱為狗屁經濟的空想範圍；既然是空想，也就是研究最難觸及的部分，畢竟我們沒辦法知道執行創意襄理到底在想什麼。就連私底下確信自身工作毫無目的（照目前所知的一切看來，差不多就是指他們全體的工作）的那些人，都不大可能向一個人類學家吐實。所以你也只能猜了。

不過我們每次去看電影的時候，都能觀察到他們的行動。「事出必有因，」奧斯卡說，「電影和電視影集會這麼——我就直說了——爛，不是沒有原因的。」

§

金融的宰制保證了這種競爭遊戲嵌入企業生活的每個層面，甚且侵入從前被看成是企業對立面的機構，譬如大學和慈善團體，儘管在其中一些機構裡，競爭遊戲的氾濫程度還未臻至狗屁之巔，也就是好萊塢。然而不管在哪裡，數千小時的創意心力都確實地因為管理封建制而付諸東流。我就再談一次科學研究，或高等教育領域。如果補助機構僅資助全部申請件的百分之十，意思就是投入準備申請的那百分之九十的作業，就跟投入製作阿波羅尼亞那胎死腹中的電視實境節目《胖到幹不動》的推廣影片一樣無謂（甚至更無謂，真的，因為申請研究補助的過程，事後多半沒辦法說成那麼引人入勝的軼事）。浪擲人類的創意能量到了荒唐的地步。最近有一份研究，判定歐洲大學每年在失敗的申請案上耗費了約十四億歐元。[33]這筆錢若不是這樣花掉，顯然可以用來資助研究。

我在別本書寫過，過去數十年科技停滯不前，一個主要原因是科學家也必須耗費大把時間彼此較勁，要讓潛在的金主相信，他們已經知道自己會有什麼發現了。[34]最後，沒完沒了的內部會議儀式，根本也都是內部行銷的練習。私人企業的動態品牌協調人跟東岸遠見經理[35]在儀式上展示他們的 PowerPoint 投影片、心智圖，以及穿插豐富圖像的亮麗報告。

我們已經見識過，在產業內部，大量輔助性質的狗屁工作是怎麼在這類內部行銷儀式的周邊集結成群，譬如被僱來準備、編輯、拷貝投影片或報告，或為之提供圖像的人。在我看來，這一切都是管理封建制固有的特徵。人們曾經結合相對簡單的指令鏈和非正式的恩庇網絡，治理大學、企業、電影製作工作室和類似的機構。而今，我們置身於贊助提案、策略視野文件和開發團隊投售的世界，放任新設且更加無謂的經理階序一層層疊床架屋，沒完沒了；任職其中的男男女女頂著疊床架屋的頭銜，企業行話很溜，但對據說要歸他們管理的工作實際做起來是怎麼一回事，完全沒有第一手經驗。或者，他們幹盡能力所及的每件事，來把管理的職責忘得一乾二淨。

結論，並簡短回顧三層次的因果關係

走筆至此，是時候回顧歐巴馬總統對醫療照護改革的評論，把線索逐一兜攏了。歐巴馬銳意保留的「一百萬、兩百萬、三百萬份工作」是專為前文描述的這種種過程所設，也就是毫無用處的行政和管理職位，一層又一層，簡直永無止盡的增長。增長的原因是沒有分寸地套用市場原則，在此個案中是醫療照護產業。美國的醫療照護體系一直以私營為主，在富裕國家中堪稱獨樹一幟，跟我們迄今檢視的多數情境略有不同。撇開這一點，公與私、經濟與政治盤根錯節的狀況，還有政府保障私有利潤的角色，就跟引入競爭遊戲的產業如出一轍——其實在歐巴馬之後更形嚴重。國家健保體系部分私有化的加拿大或歐洲，也開始出現類似的發展。那些利潤至少有一部分保證會重新挹注於創設高薪、體面，但狗屁至極的辦公室工作，在每個個案中都是如此（而在美國健康照護改革的個案中，更多半是有意為之）。

我在本章開頭談到因果關係的不同層級。個體創造或接受狗屁工作的理由，不見得跟這類工作傾向在某段時間、某些地方（而不是其他時間和地方）滋長的原因相同。反過來說，驅動這類歷史變遷的深層結構力量，也不同於規定公眾和政治人物做出反應的政治和文化因素。本章大部分探討的是結構力量。狗屁工作存在已久，這一點無庸置疑，不過如此無謂的僱傭形式，伴隨著實在工作益發的廢冗化，則是近幾年的現象。一般的誤解是，這一切跟服務部門的崛起有某種牽連。撇開這樣的誤解，種種跡象都顯示狗屁工作的滋長跟金融與日俱增的重要性，有莫大的關聯。

企業資本主義是這樣一種形式的資本主義：由大型、按科層原則安排的公司，實行大部分的生產，起初是在十九世紀末的美國和德國誕生的。二十世紀大部分時間裡，大型工業企業對所謂的「高度融資」敬而遠之，某種程度甚至還抱持敵意。致力生產早餐穀物或農業機具的公司裡，主管會認為自己跟公司生產線上的工人有更多共通點，而非跟投機客和投資人投緣，公司內部的組織形式也反映出這一點。晚至一九七〇年代，金融部門和主管階級（亦即各種企業科層體制的上層）才實質合流。CEO開始用股票選擇權付自己薪水，在八竿子打不著的公司間來回調任，拿他們能解僱的員工數字沾沾自喜。這就啟動了一個惡性循環：企業不再對工作者忠實，所以工作者不再對企業忠實，才有必要愈來愈密集地監督、管理和監視。

這樣的重組在更深的層次上引發一波波連綴的潮流，從政治感知方式的變遷，到科技研究方向的變遷，後續幾乎每樣事物都深受影響。這裡只提一個特別能說明情況的例子：回到一九七〇年代，那時各行各業還只有銀行熱衷於使用電腦。經濟的金融化、資訊產業大發利市，還有狗屁工作的滋長，這三件事似乎有密切的關聯。[36]

結果，既有的資本主義形式不只是經過某種重新校準或重新調整而已，從許多方面來說，這次重組標誌的是跟過去曾經出現的形式徹底斷裂。若說狗屁工作的存在似乎悖離了資本主義的邏輯，那麼狗屁工作滋長的一個可能原因，說不定是因為既存的體系**不是**資本主義——不然我話不要說得那麼滿：憑亞當·斯密和馬克思的著作是認不出這種資本主義的，換成米塞斯（Ludwig von Mises）或傅利曼（Milton Friedman）也沒辦法。由於經濟和政治的誡命大幅融合，這個體系愈來愈以搾取租金為主軸，它的內在邏輯跟資本主義大相逕庭。這裡的內在邏輯就是馬克思主義者掛在嘴上的、體系的「運動法則」。從許多方面來看，既存的體系都像刻板的中世紀封建主義，兩者展現了相同的傾向，即創設沒完沒了的領主、家臣和家丁等階序。其他方面則有深刻的不同，最明顯的是既存體系的經理人風氣。此外，整套科層機器並未取代舊式工業資本主義，反倒是霸王硬上弓，以一千種不同方式、在一千處接點上跟工業資本主義攪和在一塊兒。也難怪這種處境會讓人嚴重混淆，就連親歷其事的人都搞不清楚狀況。

本章探討的是結構層級。接下來的兩個章節，我會轉向政治和文化的層級。在這個層級要當「不沾鍋」是不可能的。既然存在各種形式的無謂僱傭關係，人們為何沒把這個現象當成重大的社會問題？光是問出這個問題，就帶有人們實在應該認真看待的意思。就此而言，原本的專文顯然在倡議這方面起了某種催化作用，該文掌握到了一種廣泛存在的感受，但彼時尚未在廊外尋得知音，只是感覺社會的組織方式有些地方錯得離譜。那篇文章提供了一系列框架，讓人們有所憑藉，能開始從政治的觀點思考那些議題。接下來，我會接著該文的餘緒，更按部就班地思考當前的勞動分工有什麼廣泛的政治意涵，還有，面對這樣的處境，我們也許可以做些什麼。

第六章

我們共處一個社會，為什麼不反對無謂僱傭的增長？

東印度群島有些人認爲他們身邊爲數眾多的猩猩和狒狒能解人事，而且能說話。牠們不說話是怕被利用，派去工作。這是多自負的看法啊。

——勒葛杭（Antoine Le Grand, c. 1675）

導致狗屁工作滋長的經濟力和社會力，還有它對從事這種工作的人造成的辛酸和苦惱，我們已經考量過了。即使這樣的苦惱清楚明白，流散甚廣，上百萬人還是每天到班工作，滿心相信自己做的事情是不折不扣的虛功。這樣的事實迄今從未被當成一個社會問題。我們從沒見過政治人物譴責狗屁工作，沒見過專門為了弄清楚狗屁工作崛起之因而舉辦的學術研討會，沒見過哪篇社論爭辯狗屁工作在文化層面的後果，也沒見過要求廢止狗屁工作的抗議運動。反之，若說政治人物、學者、社論寫手或社會運動真有積極投入這件事情，那通常是直接或間接地提油救火。

一旦考慮到狗屁工作這樣的滋長所造成的更大社會後果，整個處境只有更離奇。假設消除多達一半工作，整體生產力還真的不痛不癢，那何不重新分配剩餘的工作，讓每個人一天工作四小時就好？或一週工作四天，每年有四個月的假期？或做某些類似的從容安排？何不著手關掉這台全球工作機器？恕我無知，但這恐怕是抑制全球暖化最有效的一招了。一百年前，許多人設想科技和省力裝置的穩定進步，百年後將可能實現工作量的減少。他們可能沒說錯，但諷刺之處也在於他們可能沒說錯。讓我們全部人都改成每週工作二十、甚至十五小時，並非難事，但出於某些理由，共處一個社會的我們集體決定：與其放手讓數百萬人去織毛衣、陪狗玩、成立車庫樂隊、實驗新食譜、坐在咖啡廳裡爭論政治、八卦彼此朋友錯綜複雜的多重伴侶關係，不如讓他們一年又一年耗費生命，假裝輸入試算表，或為公關會議準備心智圖。

何以如此？我認為要理解這一切，最簡單的辦法如下：想像一個大報或主流雜誌的社論作者寫了一篇短文，說有些類別的人工作太辛苦，少做點無妨。很難想見吧。可是，抱怨某些類別的人（年輕人、窮人、接受各種類型公共救助的人、屬特定國籍或族裔群體的人[1]）做事扭扭捏捏、太自命不凡、欠缺驅力或動機，或不願自食其力，這樣的文章俯拾即是。網路上充斥這類廢文。第四章提過的瑞秋說得好：「滑過 Facebook，一定會有自以為是的長輩語錄，說我這世代的人茶來伸手，卻連做他媽一天的工作都嫌。」不論何時，只要有危機，就算是生態危機，也一定有人號召集體做犧牲。這些號召每每都像是要把所有人拉下水，讓大家都做更多工作；儘管事實是，如前所述，就經濟而言，大幅縮減工時恐怕是我們能力範圍內拯救這顆星球最快、也最簡單的辦法。

社論寫手是我們時代的道德家，等同世俗的傳道人。他們一寫到工作，論證方式就透露出一個源遠流長的神學傳統。這個傳統將工作奉為神聖的責任，既是詛咒也是祝福；這個傳統視人類為生來就帶著原罪、懶惰的存在，遇到責任時自然能閃則閃，能避則避。經濟學這門學科本身就脫胎自道德哲學（亞當．斯密是道德哲學教授），而道德哲學本是神學的分支。許多經濟概念直接上溯自宗教觀念。流風所及，關於價值的主張總是帶有神學的痕跡。有些出自神學的、關於工作的想法已經普遍為人接受，全然不容質疑。如果你主張勤懇工作的人概括來說**不**值得敬佩（不論他們勤奮做的是什麼工作），或是主張迴避工作的人絲毫無可唾棄之處，在公共論辯中就不可能被認真看待。如果有人說某一項政策會創造工作，你卻回應「有些工作不值得去做」，這是不會被大家接受的（這事我很清楚，因為我有幾次衝著政策宅這樣回覆，一部分居心只是想觀察回覆造成的錯愕）。膽敢講出上面這些說法，再想說什麼都會被當成反串引戰、滑稽演出、瘋言瘋語，一筆勾銷。簡言之，說出這種話，人們就會自動忽略你後續的主張。

話雖如此，即便道德家的聲音足以說服我們不把狗屁工作滋長一事當成醜聞（因為在公共論辯中，所有工作都必須當成神聖責任來拜，可知任何工作都比沒工作強），講到自己的工作，我們多半會換一套截然不同的標準。我們期待工作能具備某些使命或具備一些意義，倘若事與願違，我們會深深洩氣。但這就引出另一個問題：如果工作本身不見得是一種價值，那在什麼意義上對其他人而言會是一種價值？畢竟，當人們說自己的工作「毫無價值」或「對誰都沒好處」時，他們是在做關於價值的主張。但那是關於哪一種價值的主張呢？

§

價值的場域，版圖總是聚訟紛紜。假使人人都接受某個字詞是值得擁有的，那人們對該字詞真正的意思就不會有共識。「真理」、「美」、「愛」、「民主」都是如此（說來奇怪，這甚至適用於金錢：經濟學家對於錢是什麼，各擁己見）。不過，關於工作價值的主張，在我們的社會引發了一些效應，只要是局外的觀察者，都會覺得這些效應既詭異又顛三倒四，所以考量這些主張格外重要。稍後我們會看到，人們對其工作的社會價值確實有一個概念在，然而我們的社會走到這個節骨眼上，非但工作的社會價值跟它的經濟價值往往成反比（你做的事愈是嘉惠他人，從這件事獲得報酬的機會就愈小），許多人甚至認可這樣的處境在道德上是正確的——他們真心相信事情就該是這樣：我們**應該**獎賞無用、甚至具有毀壞性質的行為，以致形同懲罰了那些透過日常勞動改善世界的人。

這真是名副其實的顛倒黑白。不過要理解事情的來龍去脈，我們得先做一點功課。

論不可能發展出價值的絕對量尺

某人說自己的工作無謂或沒有價值，必然是運用了某種潛移默化而習得的價值理論。價值理論是一套想法：哪些職業算得上有價值，哪些則沒有價值。然而，給定任何一種運用價值理論的實例，從中剔透出確切的理論為何，是公認的難題；要構想出一套可靠的衡量體系，從而有可能聲稱甲工作對社會來說比乙工作更有價值或更有用，就更難上加難了。

經濟學者用他們所謂的「效益」來衡量價值。效益是一個貨品或一種服務用於滿足某種欲望或需要時的有用程度，[2]許多人把類似概念套用在他們自己的工作。我有沒有提供公眾某種有用的東西？這個問題的答案有時不證自明。如果你正在築橋，而其他希望渡河的人將能受用，那你會認為這是一項有價值的任務；如果幾乎沒人會使用這些工人築的橋，譬如美國地方政治人物偶爾會把聯邦的錢導入他們的選區，興建有名的「哪裡都不通的橋」，這時工人就可能斷定他們淌進狗屁工作的渾水裡了。

效益概念還是有明顯的問題。說一樣東西「有用」，意思只是說利用它來獲取別的東西時，是有效的。譬如你買了一件洋裝，這件洋裝的「效益」部分在於保護肌膚，確保你遵守上街不得裸體的法律，但大部分還是讓你賞心悅目，自己覺得舒服，程度高低即效益高低。既然如此，為什麼一件洋裝能達成這樣的效益，另一件卻不行？經濟學者通常會說這跟品味有關，因此不是他們那科要處理的。不過，只要把效益往後推得夠遠，任何效益說到底都歸結在這種主觀問題上，就連一座橋這麼簡單明瞭的東西也一樣。對，橋可以讓人更輕鬆地抵達河的另一邊，不過過河的人為什麼會想過河？拜訪上了年紀的親戚？打保齡球？即使只是採買食品、雜貨，裡頭也不見得沒有文章。人們採買食品雜貨，不只是要維持生理健康，還藉機表達了個人品味，維繫族裔或家庭的傳承，辦喝酒派對或慶祝宗教節日有林林總總的用品要準備。光憑「需要」這一套語彙，實在沒辦法討論上述事情。人類歷史上的大部分時期（也仍舊適用於當今世界的許多地方），窮人之所以落得欠當地錢莊一屁股債的下場，是因為他們覺得自己必須借錢為雙親辦個合適的喪事，或為孩子辦婚禮。他們「需要」做這件事嗎？顯然，他們覺得不能不做。又因為「人類需要」到底是什麼，並無合乎科學方法的定義，所以在身體最低的卡路里和營養要求、以及其他少數生理因素之外，這類問題勢必永遠是主觀問題。很大程度上，需要只是其他人的期望。如果你沒幫女兒辦一場合適的婚禮，家族會因此蒙羞。

於是大部分經濟學者得出結論：沒有必要對人**應該**欲望什麼下定論，比較好的作法是接受人確實會欲望，繼而對他們著手追尋欲望的成效好壞（「合乎理性地」）下定論。大多數工作者似乎都同意。前文我已經指出，自覺工作無謂的人，十之八九不會說出譬如「我生產自拍棒。自拍棒好蠢。大家不該買這種蠢東西」或「一雙兩百美元的襪子到底要賣給誰」，寥寥一、兩個例外就能揭露許多事。就拿迪崔來說，迪崔任職的公司供應派對用品，客戶大多是地方教堂：

迪崔：我在一家禮品店的倉庫工作了幾年。除了徹頭徹尾狗屁之外，我對這份工作實在沒有別句話好說了。醒著的時間有一大部分是在四處拖拉箱子，裡頭裝的是小丑鼻子、噴嚏粉、塑膠香檳杯、棒球選手的紙板模型，還有其他形形色色莫名其妙的小擺飾和很瞎的東西。經歷過這一切，你才會知道什麼叫落魄。我們多半就坐在倉庫後面，沒什麼事好做，默想我們做的差事全然無關緊要，年復一年，而這門生意的表現愈來愈糟。

我們的薪水支票是亮紅色，上面有小丑臉，每間銀行的櫃員都會取笑一番。他們自己的工作是比較有意義嗎？這種支票簡直是在嘲諷痛處！

為什麼特別是這一類產品讓迪崔備感羞辱，或許會讓你沉吟許久。（一點傻裡傻氣的樂趣，有什麼大不了的？）我的猜想是：在這家店工作，專賣短命的便宜貨，不是迪崔所能左右的決定。這些產品就是短命的便宜貨，從來沒有更雄厚的企圖，是註定被扔掉的反效益，嘲弄「真實」物件和「真實」價值（就連鈔票都是個玩笑）。甚至，禮品店的品項並未出於某種特殊名義而拒絕「真實」價值，談不上質疑其外形所取笑的東西，因此連堂堂正正的嘲弄都不算，它們是對嘲弄的一種嘲弄。這種嘲弄已經消滅成幾乎沒有實質顛覆內容的玩意兒，就連社會中最古板沉悶的成員，都會「為了小孩」而照單全收。

強制的興高采烈比什麼都教人消沉。話說回來，就連迪崔這樣的證言都已經很稀罕了。

在大多數狀況下，員工估量工作的社會價值時，會訴諸第二章提過的特效師湯姆所提出的立場的一些變體：「我心目中值得去做的工作，是能滿足某項既存的需要，或是創造某種世人從沒想過的產品或服務，卻能幫助或改善他們的生活。」在湯姆的個案中，他的立場就跟他做的「美容工作」打對台了：後者的內容是調整名流的影像，讓觀眾自慚形穢，再賣給他們不管用的解方。電話推銷員有時也表達類似的憂心，可是，又來了，他們做的事情大部分是明顯的詐騙。諸如誘騙退休人士訂閱他們無法負擔的服務或永遠不會去讀的雜誌；根本不需要一套精雕細琢的社會價值理論，你也能明白這樣做是說不過去的。在電話銷售員中，幾乎沒有人對他們顧客的品味和偏好說三道四，反倒是打電話時的軟土深掘，還有感受到自己一言一行的不老實，證明他們並未提供具有真實價值的事物。

其他的反論則訴諸更古老的社會批判傳統。好比銀行僱員魯培特，他直言「整個〔銀行〕部門都沒有增添價值，根本是狗屁」，因為金融真的只是「藉著放貸占有勞動」。他參照的勞動價值理論少說可回溯至歐洲中世紀，起手式是假定一種商品的真實價值來自於令其得以存在所投注的勞動。照此，當我們付錢交換一條麵包時，我們其實是為芸芸眾人的心力付錢。眾人投注心力種麥、烤麵包，把麵包裝袋再運送。有些麵包會比較貴，若不是因為生產和運輸較費工，就是因為我們認為投入其中的勞動品質比投入其他麵包的更優良——手藝更純熟、巧思更豐富、心力更浩大——所以才願意為成品付更多錢。同理，若你在詐騙別人的財富（魯培特為國際投資銀行工作時就是這樣的感覺），那麼你其實是在偷取注入那筆財富之創造所消耗的真實、生產性質的工作。

好，運用這類論證質疑讓一些人剝削（或至少形同剝削）其他人的安排，有很長的歷史，然而狗屁工作的存在本身，給所有勞動的價值理論帶來某些問題。主張所有價值都來自工作，[3]跟主張所有工作都產出價值，明顯不是同一件事。魯培特認為，大多數銀行員工絕非混水摸魚，實際上他覺得大部分行員都勤勉做事，只是照他的估計，他們所有的勞動完成的事情，就是想出精明的作法，去占有別人完成的**真實**勞動的果實。可是要如何分辨「真實」的創造價值的工作以及對立於它的工作？我們仍舊沒有解決這同一個問題。如果幫某人剪髮是提供有價值的服務，那為什麼替投資組合出具建議不是呢？

然而魯培特的感受絕非孤例。他明確用勞動價值理論來框架他的感受，這一點或許不大尋常，不過許多在金融相關領域工作的人，也對他表達出的不安感同身受。他之所以轉向這類理論，恐怕是因為主流經濟學沒給他多少線索可推敲。根據當代經濟學者的通說，價值終究是主觀的，所以無法為那樣的感受找到合理的成因。據此，每個人應該保留判斷，按照下述假說行事：一項給定的貨品或服務（經濟學者把金融服務也算進來了）有其市場存在，就一定對某人有價值。我們知道這些就夠了。如我們所見，至少論及一般民眾的品味和脾性時，大多數工作者其實原則上還能同意經濟學者到一個程度；只是換成他們自己的工作時，他們的經驗通常跟「這類事情總是可以信任市場」的觀念扞格不入。何況，勞動也是有市場的。如果市場總是對的，那麼付某人四萬美元，要他整天玩電腦遊戲，在 WhatsApp 上跟老朋友扯淡，此人就會同意：他為公司提供的玩電腦遊戲和扯淡服務，確實價值四萬美元。這樣的服務顯然沒有這等價值，可見市場不可能永遠是正確的。由此可知，如果連這位工作者最熟稔的一塊範圍裡，市場都能讓事情亂到這步田地，那在她欠缺第一手資訊的領域，她勢必無法淡然假定可以信任市場、由市場來估量貨品和服務的真實價值。

也就是說，所有人，只要他從事狗屁工作或認識某人從事狗屁工作，都會察覺到市場並非絕不出錯的價值仲裁者。麻煩在於：市場不是，但其他任何事物也都不是。價值的問題總有些晦暗不明，這還只是保守說法。同樣地，大多數人會同意，某些公司不如不要存在比較好，但他們毋寧是根據某種直覺、而不是有辦法精確陳述的想法。無論如何，為了繼續討論下去，若要姑且梳理出盛行但不曾言明的常識，我會說大多數人似乎結合湯姆和魯培特的立場來行事：當一個貨品或服務回應某種需求，或者改善人們的生活，就可以說它是真正有價值的。然而，假使它只是為了創造需求，那不論是讓人覺得自己又肥又醜，還是引誘他們負債再收取利息，此一貨品或服務都不會是真正有價值的。這套說法似乎相當合理，不過還是沒有回答下面這個問題：「改善人們的生活」是什麼意思。當然，一切都取決於這到底是什麼意思。

雖然很難說清楚社會價值是什麼，但為何當代社會的大多數人確實接受有別於經濟價值的社會價值概念

於是我們又回到價值理論了。到底是什麼改善了人們的生活？

在經濟學當中，價值理論的功用多半是解釋商品價格。供給與需求因種種機遇而變化，造成一條麵包的價格浮動，但價格總是落在某種中點附近，該點似乎是一條麵包應有的自然價格。中世紀的人把這樣的情形視為道德問題：要怎麼決定某個商品的「正當價格」？如果一個商販在戰時抬高價格，那麼抬高到多少錢，我們可以說他在賺的是正當的危險津貼，而到多少錢就成了趁火打劫？當時的法學學者時常引用的例子是，一個只能靠麵包和水維生的囚犯，拿他的身家跟另一個囚犯交易一顆水煮蛋。這真的能當成是出於自由的選擇嗎？一旦兩名囚犯都獲釋，還應該認定這樣一份契約可以執行嗎？

可見，市場會低估或高估事物的價值，這樣的觀念已經流傳了很長一段時間，仍舊是我們常識固有的一部分，不然怎麼會有人會說他被削慘了、或做了一筆特別划算的交易呢？雖然人們從來沒辦法想出一條可靠的公式，來計算任意給定商品的「真實」價值確切該是多少，進而得出削慘是被削得多慘、划算又到底是多划算。畢竟有太多因素要納入考量，顯然無從量化，像是情感的價值、個體或次文化的品味。所以，那麼多經濟學者、素人和其他人還頑固地堅持「真實」價

值**應該**是有可能算出來的，這才真的出人意表。

許多人堅稱，所有其他形式的價值充其量只是幻象，或者跟市場不相干。譬如經濟學者就時常採取這個立場：因為價值終極來說只是效益，時間一久，商品價值會落在其真實市場價值附近——儘管這個立場會走向純粹的循環命題，即時間一久，一個商品傾向落在哪個價格附近，那個價格就勢必是該商品的真實市場價值。人們常認為馬克思主義者和其他資本主義反對者的立場還更極端，他們堅持資本主義是一個總體系；誰想像自己在體系外運營，或以為自己追求的價值不是該體系所創造的話，就是自欺。當我在基進論壇陳述狗屁工作的概念時，常會有某個泡在馬克思理論裡的人立刻挺身而出，告訴眾人我弄錯了：也許有些工作者認為他們的工作沒有用處，但那項工作必然在為資本主義生產利潤；在當前的資本主義體系下，我們只需要在意這一點。[4]其他更嫻習這類事情的枝微細節的人會解釋：我真正探討的是馬克思術語中「與生產有關」和「與生產無關」的勞動之間的差異——他指的是**對資本家而言**，與生產有關或無關的勞動。與生產有關的勞動產出某種剩餘價值，資本家可以從中搾取利潤，而其他勞動頂多是「跟再生產有關」，也就是像家事或教育（這兩項總是被推上來當先發例子），這類事務實現的是養活工作者和拉拔新世代工作者必要的二階工作，這樣未來才有人換上來做被人剝削的「真實」工作。[5]

不錯，資本家本身經常從這個角度看事情。舉例來說，商業說客力勸政府把學校優先當成訓練未來員工的場所，就是他們眾所周知的惡行。相同的邏輯從反對資本家的人說出來，乍看或許會讓人覺得古怪，但某方面來說是言之成理，也就是拐著彎說：半調子絕對行不通。例如一個立意良善的自由派購買公平交易咖啡，贊助同志遊行花車，但他其實沒有以任何顯著的方式挑戰世上權力與不正義的權力結構。說到底，他只是在另一個層面上再生產了那些權力結構。挑明這一點很重要——假清高的自由派令人著惱，活該有人提醒他們這一點——然而問題在於，**就資本主義的觀點**，一個母親的愛或一個教師的勞動只能是再生產勞動力，這個說法跳得太快；何況它還假定，因此在這件事情上，其他觀點都必然離題、離地或是不正確。資本主義不是單一、總括的體系，它並未涵蓋我們生存的每一個面向。就連「資本主義」這個說法都不見得說得通（譬如馬克思就從未這麼說），彷彿「資本主義」是一組抽象觀念，但不知怎地在工廠和辦公室裡獲得了物質形貌。所謂的世界比這種說法更複雜，也更紊亂。就歷史來說，工廠和辦公室先誕生了，很久以後才有人想出要管它們叫什麼，何況兩者迄今仍依憑多重的矛盾邏輯和目的在營運。同理，價值本身也是一場持續的政治爭議。從來沒有人十分明白那是什麼。

§

目前我們講的英語，通常會區分單數的「價值」和複數的「價值」。單數的價值用於黃金、豬腩、股東和衍生性金融產品的價值。複數的價值則用於家庭價值、宗教道德、政治理想、美、真理、正直等。當我們講到單數的「價值」，大體是在談論經濟事務，一言以蔽之，就是人類付出的各式各樣心力，人們以其勞務而獲得報酬，或他們的行動經由其他方式得到金錢。如果事情不是如此，複數的「價值」就會登場。譬如家事和照顧小孩，後者毫無疑問是無酬工作最普遍的形式。所以我們才一直聽人家說「家庭價值」的重要。不過，參與教會活動、慈善工作、政治志工，還有大多數藝術和科學的事業，統統都沒有報酬。一個雕刻家後來暴富，跟色情片明星結婚，或是一個上師後來擁有一支勞斯萊斯車隊，除非財富只是附屬效應，不然大多數人不會認為他們的財富得來名正言順，畢竟他們起初不只是為了錢才投身雕刻或宗教。

金錢把做精確的數量比較之能力帶進這幅圖像中。有了金錢，就有可能主張一定量的生鐵等同於一定數量的水果汁，或腳趾美容，或格拉斯頓柏立音樂節的門票。這說法乍聽之下稀鬆平常，意涵卻深遠。它意謂著，商品能跟其他事物做比較（進而做交換）的程度，正是其市場價值；市場價值恰恰是複數「價值」的領域所缺少的。或許有時有可能主張一個藝術作品比另一個更美，或者一個宗教的信徒比另一個更虔敬，但若要問勝過**多少**，說這個僧侶比那個虔敬五倍，林布蘭比莫內讓人傾心兩倍，就讓人摸不著頭緒了。[6] 試圖建構一條數學公式，計算擱下家庭追尋藝術到什麼程度算正當，或者，奉社會正義之名違反法律到什麼程度算正當，那就更加荒謬了。顯然，人們確實無時無刻都會做出這類決定，只是從定義來說這類決定是沒辦法量化的。

不僅如此，我們還可以進一步說，這個性質恰恰是這類決定的價值之關鍵所在。正如商品具有經濟的單數「價值」，是因為它們可以跟其他商品做精確的比較，複數「價值」的價值之所在，就在於它們不能跟任何事物做比較。複數「價值」中的每一種都被奉為獨特、不可共量的——一言以蔽之，無價的。

在我看來，單數「價值」和複數「價值」已經成為常識之濃縮，讓我們有辦法思考這類複雜的問題。儘管這比較接近我們偏愛思考事物應如何運作的理想，而不是事物實際上如何運作的精確表徵。生活終究沒有真的被切割成「經濟」的一塊，和一系列其他的領域（政治、宗教、家庭等），而每個人在「經濟」裡只想著金錢和物質的自我利益，但在其他領域的行為舉止卻截然不同。真實的動機總是混合的。我必須再三強調，人類歷史絕大部分的時光裡，恐怕一直沒有人覺得有可能做出這樣的區別；不論是純粹的自利還是純粹無私的利他主義，這些觀念都一樣古怪——其實就跟「販賣人的時間」這個想法一樣怪。直到公元前六〇〇年左右，非個人的市場在歐亞大陸出現，人們才有可能設想這類概念。鑄幣術發明後才有可能創建這樣的市場，其中陌生人彼此互動只著眼物質上有沒有占到便宜。不論在中國、印度或地中海世界，這些現金交易的市場一出現，普世宗教就緊接著誕生，無一例外地傳播物質事物無關緊要的教義，據此，虔誠的信徒應該把他們的財貨無私地捐獻助人。然而，在物質的自私和無私的理想主義（單數與複數的價值）間築起一道互不相犯的防火牆，這樣的嘗試從沒成功過；一側一定會漏向另一側。應當強調滲漏不是單向的：儘管藝術家、理想主義者、牧師和政治家會暗地尋求個人的物質優遇，有時甚至是更糟糕的事物，不過相對地，商人也時常為其榮譽或正直而驕傲，工作者為其工作是否對人有所助益而輾轉反側。

誰要是納悶自身工作的深刻意義，首要考慮當然是工作是否對人有所助益。我搜集的大半證言裡，「有意義」是「有幫助」的同義詞，而「有價值」則是「有益處」的同義詞。我們簡略看看人們反思其工作價值的幾種方式：

汽車銷售員：我在美國的大型二手車融資公司工作，服務的是次貸市場。我發現自己三不五時會納悶：除了公司所有人之外，我的工作到底有沒有一點價值。

航太工程師：資深管理階層樂於每週工作五十到六十小時（還鼓勵他們的所有下屬效法），別人看似忙碌，其實沒有產出有價值的事物……如果知識和新科技生來就是彼此的副產品，那你可以主張工作還留有一點價值。這確實在我工作的某些實例裡發生過，但更接近例外而非常態。

電話銷售員：這份工作毫無社會價值。就連在超級市場上架產品，也是在做嘉惠人群的事情，因為每個人都需要日用品和超級市場販售的東西。電訪中心的工作裡，每通電話本質上就是浪費時間又討人厭的電話。

接案學術翻譯：幾年來，差不多每種學科的論文我都翻譯過——從生態學到公司法，社會科學到計算機科學。絕大多數我都看不出它對人類有任何價值。

藥師：我踏進醫療專業時的假想是，我的工作會有意義，做的事情會幫助到別人。現實的歷練讓我了解，醫學的場域多半是空中樓閣。我不苟同醫生的工作能真正幫助到人這樣的想法。

公務員：這些工作全都沒辦法幫助人。[7]

多數讀者不會對上述證言感到意外。概略反思自己的工作，每個人講出來的內容都大同小異。如同艾瑞克的父親在第三章的發言，他先行禮如儀地訓了艾瑞克一頓，說他是個「愚蠢的白痴」才會辭掉那麼高薪的工作，而後又說：「吶，說來說去，那份工作有幫助到誰嗎？」前文引述的電話銷售員明確提到「社會價值」的概念，即對整個社會的價值。這個概念固定會出現在其他人的說法中：

公寓大廈管委會的經理：管理公寓大廈是百分百的狗屁事務。有錢人跟其他有錢的陌生人買下一套公寓大樓，然後僱用別人來管理和維護。這個工作存在的唯一理由，就是屋主不信任或厭惡彼此。這份工作我做三年了，完全看不出一丁點社會價值。

或者回想第四章已經摘引過的資料檢修員奈久，他花了幾百個小時盯著公司的會員卡資料，尋找不存在的錯誤：

資料檢修員：我誠心認爲，如果我們處理的是社會價值更明顯的東西，像是器官捐贈申請書，或是去格拉斯頓柏立音樂節的門票，感受就截然不同了。

奈久把器官捐贈申請書和格拉斯頓柏立的門票相提並論很有意思。由此可見，對大多數人來說，「社會價值」不只關乎創造財富甚或閒暇，同樣也關乎創造社交的條件。人們藉著器官捐贈挽救彼此的生命，而在格拉斯頓柏立音樂節，大夥在泥巴裡步履維艱，一起嗑藥，表演或聆聽他們鍾愛的音樂，也就是給予彼此喜悅和快樂。這類集體經驗可視為「明顯的社會價值」。反觀，讓富人更輕易迴避彼此（有錢人家個個是出了名地嫌惡鄰人），就「沒一丁點社會價值」可言。

然而，這種「社會價值」沒辦法衡量；而且，如果跟我引用其證言的任一位勞工促膝長談，就不難發現每個人對於什麼事情對社會有用或有價值、什麼沒有，想法都有出入。不過，我猜想他們全都會同意至少下面兩件事：第一，人從工作中得到最重要的東西是（一）生活所需的錢，還有（二）對世界做點正面貢獻的機會。第二，兩者存在著反向的關係。你的工作幫助、嘉惠他人愈多，創造愈多社會價值，你從中得到的報酬通常愈少。

談工作的社會價值和支付給工作者大概的金錢多寡，其間的反向關係

一切德性的價值宿於德性本身。

——愛比克泰德（Epictetus）

標題所述的論點，是我在原本那篇論狗屁工作的文章裡提出的，那是二〇一三年；而論點是早兩年我在占領華爾街的經驗中想到的。占領華爾街運動的支持者，尤其那些工作分量太重，沒辦法花太多時間在營地，只能在遊行時現身，或在網路上聲援的人，他們的抱怨離不開這樣的陳述：「我活著是想做點有用的事，像是對其他人有正面效應的工作，至少不要傷害任何人。可按照這經濟的運作方式，若你在工作生活時花太多時間關心別人，那麼薪水終究不比你的付出，還背一屁股債，沒辦法照顧自己的家人。」這種態勢的不正義，引發一股深刻的憤怒感，久久無法平復。[8] 我開始把這股憤怒感叫做「照護階級[譯1]的抗爭」，多半只是自己這麼用。那時，曼哈頓祖科提公園的占領者時常把他們跟路過的年輕華爾街交易員的對話告訴大家，意思差不多是：

譯1 原文為 caring class。Care 一字既有（醫療）照護、（日常）照應的意思，也有關注某事物、為某事物操煩的意思。這些意思在後續章節都會談到。至於譯詞的選擇，caring class 固定譯為照護階級，而 care 一字則會視文脈而譯成照護、操煩、操心等。

「嘿，我知道你們是對的。我對世界沒有任何正面貢獻。體系腐化，而我八成是問題的一部分。如果你們能教我，不到六位數的薪水，要怎麼在紐約生活，那我明天就辭職。」

類似的兩難也迴響在我們前文已讀過的一些證言中。不妨想想安妮，她提到有多少在幼兒園照顧小孩的女人，為了付房租，最終不得不辭職，找份辦公室工作。或者醫學研究者漢尼拔，他把他待在醫學場域的經驗總結為一條公式，即「我做一件事能請多少錢，跟那件事的有用程度是幾乎完美的負相關」。

原二〇一三年的文章裡提過一個簡單的思考實驗，足以說明這裡存在一個實實在在的問題：想像某個階級的人消失無蹤。容我多說一點。如果某天早上我們醒來發現，護士、垃圾清運員和技師，或者是公車司機、生鮮超市工作人員、消防員或快餐廚師都被掃進另一個次元，結果都會是場浩劫。如果小學老師消失了，大多數學童可能會歡欣鼓舞一、兩天，然而長遠的效應只會是更徹底的崩壞。另一方面，死亡金屬跟克萊茲默音樂、羅曼史小說跟科幻小說孰優孰劣，我們無疑可以吵個沒完，以至於屬於某個類別的作者、藝術家或音樂家突然消失，人口中的一塊人會無所謂，甚至是開心，但對其他人來說，世界會變成大大陰鬱而消沉的地方。[9]

但避險基金經理人、政治顧問、行銷大師、遊說專家、公司法務律師，或職責是替木工不克到場的事實道歉的人，那就另當別論了。如同阿芬在第四章對他的軟體授權公司所言：「如果我週一上班時辦公大樓消失，不但社會不在意，連我都不在意。」逕自消失會讓世界變得更好的辦公大樓，我敢說正在讀這本書的人都能不假思索地想到好幾幢。

然而，從事這些工作的人當中，恰恰有許多是拿極端高薪的人。事實上，組織高層貌似不可或缺的職位長期出缺，往往沒有任何明顯的影響——就連對組織本身也沒有影響。近年來，比利時歷經一系列憲法危機，導致該國暫時沒有在任政府：沒有總理，沒有人掌管健康、運輸或教育。這些危機已經持續好一陣子了——迄今的紀錄是五百四十一天——對於健康、運輸或教育尚無可觀察到的的負面衝擊。如果這種局面真的撐上數十年，你可以想像會造成某種差別，只是差別有多深遠、正面效應會不會大過負面效應，目前還不明朗。[10] 咸認是世界最活躍的公司之一的 Uber，在我寫書的同時經歷創辦人卡拉尼克（Travis Kalanick）請辭，甚至連一票其他高階主管也走人，結果該公司「沒有CEO、營運長、財務長、行銷長，持續營運中」——這一切對日常業務沒有顯著影響。[11]

在金融部門工作的人或一般來說職業報酬極為優渥的人，幾乎從不罷工，箇中道理就類似上段所述的現象。就如伯格曼（Rutger Bergman）老愛提起的：一九七〇年，愛爾蘭曾有一場銀行罷工，為期六個月，然而經濟沒有如罷工組織者預期的輾轉停擺，大多數人只是繼續開支票，支票開始流通，成為一種形式的通貨，其他事情照舊如常。但兩年前，紐約的垃圾清運員才罷工十天，整座城市就沒辦法住人了，只好接受他們的要求。[12]

§

測量不同專業的總體社會價值，這個想法在大部分經濟學者看來，大概是件吃力不討好的事，實際嘗試者很少。不過曾做過驗證的經濟學者，傾向核實對社會有用的程度跟報酬之間，確實呈現負相關。美國經濟學者洛克伍德（Benjamin B. Lockwood）、納散森（Charles G. Nathanson）和懷爾（E. Glen Weyl）發表於二〇一七年的論文，把探討多種高薪專業的「外部性」（社會成本）和「外溢效應」（社會效益）的既有文獻耙梳了一回，看看有沒有可能計算每種專業在總體經濟加上或減去了多少。總結來說，專業所牽涉的價值在某些狀況下過於主觀，無從衡量，最明顯的是跟創意產業相關的事情。不過在其他狀況下是有可能粗估的。他們的結論是：可計算其貢獻的專業當中，對社會而言最有價值的工作者是醫學研究員，他們每拿一美元薪水，就為社會添加九美元的總體價值。最沒有價值的是在金融部門工作的人，他們每拿一美元的報酬，社會平均要扣掉淨額一·八美元的價值（而且，當然，金融部門的工作者時常拿極優渥的報酬）。

以下分項列出：[13]

- 研究員 +9
- 中小學教師 +1
- 工程師 +.2
- 顧問和資訊科技專業人士 0
- 律師 -.2
- 廣告和行銷專業人士 -.3
- 經理人 -.8
- 金融部門 -1.5

這些專業的總體價值固然跟許多人直覺猜測的不謀而合，但看到清楚明白的數字還是好的。可惜三位作者把重心放在報酬最豐厚的專業上，不大切合我們當前的用途。至少就平均而言，中小學教師大概是表上薪資最低的工作者，許多研究人員賺的錢勉強堪用，所以這樣的結果跟報酬和有用程度的負向關係，當然沒有矛盾。但若要確實掌握僱傭關係的全貌，還是需要更廣大的樣本。

就我所知最接近此等廣大樣本的一份研究，是英國的新經濟基金會（New Economic Foundation）執行的，作者群應用一套名為「投資的社會回報分析」的方法，檢視六種代表性的職業，三種所得高，三種所得低。以下是結果摘要：

- 倫敦的銀行家——年薪約五百萬英鎊——每賺一英鎊估計摧毀七英鎊的社會價值；
- 廣告業務——年薪約五十萬英鎊——每一英鎊薪資估計摧毀十一・五英鎊的社會價值；
- 稅務會計——年薪約十二萬五千英鎊——每一英鎊薪資估計摧毀十一・二英鎊的社會價值；
- 醫院清潔工——年薪約一萬三千英鎊（時薪六・二六英鎊）——每一英鎊薪資估計產生十英鎊的社會價值；
- 回收工人——年薪約一萬兩千英鎊（時薪六・一〇英鎊）——每一英鎊薪資估計產生十二英鎊的社會價值；
- 護理員——年薪約一萬一千五百英鎊——每一英鎊薪資估計產生七英鎊的社會價值。14

作者群承認他們的計算多少有些主觀，畢竟做這樣的計算，主觀在所難免。此外，本書探討的工作薪酬多屬中等，而且（少說）大多數個案中的社會效益既非正數亦非負數，而是在零的附近徘徊。這份研究僅聚焦所得量表的頂層和底層，未能涵蓋本書探討的多數工作。儘管如此，它可說是強力核實這條一般原則：一個人做的事情愈是嘉惠他人，報酬通常就愈少。

這條原則是有例外的。醫師是最明顯的例外。醫師的薪水通常位居量表上端，在美國尤其如此，但他們擔綱的職責似乎是無可置喙地有益。然而即使講到的是醫師，仍然有健康專業人士主張他們不像乍看之下那麼例外——譬如幾頁前引用過的藥師，深信大多數醫生對人類健康和幸福貢獻甚微，主要只是開安慰劑的機器。坦白說，我不具備判斷這種說法真偽的能力。然而，退一步言，一九〇〇年以來人類壽命的增長，絕大多數其實肇因於衛生、營養和其他公共健康的進展，不是醫療方式的改善。[15] 這個時常被引用的事實，讓我們不禁尋思，正面的醫療成果是否應歸功於醫院僱用（薪酬極低）的護士和清潔工，多過於醫院（薪酬極高）的醫師。

還有其他零散的例外。例如許多水管工和電工收入頗豐，但對社會也十分有用。有些低薪的工作相當無謂。不過從大處著眼，這條規則似乎是站得住腳的。[16]

話說回來，社會效益跟薪酬水準間呈反向關聯的原因，又要另作他論了。淺近的答案都說不通。舉例來說，教育水準是決定薪資水準的重大因素，但如果反向關聯只是訓練和教育的問題，那美國的高等教育體系就不該是現在這副模樣。數以千計的博士訓練精良，卻是靠附屬性質的教學工作維生，只能待在貧窮線底下，甚至靠食物券餬口。[17] 另一方面，如果我們只講供給和需求，那為什麼美國的護士薪水遠低於企業法務，簡直難以理解，更何況美國現正經歷受過訓練的護士嚴重短缺，而法學院畢業生則供過於求。[18]

我自己的看法是，階級權力和階級忠誠會是主因。但不論原因為何，上述處境最讓人不安之處，莫過於那麼多人不但對反向關聯心裡有數，而且默認世道就是如此。一如古時的斯多噶派所主張，德性有它本身為酬賞足矣。

世人向來會拿這樣的論證套在教師頭上。時常聽到一種說法是，小學或中學老師的薪水不應該太滋潤，至少不該像律師或經理那樣優渥，畢竟你不會想要你的小孩被凡事貪欲掛帥的人教。如果世人一視同仁地套用這個論證，它或許還有那麼點道理，可惜標準總是不一（我從沒聽過誰把同樣的論證指向醫生）。

造福社會的人，不該拿太多報酬——這種念頭簡直可以說是倒錯的平等主義。

容我說明我這話的意思。道德哲學家柯恩（G. A. Cohen）主張，有充分的理由支持社會全體成員所得平等，奠基於如下的邏輯（我的整理恐怕比較粗糙）：基於什麼樣的原因，付給某些人的錢會多於其他人？這是他的起手式。合乎情理的根據是，有些人生產的比別人多，或造福社會甚於他人。不過接下來，我們必須問為什麼他們會這麼做：

1. 假定某些人比其他人更有天分（例如擁有一副清麗的歌喉，是漫畫天才或數學鬼才），我們會說他們「有天賦」。假定某人已經得到好處（一份「天賦」），那基於這個原因給他們額外的好處（更多錢），是沒有道理的。
2. 假定有些人比其他人更努力工作，但多大程度是因為這些人具備更強的工作**能力**（又是一種天賦），多大程度是因為他們選擇要更辛勤工作，通常不可能確立。若為前一種狀況，因為一個人較他人具備某種固有的優勢再獎賞他，那麼同前所述，是沒有道理的。

3. 即便有辦法證明某些人純粹出於選擇而比其他人更勤奮工作，那接下來就必須證明他們是出於利他動機，亦即他們希望嘉惠社會，所以生產更多；或是利己動機，因為他們自己想擁有更大的分額。

4. 在前一種狀況，如果他們是為了奮力增進社會的財富才生產更多，則從社會的財富中給他們非分的分額，顯然跟他們的目的矛盾。只有獎勵受自利動機驅使的人，才有道德意義可言。

5. 一般而言，人類的動機游移又含混，所以沒辦法簡單地把勞動力分成利己者和利他者。於是只剩下一個選擇，即獎賞所有付出較多心力的人，或者不這麼做。兩個選項都意味著有些人會失望。利他者試圖嘉惠社會，所以會失望，而利己者試圖讓自己得到好處，也會失望。倘若被迫選擇其一，讓利己者失望在道德上比較說得通。

6. 因此，為工作付出更多心力或生產力的人，不應該拿更高的酬勞，也不應該被獎勵。[19]

這套邏輯無可挑剔。我們固然可以根據多種不同的理由質疑論證底下的諸多預設，不過在本章中，我沒那麼在乎所得均分在道德上到底站不站得住腳；對我來說比較有意思的是：藉此觀察我們的社會，可發現它似乎接納第三、四點，卻摒除第一、二、五或六點。從批判角度來說，

「不可能按動機分類工作者」的前提，在我們的社會是不被接受的。大家只需要檢視一個工作者選擇哪種職涯就可以了。某人做這份工作，有沒有金錢**以外**的理由呢？如果有，就應該當作第四點對此人而言已經成立了。

結果就形成了一種看法，即選擇嘉惠社會的人，尤其**知道**自己嘉惠社會時會滿足的人，實在毋庸奢望中間階級的薪水、有給休假和大方的退休福利。同理，也有這樣的一種觀感存在，亦即知道自己只是為了錢而做無謂甚至有害的工作並為此煎熬的人，恰恰因為這個原因，而應該被更多錢獎勵。

這種看法一直盤踞在政治層級。舉例來說在英國，「緊縮」八年，幾乎所有吃公家飯的，像護士、公車司機、消防員、鐵路諮詢服務台人員、緊急醫療服務專人，儘管他們提供公眾立即且明顯的益處，薪水都還是被紮實地砍過了，以致發生全職護士靠慈善食物銀行過活的情況。造就這種情況，當權的政黨竟然沾沾自喜；據聞提議給護士或警察加薪的法案被擋下的時候，國會還爆出一陣歡呼。倫敦的銀行家幾年前才差一點搞砸世界經濟，這同一個政黨對其陡升的薪酬，看法之輕縱人盡皆知；儘管如此，該任政府仍舊深得民心。人們似乎覺得，為公益集體犧牲的民風**應該**不成比例地由已經在為公益犧牲的人來扛，畢竟工作是他們自己選擇的；不然，就讓光是知道自己從事的工作既多產又有用就會滿足的人來扛吧。

這道理要能說得通，你必須先假定工作（確切來說是有酬的工作）本身就是一種價值，而且它本身誠然有價值到，足以把接下工作那人的動機或是工作的效應，統統擱在第二位考量。要求「更多工作」的標語在左翼抗爭行列裡起落，作壁上觀的右翼人士在他們經過時悶聲喊道「去找份工作吧！」，兩者互為表裡。似乎存在著一種廣泛的共識，這共識倒不見得說工作是件好事，而是說**不**工作十分惡劣。倘若有人做自己不見得樂在其中的事，不埋頭苦幹，還計較自己的喜好，那此人就是壞人、蛆蟲、米蟲，可鄙的寄生蟲，不值得同情或接受公共救濟。自由派政治人物抗議「辛勤工作的人」所受的苦（那只以中等強度工作的人怎麼辦？），保守派抗議米蟲和「福利女王」，都迴響著這樣的感受。更讓人訝異的是，相同價值現在也套用於社會頂層。我們很久沒聽到無所事事的富人了，不是因為無所事事的富人不存在，而是無所事事不再受人讚揚。一九三〇年代的大蕭條期間，困苦的觀眾愛看刻劃上流社會的電影，主題是身價百萬的花花公子浪漫的風流冒險。這年頭，英雄般的CEO及其夙夜匪懈的工作狂時間表的故事，比較有機會取悅觀眾。[20] 在英國，報紙和雜誌甚至對皇室做類似的報導。於是我們得知，皇室成員每週花了那麼多鐘頭準備並執行其儀式性的功能，根本沒時間經營私生活。

許多證言都點出了這個「工作本身就是目的」的道德準則。克雷門自述有「一份在中西部公立大學評估補助的狗屁工作」。他上班的時間大多是休息時間，休息時間多半被他用來上網，弄清楚替代現狀的政治觀點，最後他明白了，流經他辦公室的錢，大部分都密切連結到美國對伊拉克和阿富汗的戰爭動員。他辭掉工作，接任當地市政府一份薪水低得多的工作，跌破同事眼鏡，又讓他們有些狼狽。在市政府的工作比較繁重，但「至少有一部分是有意思的，對眾人也很有幫助」。

有件事讓克雷門困惑，亦即他舊工作的同事，人人都覺得應該對彼此假裝自己被職務忙昏頭了，但明明他們只有寥寥幾件事情好做：

克雷門：我的同事時常討論忙起來的時候事情多到做不完、他們多勤奮工作，儘管他們午後兩、三點固定會不在辦公室。他們公然否認一翻兩瞪眼的實情，我不知道怎麼稱呼這種情形。

要根據對方有多勤奮做一件我們寧可不做的事，來評價我們自己和別人，其中的壓力我還記憶猶新。我相信這種態度縈繞在我們周遭的空氣中，被我們吸進鼻子，在閒聊裡當成社會反射吐出來。在這裡，這種態度是社會關係的指導原則之一：如果你沒有從事有酬工作摧殘身心，你就沒有堂堂正正地過活。我們是要相信自己正爲小孩犧牲，還是要相信某種因爲我們他媽的整天工作，所以無緣得見的東西？

在美國中西部受德國新教影響過的文化裡，克雷門覺得這種壓力格外強烈。其他人提到清教主義，然而這種感受顯然不侷限於新教或北大西洋的環境中，而是處處都有，只是級次和強度的差別。倘若工作真的是「我們寧可不做的事」，那就可以據此推論，我們但願能做的事一定比較不像工作，而是像遊戲或某個嗜好，抑或我們會考慮在空閒時間做的事，因此比較不需要物質獎勵。恐怕我們不該從中獲得報酬。

上述思路跟我自己的經驗不謀而合。大部分學院中人起初都是因為對知識的愛、對觀念的興致勃勃，才被吸引到這條職涯來。說穿了，有辦法花七年拿到博士學位的人何苦不在法學院待三年，畢業起薪還高出數倍，他們心裡都有數的。姑且不論其他職涯，當兩個同系所的學者真的在喝咖啡交陪的時候，對知識的愛或對觀念的興致，大概是他們最不願說出口的事。反之，他們十之八九會抱怨行政責任如何把自己滅頂。沒錯，這一部分是因為學院中人實際上被要求花愈來愈多時間處理行政的問題，閱讀和寫作的時間愈來愈少。[21]然而，即便你真的在求索某些新智識發現，很引人入勝，但既然別人明顯不熱衷於他的工作，而你表現出自己樂在工作，那對方恐怕會覺得你不懂得體諒。有些學術環境還更反智識。但說到底，不論在哪裡都會有一種想法，即一個人獲得的酬勞不是付給他的天職中讓人快樂的面向，譬如思考；最好把酬勞視為偶一為之的放縱，因認可其真正的工作才授予他，而所謂真正的工作不外乎填寫表單。

學院中人撰寫或審閱研究文章沒有酬勞，所幸付他們薪水的大學還勉強承認研究是其工作描述的一部分，但在商業世界就更糟了。舉例來說，紐約大學寫作教授舒冷貝爾格（Geoff Shullenberger）發了一篇網誌回應我原本二〇一三年的專文，指出許多公司現在覺得，假使一份工作竟有某一方面會讓人滿足，那還真不必付錢：

格雷伯認爲狗屁工作帶有一條道德誡命：「如果你沒有爲某事疲於奔命，任何事都好——是什麼事也不重要——那你就是個糟糕的人。」不過箇中邏輯的反面似乎是：假定你實在喜歡做X活動，再假定X活動有價值、有意義，而且對你而言還帶著固有的回報，那你還預期能獲得（豐厚的）酬勞就不對了。你應該免費付出，即使（尤其）當你做這件事時，還讓其他人能牟利。換句話說，我們會靠你（免費）做你愛的事情維生，只是會盯緊你，確保你做你厭惡的事情維生。

舒冷貝爾格給的例子是翻譯工作。把一個段落或一份文件，從一個語言翻譯成另一個語言——特別是枯燥的商業文件——只有少數人才會把這種差事當興趣來做，但還是可以想像，基於某些理由，人們或許會為了錢以外的原因從事翻譯（比方說，他們嘗試讓自己的語言能力更上層樓）。因此，大部分主管一聽到需要翻譯工作，第一個直覺就是試著想辦法讓別人來做免錢的。然而，同一批主管卻願意花一大筆錢聘請「創意發展襄理」之類的人來做百分百的虛功（事實上，這類主管可能自己就是創意發展部的襄理，除了想方設法要別人免費做事之外，什麼實事都不做）。

舒冷貝爾格還談到一種浮現中的「志工」。資本主義公司收割的成果，愈來愈少來自有償勞動，而是來自沒有給薪的實習生、鄉民、運動份子、志願者和業餘愛好者，還有「數位佃作」民眾狂熱和創意的成果，再將成果私有化並加以行銷。[22]自由軟體產業倒行逆施的程度，已成為這方面的典範了。讀者或許還記得第二章的帕布羅，他讓我們了解捆膠布的概念：軟體工程的工作被切割成開發核心科技和「捆上膠布」的乏味勞動；前者是有趣、富挑戰的作業，但後者才能讓不同的核心科技一齊作業，因為核心科技的設計者從未想過其間的相容問題。不過他主要的論點是，開放原始碼的意思逐漸變成：真正讓人陶醉的事務，一概拿不到報酬：

帕布羅：相較於二十年前，各家公司對開放原始碼的軟體不屑一顧，在自家內部開發核心科技，如今它們仰仗開放原始碼，只是爲了替它們免費取得的核心科技上膠布，才僱用軟體開發者。

到頭來，你會發現人們在上班時間做無趣的捆膠布工作，開發核心科技等讓人滿足的工作入夜才能做。

這導致一種耐人尋味的惡性循環：既然人們選擇免費投入核心科技，就沒有公司會投資那些科技。資金不足意味核心科技時常未完成、品質不佳，有許多美中不足之處、臭蟲等。於是創造捆膠布的需求，捆膠布的工作應聲滋長。

軟體工程師單純愛做創意勞動而在線上合作，不支薪，把成果當成給人類的禮物。弔詭的是，愈是這麼做，工程師愈沒有誘因讓他們的勞動成果跟其他相仿的軟體相容，於是同一批工程師當中就有愈多人日間的工作不得不被分派去修補壞損——做沒人願意免費做的那種維護工作。他歸結道：

帕布羅：我猜想，我們將會見到跟其他產業相同的動力。例如，如果人們願意免費撰寫新聞報導，沒有人會付錢給專業的記者。反之，錢會轉向公關和廣告業，最後因爲資金不足，新聞的品質會降低。

此際，愈來愈少報紙和新聞服務僱用貨真價實的記者，上述過程是否已經在進行中，自有公論。這股風氣衍生的勞動安排不但複雜，往往讓人想不通，然則我此處的目的不是揭露勞動安排，而只是單純記錄風氣本身的存在。對勞動的態度已經改變了。為什麼？就道德而言，做來辛酸又非必要的工作，還是比完全沒工作來得優越。怎麼會有這麼多人終於接受了這樣的態度？

這會兒我們就必須考慮關於工作本身的觀念變化。

論我們對勞動的態度的神學根源

> 人之被造是爲在有形的宇宙裡，成爲天主自己的肖像，使大地屬於他的權下……唯有人能工作，也只有人因著工作而在世上生存。
>
> ——教宗若望保祿二世，《論人的工作》通諭（*Laborem Exercens*, 1981）譯2

> 勞動或可定義爲，將心靈或身體，部分或完全地投注於某些善之追求。惟工作衍生的樂趣不在此處所謂善之列。
>
> ——馬歇爾（Alfred Marshall），《經濟學原理》（*Principles of Economics*, 1890）

何謂「工作」？我們通常認為工作對立於遊戲，而遊戲最常見的定義是為其本身的緣故、求愉快或只是想做這件事，而從事的行動。這麼說來，工作這種活動（通常繁重又一成不變）就不是為其本身的緣故而做的，而且恐怕絕不會為其本身的緣故而進行；就算是，為期肯定也不會太久。投入工作只是為了完成其他事情（例如獲取食物或建造陵墓）。

譯2　這段譯文謹依天主教中國主教團祕書處之編譯。

大部分語言都有一些字詞，翻譯後約莫接近「工作」的意思，不過從一個文化到另一個文化，我們劃分「工作」、「遊戲」、「教」、「學」、「儀式」或「照顧」的確切界線往往變動甚大。今日世界上大多數地方感知工作的方式，都受特定的傳統所形塑，該傳統可回溯至地中海東岸。在那裡，啟示錄開頭的章節，還有希臘史詩詩人赫西俄德（Hesiod）的作品裡，首次有所記載。在伊甸園故事和普羅米修斯神話裡，「人類必須工作」這件事實，被視為人類忤逆神聖造物者的懲罰；然而同樣在這兩部作品中，工作本身讓人類有能力生產食物、衣服、城市，還有終極而言，我們自己的物質宇宙。兩部作品都把這種能力呈現為造物者本身神聖力量比較謙虛的具現。存在主義者老是說，自由是我們的詛咒，我們被迫違背自己的意志，秉持創造的神聖力量。正是如此，畢竟我們當中大多數人寧願在伊甸園裡替動物取名字，在奧林帕斯山頂的宴席上食用花蜜和仙饌，或是在卡克因地（Land of Cockaygne）坐等煮熟的鵝肉飛進我們嗷嗷待哺的食道，才不要為了從土地培植食物而遍體鱗傷。

這時你大可搶白：我不過是對兩個例證做詩意的推敲，得出我們對工作的普遍定義的兩個關鍵面向。第一，人通常不願意為它本身而去做的事情，才叫工作（懲罰之所在）；第二，無論如何我們還是去做了，但那是為了完成工作本身以外的事情（創造之所在）。但人們不見得理所當然就能把這件「以外的事情」想成「創造」，說真的，就算是事實，也還是一件古怪的事實。畢竟大多數工作談不上「創造」事物，工作所關乎的多半是維護和重新安排事物。[23] 試想一只咖啡杯。我們「生產」它一次，清洗它一千次。就連我們認為是「生產」性質的工作——種馬鈴薯、鑄造一把鏟子、組裝一台電腦——都能輕易視為照料、轉化、重塑及重新安排業已存在的材料和元素。

這就是為什麼我會堅持，我們的「生產」概念和我們以「生產力」界定工作的假定，有其神學的精髓。猶太—基督宗教的上帝憑空創造了宇宙（這件事本身稍微有點不尋常：大部分創世神都是使用既有的材料），日後，祂的信徒及信徒的後裔逐漸認為，之所以要在這方面模仿上帝，是因為自己身受詛咒之故。大部分人類的勞動方式，都包含許多巧妙的手法，就任何意義來說都稱不上「生產」，於是被隱去，隱去的過程很大程度是透過性別而實現。創世紀的墮落故事中耳熟能詳的敘述，上帝咒詛男人耕作土地（「你必汗流滿面纔得糊口」），女人要在類似的不幸處境中懷上孩子（「我必多多加增你懷胎的苦楚、你生產兒女必多受苦楚」）。[24] 照行文的框架，男性「生產」性質的勞動等同於生孩子，從一個男性的觀點來說（從女性的觀點不見得說不通，但此處呈現的很大程度是男性的觀點），多少可視為人類能展演的、純粹的無中生有——顯然不知從何處迸出的嬰兒，五臟俱全。

然而，這也是痛苦萬分的「勞動」。

上述形成概念的方式，迄今仍伴隨著我們。社會科學學者談到「生產」和「再生產」的方式，就是一例。就字源學來說，英文的動詞「生產」源自拉丁文 producere，「產生」（to bring forth），或「產出」（put out），即人們會說：「她從她的手提包製成一只皮夾。」「生產」和「再生產」這兩個詞都建立在相同的核心隱喻上：在一個狀況，物件像是從工廠迸出，五臟俱全；在另一個狀況，嬰兒像是從女人的身體迸出，五臟俱全。當然，實際上兩個狀況都不是真的。但在那麼多家父長制的社會秩序中，男人喜歡設想自己由社會或文化的方式，做著他們認為女人順其自然在做的事。於是，「生產」同時是男性生小孩幻想的變奏，也是男性創世神的行動之變體。同樣，這個男性創世神憑藉心智和字詞的純然力量創造整個宇宙，正如男人自認憑心智和膂力創造世界，進而認定這就是「工作」的精髓。至於促成這番幻象的打理和維護事物等實際勞動，大部分就留給女人去做了。

「有償勞動是成年人類的健全發展所必需」這個北歐想法的起源譯3

這種思想的神學起源，再三強調也不為過。現代經濟學大部分的核心假設都可以回溯到神學主張：舉例來說，聖奧古斯丁（Saint Augusine）主張，我們被詛咒在一個有限的世界裡有無限的欲望，自然陷於彼此競爭的處境；十七世紀，在霍布斯（Thomas Hobbes）的作品中這個說法又以世俗的形式再度出現。理性的人類行動大半關乎「經濟」（在一個競爭的世界裡，理性行動者對稀缺資源的最適配置），這個假設的基礎就來自奧古斯丁的主張。

當然，經濟事務在中世紀的歐洲是由教會法管轄，因此上述問題無論如何都跟神學脫不了關係。不過，那段時期還引入了一個元素，跟神學的牽連不見得那麼明顯，但這個元素深深影響了後來勞動概念的形成，此即「服務」的概念。[25]這個觀念十分北歐。

就理論而言，封建社會是一個龐大的服務體系：農奴為封建領主「服務」，而低階的封建領主也為較高階的領主「服務」，理同較高階的領主提供國王封建制度所規範的服務。然而，封建制度所規範的服務固然影響大多數人的生活，此種服務類型卻不及歷史社會學者所謂的「生命週期」服務來得廣泛又深遠。基本上，幾乎所有人投入到工作的生命中，差不多前七到十五年都必須在別人的家戶裡當僕從。我們都很熟悉這件事在行會裡運作的情況。首先，青少年會被分派到工匠師傅那裡當學徒，繼而成為職工（journeyman），直到他們企及工匠師傅的地位，才有成家立業、自己收學徒的憑藉。這套體系其實完全不限於手工匠人，就連農民也必須把青少年以後的歲月投入另一農場家戶作「農事僕役」（servants in husbandry），通常對方的家境也只是稍微寬裕些。就服務這件事來說，女孩和男孩承受同等的期待（擠奶女工就是這麼來的：正值服務之齡

譯3 北歐（Northern Europe）有狹義和廣義的定義。狹義的北歐指瑞典、芬蘭、丹麥、挪威、冰島等五國，包括各自的海外自治領地如法羅群島等。廣義的北歐還會加上波羅的海三國、不列顛群島、愛爾蘭等。在此作者取廣義。

的農家女兒），甚至菁英也不例外。人們耳熟能詳的例子要數侍從了，他們是見習的騎士。就連貴族女子，青春期也必須擔任女官（lady-in-waiting），也就是「侍候」位階稍高的已婚貴族女子的僕役，隨侍私寢、如廁、用餐等。這些女官自己也處於待嫁的立場，可能也在「等候」成為貴族家戶的夫人。皇家宮廷也有形制類似的「儀官」（gentleman waiter），隨侍在國王的寢宮。[26]

至於年輕貴族的情況，「等候」多半意謂著等候一筆遺產，或是等候其雙親決定此人年紀夠大且歷練充足，值得轉移頭銜和財產。這也可能會發生在農事僕役身上。不過，一般而言，老百姓會付錢給僕役，而僕役的工資大部分必須存下來。這樣一來，他們就同時取得管理家戶、店鋪或農場所需的知識和經驗，還有自行立業所需的財富。至於女人的狀況，存下的錢讓她們拿得出嫁妝給旗鼓相當的追求者。結果，中世紀的人婚結得晚，三十幾歲結婚多屬尋常，這就意味著「少年」——青春期，時人眼中至少是有一點粗野、好色且叛逆的時期——經常延續長達十五到二十年。

僕役有給薪是很要緊的事實。由此可見，僱傭勞動早在資本主義萌芽前好幾世紀就存在於北歐，而中世紀幾乎每個人都認為，在工作生涯的初始階段從事僱傭勞動，是件體面的事情。服務和僱傭勞動幾乎是同一件事。即使到了克倫威爾（Oliver Cromwell）的時代，仍然可以叫日薪工「僕役」。人們進而把服務視為年輕人賴以學習一門行當的過程；不只如此，年輕人還從服務中學習「做人」（manners），一個負責的成年人合宜的應對進退。一個在一五〇〇年左右造訪英格蘭的威尼斯旅客曾說過這段話，時常被引用：

> 英格蘭人冷漠無情，尤其體現在他們對孩子的態度。家裡照顧孩子滿七歲，頂多九歲，就把他們送去其他人家裡做辛苦的服務，男女皆然，一做通常就是七到九個年頭。[27] 這樣的服務稱爲見習，見習期間，最低賤的職務都由他們完成。能免於這種命運的人極其稀罕。一個人不論再怎麼富裕，都要把他們的孩子送去其他人的家宅，也收陌生人的孩子進自己家。當我問起他們這麼嚴苛的原因，他們的答覆是爲了讓孩子學習怎麼做人。[28]

做人在中世紀和早期現代的意思遠超過禮節，短短一個字，指的是一個人舉手投足的儀態（manner）和更概括的活在世上，即一個人的習慣、品味和感知方式。我們認為是給薪的工作和我們認定為教育的事情是同一回事，所以年輕人必須在其他人的家宅裡為工資而工作，除非此人有意加入神職人員，成為學者。不管是工作或學習，都是學習自律的過程，關乎「從心所欲而不踰矩」，[29] 並學習舉止像個合宜的成人，毋需別人操心。

這並不是說中世紀和現代早期的文化沒有留下讓青年宣洩過剩精力的餘地，正好相反。年輕人雖然在別人家裡服務，但建立他們自己的另類文化仍是司空見慣的事。名為「暴政領主」和

「不講理修道院長」的青年會社是另類文化發展的中心，民俗節慶時甚至還能暫時接掌權力。話說回來，在一個成年家戶長的指導下，進行紀律嚴明的作業，終極的目的在於將年輕人改造成能自己守紀律的成人；屆時，他們就不需再為別人工作，得以自僱。

§

如此安排的結果是，中世紀北歐對工作的態度跟盛行於古典世界的態度十分不同，甚至也迥異於後來的地中海民族（如前文所見，英式習俗讓威尼斯的使節大為駭異）。古代希臘和羅馬留下來的史料，大部分出自男性貴族的手筆，他們認為肢體勞動或服務是專屬女人或奴隸的事情。亞理斯多德篤定工作絲毫不會讓你成為更好的人，說真的，工作會讓你變得更糟糕，因為它占據太多時間，讓人很難完成社會和政治的義務。古典文獻多強調工作的懲罰面向，自不待言。反觀創造和事神的面向，咸認著落在男性家戶長身上；他們夠富有，毋需弄髒手，只要使喚別人做事就好。中世紀和文藝復興的北歐，幾乎每個人終其一生不免有必須弄髒手的時候。[30] 於是工作，尤其有給薪的工作，在北歐人眼裡便具有改造的性質。這一點很重要，因為這意味著，早在新教的教義茁生前，後來以新教的工作倫理聞名的某些關鍵面向，就已經存在了。

隨資本主義到來，諸多領域視工作為社會改革的手段，抑或，說到底本身就是一種美德，這是怎麼發生的？而勞工是如何擁抱勞動價值論以反制？

工作的意義還沒有一部翔實的歷史。

——米爾斯（C. Wright Mills），《白領：美國中間階級》（*White Collar: Clsses*, 1951）

當資本主義到來，一切都改變了。我此處所謂「資本主義」，不是指市場——市場老早就存在了——而是指服務關係逐漸轉化成持久的僱傭勞動關係。亦即，有些人持有資本，其他人沒有，後者不得不為前者工作，而僱傭勞動的關係就存在於兩者之間。從人類的角度來說，這代表什麼意涵呢？首先，數百萬年輕人受困於持久的社會青春期。行會結構已經瓦解，學徒可以成為職工，職工卻再也沒辦法成為師傅。從傳統的角度來說，這意味職工將無法預備好結婚、建立自己的家庭。他們毋寧是人生不圓滿的人類，而社會要求他們這樣過一輩子。[31]無可避免地，許多人起而反抗，放棄沒有指望的等待，開始早婚，離開師傅，自立門戶和家庭，繼而在茁生的僱主階級中間引發一波道德恐慌，十分類似後來針對青少年懷孕的道德恐慌。底下的引文出自《陋習析論》（*The Anatomie of Abuses*），一本十六世紀的宣言，作者是一個清教徒，名叫司徒伯斯（Phillip Stubbes）：

除此之外，你應當要每個輕佻的男孩，十、十四、十六或二十歲的年紀，把上一個女人，娶她，絲毫不把上帝放在眼裡……更甚者，他們從沒想過兩人該怎麼一同生活，該怎麼顧全他們的天職和身分地位。沒有，沒有！這些事情他們從沒放在眼裡。他有他的俏屄就樂不思蜀，因他只欲望那屄。接著他們蓋起一棟小屋，只是屋椽老舊，不管事情怎麼發展，他們多半就住在裡面，乞討餘生。於是境內充斥乞丐……不久就會增長成普遍的貧窮和短缺。[32]

若說無產者可稱為一個階級，這個階級就誕生在此刻。「無產階級」這個詞來自一個拉丁字，意思不折不扣是「產下後代者」，原因是這樣的：在羅馬，財富不足以納稅的最窮困的市民，對政府來說，就只有產下兒子充填兵源的用途。

或許可以把司徒伯斯的《陋習析論》視為清教徒所謂「儀態改革」的本色宣言：既對宮廷生活的肉色生香投以妒恨的眼光，也看不慣通俗娛樂的「異教喧囂」，十足中間階級的見識。從《陋習析論》也看得出來，生命週期服務的衰落與一支無產階級的創造，此一較廣泛的脈絡，乃是理解清教教義和新教工作倫理根源相關論辯的前提。英國的喀爾文教徒（其實只有厭惡這幫人的，才叫他們「清教徒」）多出身工匠師傅和「漸入佳境」的農人等階級，就是他們在僱用才剛創沒多久的無產階級。他們的「儀態改革」特別挑上通俗節慶、賭博、飲酒，「以及所有騷亂的年度儀式，其間年輕人暫時顛倒社會秩序」。[33] 清教徒的理想是把這一干「無主之人」統統趕到一塊兒，置於虔誠家戶嚴峻的管教下，讓家父長指揮他們工作與祈禱。後續改革下層階級儀態的諸多嘗試綴連成漫長歷史，這只是第一章而已：維多利亞時代是在習藝所教導貧民時間的紀律，今日則有工作福利制和類似的政府計畫。

為什麼中間階級從十六世紀開始，突然發展出這樣一種改造窮人道德習慣的興趣？明明此前他們並不對這個主題特別感興趣。這件事向來是某種歷史謎團。不過，從生命週期服務的脈絡看，其實完全說得通。窮人被視為有志難伸的青少年。這樣的青少年要學習如何成為舉止合宜、守紀律、不勞別人操心的成年人，傳統的手段向來是工作——尤其師傅監督下的有給勞動。人們習於設想，成年生活就是工作不需要聽命他人的自由，但清教徒和其他虔誠的改革者實際上當然沒辦法如此應許窮人，於是把應許換成慈善、紀律和翻新過的神學懶人包。他們教導窮人，工作既是懲罰也是救贖：既然工作是自我禁欲，它本身就有價值，而且價值還超出工作生產的財富。財富只是上帝恩典的記號，而且不該浸淫其中。[34]

工業革命後，換衛理派讚頌工作，活力煥然一新。不過還沒完，就連受過教育、自認不特別虔誠的中間階級社交圈也十分熱衷。鼓吹最力者大概首推卡萊爾（Thomas Carlyle）。這位專文寫手家喻戶曉，在新的瑪蒙時代（Age of Mammon），他擔憂道德敗壞，倡議他所謂工作的福音。卡萊爾堅決不把勞動視為滿足物質需求的一種方式，而該當成生命本身的精髓。世界處處有缺憾，人類才有機會藉著勞動完成祂的事功，這是上帝創世的旨意：

人在工作中臻於至善……試想他上工的一瞬間！即使那勞動屬於最粗鄙的種類，人的全副靈魂仍在其中譜成一種眞正的和諧。猜疑、欲望、憂慮、悔憾、憤慨、絕望本身，凡此種種，像地獄犬，垂涎可憐日工的靈魂，覬覦每個人的靈魂。只見他對他的任務鼓起自由的勇氣，那些地獄犬統統肅靜，囁嚅縮回牠們的巢穴。這個人現在是眞正的人了。他體內蒙主恩典的勞動之光，何嘗不是一盆淨化之火，一切毒素都將葬身火舌？

但凡眞正的工作都是神聖的。只要是眞正的徒手勞動，就是眞正的工作，其中就有神聖的事物……哦，弟兄，如果這不是「崇拜」，那我要說崇拜眞讓人失望，因爲這是上帝的聖穹之下，人們迄今所知最高貴的一件事。是你抱怨你勞苦的生活嗎？勿抱怨。我疲憊的弟兄，抬頭看，那裡有你的工人同伴，在上帝的永恆裡安息，不朽者的聖團，人類帝國在天上的戍衛。[35]

卡萊爾最終得出的結論，跟今日許多人所見略同：設若工作是高貴的，最高貴的工作就不應該有報酬，因為這等價值至高的事物，標上價格就是褻瀆（「每一種高貴工作的『工資』不在任何地方，只能寄寓在天堂」）[36]——所幸他還算慷慨，允許窮人領「適當工資」以取得維生憑藉。

這樣的論證在中間階級的圈子裡瘋傳。至於約當卡萊爾的時代開始在歐洲萌芽的工人運動，對卡萊爾的說法不以為然，也是意料中事。多數工人參與盧德派、憲章運動、李嘉圖派社會主義，以及英國基進主義的各種早期支脈，他們大抵可以同意工作中有神聖的事物，不過神聖的品質不在於工作對靈魂和身體的效應——身為勞動者，他們知之甚詳——而在於工作是財富的源頭。造就有錢有權的人有錢有權的一切事物，都是由窮人的心血所催生。英式經濟科學的創始人亞當・斯密和李嘉圖（David Ricardo）採納勞動價值論，許多新興實業家為與地主仕紳做出區隔，也紛紛跟進，把後者約化為無所事事的區區消費者。然而，社會主義者和組織勞工的份子旋即接受該理論，反將實業家一軍。經濟學者不久就開始另尋明確的政治立場。一八三二年（亦即馬克思的《資本論》問世前三十五年）已經出現類似下述的警告：「勞動是財富唯一的源頭，這種學說非但危險，更是大錯特錯。有一幫人把一切私有財產都說成工人階級所有，其他人獲得的分額都說成是對工人階級的強取或訛詐，此學說已不幸淪為這幫人的把柄了。」[37]

其實到了一八三〇年代，上引內容確實就是許多人宣揚的內容。我必須強調：不待馬克思的作品傳開，緊接著工業革命的幾個世代裡，世人就普遍接受了勞動價值論。馬克思的作品賦予勞動價值論嶄新的能量和更精雕細琢的理論語言。後者在英屬美洲殖民地特別有力。美國獨立戰爭的步兵是技師和技工，他們自詡為財富的生產者，而英國皇室正在掠奪這筆財富。革命後，許多人拿同樣的語言撻伐準資本家。「為他們對良好社會的觀念作鋪墊的磐石，」借一位史家的說法，「就是勞動創造一切財富。」[38]當時，「資本家」這個詞多半是作貶義使用。舉例來說，美國總統林肯一八六一年首次對國會發表國情咨文，他提到以下幾句話；這幾句話聽在當代人耳裡或許基進，但其實只是反映當時的常識：[39]「勞動先於資本，獨立於資本。資本只是勞動的果實，倘若勞動不先存在，資本絕無存在之理。勞動優於資本，該當更優先考量之。」

然而，林肯繼續強調：美國之所以不同於歐洲，就在於此地不會有一批固定是僱傭勞動者的人口，甚至連美國的民主都有賴這一點：

「譬如任人僱傭的勞工，他們毋需停滯在那樣的生活境況。各州到處都有獨立的人，才沒幾年前他們還是僱傭勞工。戰戰兢兢，身無分文，世間的新鮮人為工資勞動。經過一陣子，新鮮人存下一筆錢，自個兒添購工具或買下土地，接著自食其力；又是一陣子過去，他僱用另一個新鮮人當幫手。」

也就是說，林肯主張（儘管措辭不大一樣）：由於美國的經濟和領土迅速擴張，類似中世紀的舊式體系猶有可能維繫，在這樣的體系下，每個人一開始都為別人工作，再運用勞動攢積下來的工資開設店鋪或買下農場（土地是從原住民那裡奪來的）；最終他們自己當起資本家，僱用年輕人當勞工，為自己做事。

上述過程在南北戰爭前的美國，肯定人人夢寐以求——而林肯來自伊利諾州，離邊疆不算遠。另一方面，美國東岸老城市的工人協會已經大肆撻伐這種主張。[40]然則林肯認為自己必須接納勞動價值論作為論辯的框架，才是此處的要點。當時人人皆是如此。一直到十九世紀末都是如此。你也許會想像，歐洲風格的階級緊張在西部邊疆不大會感染群眾，但就連西部邊疆沿線也接受勞動價值論。一支新教的「住家傳道隊」花了幾年遊歷西部邊疆，於一八八〇年記述：「從科羅拉多到太平洋，每一群牧場工人，每一群礦工，嘴上都掛著卡內（Denis Kearney）的勞工粗口，英格索爾（Denis Ingersoll，無神論小冊子寫手）不敬神的淫言穢語，馬克思的社會主義理論。」[41]

我看過的每一齣牛仔電影顯然都漏了這個細節！（值得注意的例外是《碧血金沙》〔*The Treasure of the Sierra Madre*〕，該片第一景確實是飾演一個礦工的約翰．休斯頓〔John Huston〕向亨弗萊．鮑嘉〔Humphrey Bogart〕解釋勞動價值論。）[42]

談勞動價值論在十九世紀日益流行時的關鍵瑕疵，而資方如何占這個瑕疵的便宜

勞動促成的活動有助於滿足他人的需求，就這個意義而言，差不多所有形式的勞動都可說是「照顧」。

——福爾布爾（Nancy Folbre）

我轉而討論美國，是有理由的。美國在我們的故事裡擔綱關鍵的角色。「一切財富源自勞動」的原則，從來沒有在哪個地方被當成普通常識、幾乎所有人都接受，除了美國。然而，針對這項常識的反擊也是在這個地方最縝密、最頑強，而且最終如此有效。二十世紀頭幾十年，首部牛仔電影開拍，這番布局已大半完成。牧場幫工曾經嗜讀馬克思，這樣的想法在那時人眼中就跟對今日大多數美國人而言一樣，都顯得荒唐。更重要的是，這番反擊奠定一種態度的底蘊，亦即對工作明顯古怪的態度。這種態度多從北美洲外溢，散布到全世界，至今還能觀察到這般過程及其有害的結果。

林肯的話無疑說得太滿，但他的話對南北戰爭前還存在的「工匠共和國」而言仍舊是真的，那時某種形似生命循環服務、更舊式的傳統仍老當益壯——值得注意的差異是，大多數僱傭勞動者都沒有被稱作「僕役」，也沒有生活在僱主家裡。政治人物確實把這樣的傳統當成理想，據以立法。準資本家必須證明，他們創設有限責任的公司可望貢獻於明確且無可辯駁的「公共利益」——實務上，這通常意謂他們必須提案開鑿運河或興築鐵路[43]——才能獲授這項權利（換句話說，社會價值的想法不但存在，更寫進法律裡了）。姑且不說邊疆沿線的無神論者，反資本家的觀感大多是在宗教的基礎上找到根據。通俗的新教教義汲取其清教根源，不但讚頌工作，還採納了一個信念，照我的人類學同儕杜卡斯（Dimitra Doukas）和德倫貝爾格（Paul Durrenberger）的說法，即「工作是一項神聖的責任，也是道德和政治比遊手好閒的富人更優越的憑證」。這不啻是卡萊爾的「工作福音」更直白的宗教版本（史家多逕稱為「生產者主義」）：強調工作本身就是一種價值，**而且**是價值唯一真實的生產者。

南北戰爭一結束，大規模科層制、企業資本主義就出現，一切開始改變。新興大亨被稱為「強盜男爵」，起初是過街老鼠人人喊打（一如給他們的諢名所示）；可到了一八九〇年代，他們著手進行一項智識上的反攻，提出杜卡斯和德倫貝爾格襲用卡內基（Andrew Carnegie）的一篇專文來命名的〈財富的福音〉（Gospel of Wealth）：

新科企業鉅子、他們的銀行家，還有他們在政治界的盟友，反對生產者至上的道德主張，從一八九〇年代開始鼓吹一套新的意識形態。這套意識形態宣稱，不是勞動，而是資本創造了財富與繁榮。強而有力的企業利益同氣連枝，協力將學校、大學、教會和市民團體所傳達的訊息扭轉成：「商業行爲解決了工業社會基本的倫理和政治問題。」

鋼鐵巨擘卡內基是這番文化運動的領導人之一。卡內基對大眾主張我們今日所謂的消費主義：「集中」資本，由適合的人選睿智地管理，生產力之高，將會大大降低商品價格，明日的工人會過著過去帝王的生活。對菁英，他則主張高工資會寵壞窮人，不利於「種族」。[44]

消費主義的廣傳與管理革命的開端並轡而行，特別是一開始的時候，它們很大程度是對民俗知識的貶斥。以往，桶匠、推車匠、女裁縫自視為光榮傳統的繼承者，每一門行當都有祕傳的知識；反觀新興的、循科層制組織起來的企業及其「科學管理」，則窮盡所能將工人塑造成機具的延伸。這不是比喻，工人的每一動都被別人預先規劃好了。

為什麼這場運動如此成功？我認為這是最該問的問題。畢竟才一個世代的光景，「生產主義」就讓位給「消費主義」，一如布雷弗曼（Harry Braverman）所言：「地位的來源不再是製造物品的能力，反之就只是來自購買物品的能力。」[45] 值此同時，經濟學的「邊際革命」將勞動價值論踢出經濟理論，從通俗常識淪落至今天的田地，只有研究生或革命馬克思主義理論學者的小圈子才有機會讀過。如今誰要是說到「財富生產者」，人們會自動假定這話指的不是工人，而是資本家。

通俗意識經歷天翻地覆的滑移。是什麼原因促成的？我認為主要原因是原初的勞動價值論本身的一個瑕疵，即聚焦於「生產」。如前所述，「生產」這個概念基本上屬於神學，承載著根深柢固的家父長制偏見。早在中世紀，人們就把基督教的上帝視為工匠，一個巧匠，[46] 而人類的工作（老是被優先想成男性的工作）是製造和建造事物，或從土裡悉心栽培出東西來也無妨。反觀女人的「勞動」則首先被視為生小孩這檔事；生小孩是揮之不去的象徵。貨真價實的女人勞動，從理論交鋒中消失不見，顯然工業革命後續前所未有的生產力增長懾服了世人，在這裡發揮了作用。生產力的增長只能導致論證倒向機器相對的重要性，以及操作機器的人，而這樣的論證在整個十九世紀間不曾離開過政治和經濟辯論的中心。

那就來談工廠勞動，但就連這裡也有一段晦暗的故事。出於直覺，大部分早期工廠主起初盡量避免僱用磨坊裡的男人，而是僱女人和小孩，因為認為後者容易管控，尤其女人又更適應單調、重複的作業。這種僱用傾向經常導致既殘暴又駭人的結果。這樣的處境也讓傳統男性工匠的處境格外痛苦。他們的飯碗被新工廠端走，而妻子和小孩本來聽從他們的指示工作，如今是由妻小來掙家裡的麵包。這顯然是拿破崙戰爭期間頭幾波搗毀機器暴動的因子，後來被稱作盧德主義；而平息暴動的一項關鍵要素，顯然是心照不宣的社會性妥協，人們逐漸接受成年男性才可以是工廠僱用來做事的頭號主力。除此之外，接下來一個世紀左右，勞動組織多半聚焦於工廠工人（一部分只是因為他們最容易組織），導致我們現今的處境，亦即只要標舉「工人階級」這個短語，就會跳出穿連身工作服的男人在生產線上操勞的形象。時常聽到好歹也唸過書的中間階級知識份子指出，工廠的工作衰退了，譬如英國和美國的工人階級再也不存在了——彷彿駕駛他們搭的公車、修剪他家樹籬、安裝有線電視或替他們祖父換便盆的，都是精妙打造出來的人型機器人一般。

事實是，大部分工作者都在工廠工作的時代，從來不曾有過。就連在馬克思或狄更斯在世時，工人階級街坊住的也更多是幫傭、擦鞋匠、清道夫、廚師、護士、馬車夫、中小學教師、娼妓、門房和果菜流動小販，多過煤礦、紡織廠或鑄鐵廠員工。前一類工作屬於「生產性質」嗎？說它們屬於生產性質是什麼意思？又是對誰而言屬於生產性質？誰「生產」舒芙蕾？正因為這些模稜兩可之處，人們為價值相執不下的時候通常擱置這類議題。可是擱置這些議題令我們對現實盲目；現實是大部分工人階級的勞動，不論由男人還是女人做，其實都更像我們根據原型所設想的女人的工作。譬如照顧人，了解人們的需要和需求，譬如解釋、確認、預期老闆的需要或心思，更別說照料、監控和維護廠房、動物、機器和其他物件。錘打、雕鑿、升吊或採收東西，反而比較少。

這種盲目是有後果的。容我舉個實例。二〇一四年，倫敦市長揚言要關閉倫敦地鐵的售票亭，為數多達百座，只留下機器。某些在地的馬克思主義者為此在線上爭辯了起來，主題是被市長以冗員相脅的工作者是否從事「狗屁工作」。某些人拋出的邏輯是這樣的：一份工作要嘛為資本主義生產價值，而資本家顯然再也不認為這些工作有此效果；要嘛這份工作滿足了某種社會功能，就算資本主義不存在，該功能仍舊不可或缺，但因為在完全的共產主義下，運輸會是免費的，所以這些工作顯然也不是不可或缺。不用說，我被拉進論戰中。人們要求我回應，我最後向對話者指出一份罷工者自行製作的傳單，標題是「給未來倫敦地鐵乘客的建議」，上面印了這樣的幾行字：

出行前，請確定您完全熟悉倫敦地鐵的十一條線和兩百七十個地鐵站……請確定您的旅途沒有任何延誤，沒有任何意外、緊急狀況、事故或疏散。身體請不要有障礙。不要窮。不要是剛到倫敦。請避免年紀太輕或太老。出行時請勿被騷擾或攻擊。請勿丟失財物或兒童。請勿以任何方式尋求協助。

許多倡議無產階級革命的人，恐怕從沒想過要調查運輸工作者實際都做了些什麼，反而陷入跟右翼小報散播的刻板印象雷同的泥淖，把市政府僱員想成無所事事、工資過高、靠稅收養的米蟲。

可見，在地鐵工作的人實際的工作內容，更接近女性主義者命名的術語「照護勞動」所指的東西。這種工作跟護士的作業內容共通之處多於泥水匠。只是其他工人階級工作的照護面向被隱匿了，正如同我們對「經濟」的說法中也隱匿了女人無償的照護勞動。或許你可以如此緩頰：英國工人階級的照護勞動傳統，確實藉由通俗文化來流通。通俗文化絕大部分是工人階級的產物，充斥了獨樹一格的姿態、風範，還有工人階級民眾激勵彼此的抑揚頓挫，在英式音樂、英式戲劇和英式兒童文學裡流傳。然而，人們並未肯定照護勞動本身是一種創造價值的勞動。

「照護勞動」一般被視作是為其他人而做的工作，總是包含某些詮釋、同理和理解的勞動。某種程度上，我們不妨主張照護勞動不盡然是工作，照護勞動只是生活，過得適切的生活。人類這種生物，按其天性就有同理心，為了互相溝通，我們必須不斷發揮想像力，設身處地想像彼此的處境，嘗試理解其他人的想法和感受。通常，這就意味多多少少為他人操煩（care），可是當所有同理心和從想像出發的分憂解勞都落在單一邊的時候，這樣的操煩就很難不變成工作。人們當成商品的照護勞動，其要點不是有些人操心而其他人置身事外，而是那些為「服務」（請注意舊式的封建術語仍留存著）付費的人，覺得沒有必要自己投入詮釋勞動。假定某個泥水匠為別人工作，那這個道理對這個泥水匠也為真。老闆的心思，下屬必須亦步亦趨，反之老闆毋需操這份心。話說回來，我相信這就是為什麼心理學研究總會發現，出身工人階級的人判讀他人的感受時比中間階級背景的人準確，也更富同理心、更關心他人，而家境富裕的人則不然。[47]某種程度上，判讀他人情緒的技能只是工人階級工作實際內容的一種效果；富人可以僱用其他人代勞，所以不需要學習怎麼把詮釋勞動做得跟工人階級一樣好。另一方面，那些被僱來代勞的人就必須培養理解他人觀點的習慣，進而容易為他們著想。[48]

同理，所有勞動都可以看成照護勞動，許多女性主義經濟學者都指出了這一點。回想本章開頭的例子：就連造橋，說到底也是因為此人關心想要渡河的人。人們反思自己工作的「社會價值」時，確實會著眼這些方面。當時我引述的例子已釐清了這一點。[49]

勞動首先因其具有「生產性質」而有價值，又以工廠工人為生產性質勞動的樣板——如此思考勞動就促成了偷天換日。汽車、茶包或藥品都從工廠「生產」出來，經過同樣痛苦、但終極而言神祕難解的「勞動」，如同女人生產嬰兒。一經偷天換日，人們就能隱匿這一切。這也讓工廠主能面不改色地堅稱：沒有，工人跟他們操作的機器其實沒有差別。後世稱為「科學管理」這門知識的成長，顯然也讓事情更好辦了。然而，假使通俗想像奉為典範的「工人」例子是一個廚師、一個園丁，或一個按摩師傅，那這一切從來都不可能發生。

§

在今日大部分經濟學者眼中，勞動價值論就像是從該學科尚顯青澀的歲月穿越過來的奇珍異品。倘若你的主要興趣是理解價格形成的模式，那會有更好的工具可用。然則，對工人運動——不好說，但也許該算上像馬克思這樣的革命份子——而言，經濟學怎麼考量從來就不是真正的重點。真正的重點在哲學方面。勞動價值論肯認我們棲居的這個世界是一個由我們製作的事物；由我們集體，在組成一個社會的狀況下製作的。正因如此，我們原本也有辦法把世界製作成別的模樣。對於幾乎所有有形的、我們隨手可及的物件而言，這一點是真的：每樣物件都由某人栽植或製造，本於某人想像中我們也許會喜歡的形制，本於他們認為我們或許會需要或需求的東西。甚至像「資本主義」、「社會」或「政府」等抽象的事物，也合乎這個道理；是因為我們日復一日生產它們，它們才得以存在。哈洛威（John Holloway）也許是當代最富詩意的馬克思主義者，他曾提議寫一本書，書名叫《停止製造資本主義》（*Stop Making Capitalism*）。[50] 畢竟，他指出，雖然我們都把資本主義當成巨獸，巍然凌駕於我們，但資本主義其實只是我們生產的東西；每天早上起床，我們都重新把資本主義創造出來。假使有一天早上，我們醒來，全體決定創造別的東西，那資本主義就不存在了。會有別的東西取而代之。

甚至可以說，這就是所有社會理論、所有顛覆現狀的思考的核心問題——說不定終極而言是唯一的問題。我們一同創造棲居的世界，然而，如果有人嘗試想像一個我們樂意生活其中的世界，難道他想像的世界會跟當前存在的這個一模一樣嗎？我們都能想像一個更好的世界。為什麼我們不能逕自創造一個？為什麼光是停止製造資本主義就顯得遙不可及？停止製造政府呢？或者最起碼，停止製造惡劣的服務提供商和惱人的科層制繁文縟節？

將工作視為生產，讓我們得以問出這些問題，其重要性無可言喻。然而將工作視為生產的見解，是否給予我們回答問題的憑藉，就不是那麼明朗了。逕自創造一個不同現狀的社會，運行一套不同的規則——這件事的難處，在我看來有跡可循。難就難在，人們得承認有大量工作嚴格說來屬於照護性質，而非生產性質；此外，就連擺明非關個人的工作也有照護的面向。即便我們不喜歡這個世界的樣貌，但事實是我們大部分行動裡有意識的目標（不論行動屬於生產與否），仍舊是善待他人——經常是萬中選一的他人。我們的行動鑲嵌在照護的關係中，不過多數的照護關係都需要我們多少抽離習以為常的世界。恰恰是在結婚生子的時候，青少年時的理想主義者十之八九都會放棄創造更好世界的夢想，逐漸向成人生活的種種妥協低頭。要照護他人，就需要維持一個相對可預期的世界，以奠定照護工作的根基。照護的時程愈長就愈是如此。除非你確定二十年後大學仍舊會存在，不然怎麼有辦法為孩子的大專教育存錢——當然，也要確定金錢屆時還通用。這也意謂了，對他者（人、動物、地景）的愛，固定需要有人維護制度結構。這樣的維護工作，本來你說不定會棄之如敝屣的。

二十世紀間，人們益發把工作當成規訓和自我犧牲的形式，以此評斷工作的價值

> 基於一個錯誤的觀念，我們持續創設職位：根據馬爾薩斯—達爾文式的理論，人必須證成自己存在的權利，所以每個人都必須受僱去做某種單調沉悶的工作。
>
> ——富勒（Buckminster Fuller）

不論人們怎麼評價，「財富的福音」這番反擊是成功了。先是在美國，繼而逐漸在全世界，產業界領導設法讓公眾信服：他們（而不是他們僱用的人）才是真正締造繁榮的人。話說回來，正是因為他們的成功，創造了一個無可迴避的問題：工作者在職務上被當成機器人使喚，又該怎麼找到意義和目的？在職務上，工作者真的**被告知**他們沒比機器人強到哪去，同時還被軟土深

掘，要他們以工作為重，來安排他們的生活。

粗淺的回應是返回古老的觀念，即工作形塑品格。事態似乎確實是這樣發展的，或可稱之為清教主義的復興。不過如前文所述，這個觀念還能再往回推，回推到基督教學說中對亞當的詛咒跟一個北歐想法的混合，後者是指在一個師傅手下受調教才能成為不折不扣的成年人。有這段歷史的支持，人們格外容易鼓勵工作者把工作當成自我克制，某種世俗的「粗衣」[譯4]，藉此犧牲歡樂和愉悅，才能成為成年人，才配得上我們的消費主義玩具。其實，人們何嘗不能把工作視為創造財富或幫助他人的方式，即使後者不見得擺在最優先。

大量當代的研究證實了上述評論。確實，睽諸歷史，歐洲人或美國人都不曾認為身後的世界該以副業來標識他們。若造訪一處墓地，你絕對找不到一塊刻著「通氣管裝配工」、「執行襄理」、「保育巡查員」或「辦事員」的墓碑。身後，人們會以死者所愛和死者所接受的愛，標識這則靈魂在人世間的精義。死者從他們的丈夫、妻子和孩子那邊接受愛，偶爾也來自他們戰時服務過的軍事單位。這一切都涉及密切的情緒投入，還有生命的施與受。反觀這些人還活著的時候，不論誰遇到他們，開口第一個問題多半是：「你做什麼為生？」[譯5]

上段所述，至今依舊如此。「財富的福音」和後續消費主義的興起，本該讓一切改頭換面，然而這則事實仍像個頑固的弔詭，不改舊觀。我們不再認為自己生產的東西表達了我們的自我，反之，我們的自我改由所消費的東西表達：穿哪種衣物、聽哪種音樂、追隨哪支運動隊伍。尤其一九七〇年代後，每個人都必須把自己安放在部落次文化裡，作個科幻技客、愛狗人士、漆彈愛好者、大麻愛好者，或是芝加哥公牛隊或曼聯的支持者，但肯定不是碼頭工人或災變風險分析師。何況我們多半寧願被職務以外的任何事物界定，這在某個層面上是真的。[51]但弔詭的是，不知怎地，人們掛在嘴上的是：工作給予他們的生活終極的意義，失業對心理有毀滅性的影響。

二十世紀間，針對工作的問卷、研究、調查和民族誌層出不窮，為數龐雜。有關工作的作品已自成一支小型產業。這批及後續研究達成的結論似仍有效，對世界上差不多所有地方的藍領和白領工作者來說，只有小幅的變異。其結論可歸納如下：

1. **大多數人的尊嚴和自我價值，跟賴以為生的工作過程密不可分。**
2. **大多數人憎惡他們的工作。**

不妨將此稱為「現代工作的弔詭」。工作社會學整個學科，尤其勞資關係的社會學，念茲在

譯4 hair-shirt，用動物毛髮織成粗糙的內衣，刮搔肌膚以提醒自己斷絕肉欲。

譯5 原文為 What do you do for a living，問對方的工作。這個句子字面的意思是「為了生活，你都做些什麼事情？」

茲的一大主題，就是試圖理解這些結果這些結果怎麼能夠同時為真。該領域兩大被奉為圭臬的學者，吉尼（Al Gini）和蘇利凡（Terry Sullivan）於一九八七年寫道：

> 過去二十五年來逾百份研究指出，工作者習慣將自己的工作描述爲操勞身心、無聊、心理耗弱，或是羞辱、貶低人格。〔與此同時〕他們想要工作，因爲他們察覺到，在某個層面上，工作對於人類品格的塑造，就心理而言具有重大分量，分量或許還無與倫比。工作不只是討生活的一段過程，更是對內在生命貢獻最卓著的一個因子……無法工作不只是無法購買工作能負擔的東西而已，人們還失去定義自我和尊重自我的能力。52

鑽研這個主題許多年之後，吉尼最後得出結論，即人們所知的工作愈來愈不是某個目的的手段——亦即一種獲取資源和經驗的方式，進而能夠延續自己的計畫（如我所說，經濟以外的價值：家庭、政治、社群、文化、宗教）——卻愈來愈是一種在其自身的目的。然則大多數人卻同時認為這個在其自身的目的有害、委屈，而且壓迫人。

這兩種觀察要怎麼調和？或許其中一種方式，是援引我在第三章的論證，認可人類本質上**是**一組目的，倘若沒有絲毫目的感，我們恐怕連存在都談不上。這個說法當中肯定有真確之處。就某種意義而言，我們都陷於那個囚犯的處境中，寧可在監獄洗衣間工作，也不要枯坐在牢房裡看整天的電視。然而社會學者大概都忽略的一種可能是，如果工作是一種自我犧牲或自我克制的形式，那麼正**是**因為現代工作最不堪之處，讓人們有可能視之為在其自身的目的。我們回到卡萊爾了：工作**應該**要是痛苦的，「形塑品格」的就是職務的辛酸本身。

換句話說，**因為**工作者憎惡其職務，才獲得了自尊和自我價值的感受。

一如克雷門的觀察，這個態度似乎縈繞在我們周遭的空氣中，裹藏在辦公室的簡短閒談裡。「要根據對方有多勤奮做一件我們寧可不做的事，來評價我們自己和別人……如果你沒有從事有酬工作摧殘身心，你就沒有堂堂正正地過活。」當然，這種態度在像克雷門這樣的中間階級辦公室工作者之間較為普遍，甚於農場移工、停車場泊車員或速食廚師。然而，即使在工人階級的環境裡，還是可以從對這個態度的反面觀察之。有些人不覺得有必要吹噓自己超時工作的程度，每一天每一天地確證自己的存在，但就連這樣的人也都會同意，完全迴避工作的人不如去死比較快。

在美國，「懶惰和不配被施捨的窮人」的刻板印象一直跟種族主義相關。人們教導一代代移民鄙視奴隸後代的弛廢，就像日本工作者被教導去厭憎韓國人，英國工作者厭憎愛爾蘭人。[53]一代代移民也如此學會了要怎麼做個「勤奮的美國人」。時至今日，主流媒體通常不得不收斂一些，但詆毀窮人、失業者，尤其靠公共救濟過活的人的聲音仍穩定不絕，何況多數人似乎接受當代道德家的基本邏輯：「伸手牌」正在蠶食社會；窮人多半因為缺乏工作的意志和紀律才會窮；做某件不願做的事還願意加碼，上司最好還是苛刻的任務大師，這樣的人才值得市民同儕尊重，大家應該多為他著想。結果，我在第四章描述的虐待元素，與其說是工作場所由上到下的指揮鏈的副作用，醜惡但猶可預見，毋寧說成了確證工作本身的重點。受苦變成經濟方面公民資格的臂章，根本跟戶籍地址沒什麼兩樣。沒有這塊章，你就沒有權利提出任何要求。

至此，我們兜了一整圈，回到起步時的情境，所幸我們至少能從完整的歷史脈絡理解之。狗屁工作今日之滋長，大半是源自後來支配富國經濟的管理封建制的特殊性質，而且全球經濟都益發受其宰制。管理封建制之所以造成人們的辛酸，原因在於人類的幸福跟在世上發揮影響的感知密不可分。大多數人提到自身工作時，是藉著社會價值的語彙表達這種感受。然而，他們同時也察覺到，一份工作產生的社會價值愈大，做這件事就愈發不可能獲得薪酬。就像安妮，他們面臨一個抉擇。一邊是從事有用且重要的工作，譬如照顧兒童，但社會給他們的訊息是：幫助別人的滿足感，就是這份工作的獎勵，請自己想辦法支應日常開銷。或者，接受無謂且憋屈的工作，這份工作會摧殘你的身心，不為別的，只是基於一種廣泛的感受：不投入摧毀身心的勞動，人就沒有資格活著，至於有沒有理由從事這項勞動則不論。

本章的結語當留給卡萊爾，此人對工作的讚頌裡排有一章，通篇都在抨擊快樂，道理乖違常情。有一處，他回應功利主義者如邊沁（Jeremy Bentham）等人的學說。功利主義者認為人類的愉悅可以準確地量化，因此一切道德均可化約為計算何種作法將提供「最大多數人的最大快樂」。[54]卡萊爾反駁如下：快樂是一種卑鄙的概念：「勇敢的人只奢求足以完成工作的快樂，畢竟不能工作是一個人唯一的不幸，讓他沒辦法實現生而為人的天命。」[55]

邊沁和功利主義者認為人類的生活除了追求愉悅別無宗旨，此可視為現代消費主義的哲學先聲，迄今仍有「效益」的經濟理論予以證成。然則卡萊爾的觀點並未真的否定邊沁的觀點；就算有，這個否定也是辯證意義上的否定。針鋒相對的兩造久久相持不下，各自的擁護者都沒察覺雙方的鬥爭構成了一個較高的統一，缺少任一方都不可能有此局面。說到底，驅動人類的向來是、而且必然永遠是對財富、權力、舒適和愉悅的追求——這個信念必然永遠跟一種工作的學說互補，亦即將工作視為自我犧牲，認為正**因為**工作是辛酸、虐待、空洞和絕望之所在，才有了價值。如卡萊爾所言：

「所有工作都是高貴的，就連紡紗也不例外。我重申：工作本身就是高貴的。同理，但凡尊嚴都是痛苦的。沒有人配享輕鬆的人生……我等至高的宗教名為憂傷之禮讚。不管戴正或掛歪，人子都沒有高貴的冠冕，卻有荊棘之冠！」[56]

第七章

狗屁工作的政治效應為何？對這樣的處境，我們能做點什麼嗎？

我相信這種延續無用工作的直覺，說到底只是對群氓的恐懼。思路是這樣的：群氓是這樣低賤的動物，一有閒暇就會釀成危險，不如讓他們時時有事忙，忙碌到沒辦法思考。

——歐威爾，《巴黎倫敦落魄記》（*Down and Out in Paris and London*）

假如有人完美地設計了一套工作體制，用來維護金融資本的權力，那我看這人已經做到淋漓盡致了。這套工作體制無止境地壓榨、剝削實實在在生產出東西的工人，把剩下的工人切成惶恐的階層和較大的一個階層；人人唾罵的失業者屬於惶恐的階層，較大的階層說穿了就是拿錢吃閒飯，分派到的〈社會〉位置讓他們認同統治階級（經理人、行政主管等）的觀點和感知模式，其闊綽的代言人更讓他們痴迷。但在此同時，這套工作體制又餵養著一股蠢蠢欲動的怨恨；誰的工作具備清楚又難以否認的社會價值，怨恨的矛頭就指向誰。

——摘自〈論狗屁工作現象〉

對於當前工作處境的政治意涵和可能的出路，我有幾點想法和一個建議，提出來為本書作結。前兩章，我描述的是驅動狗屁工作——我稱之為管理封建制——孳生的經濟力和讓我們得以忍受這種安排的宇宙論。所謂宇宙論，意思是想像人類在宇宙中的位置的整體方式。經濟愈是淪為分贓，指揮鏈的無效率和累贅其實就愈合理，畢竟那是最適合把贓物吃乾抹淨的組織形式。人們愈是不從工作生產的東西和提供給他人的利益中發掘工作的價值，工作就愈是會因為被當成自我犧牲的形式而有價值。意思是：減輕工作繁重程度、讓工作更有樂趣，就連獲悉你的工作造福他人而產生的滿足，這一切對社會而言，其實都在降低這份工作的價值，到頭來還被這個社會拿來為較低的薪資水準背書。

這一切實在太悖離常理了。

在某個意義上，那些宣稱我們選擇了消費主義而非閒暇、所以沒有一週工作十五小時的評論人，也不是全盤皆錯。他們只是把機制搞錯了。我們並不是把全部時間都耗費在製造PlayStation、捏壽司給彼此吃，才得花更多時間心力工作。工業部門愈來愈傾向自動化，真正的服務部門仍約占整體就業人口百分之二十的持平數字。反之，我們是因為發明了一種古怪的虐待辯證，才不得不更刻苦工作。按照這種虐待辯證，我們覺得偷偷摸摸的消費快感之所以存在，唯一可能的理由就是工作場所帶來的痛苦感受。工作因此占據我們醒著時的生活，分量愈來愈重；這意謂我們沒有「過生活」（虧得韋克斯〔Kathi Weeks〕一語道盡）的閒暇，也反過來意謂我們的時間只夠支應偷偷摸摸的消費快感。整天閒坐在咖啡廳，為政治爭得面紅耳赤，或八卦我們朋友複雜的多邊戀情，都很耗時間（一整天，不誇張）。反觀，在當地健身房舉重或上瑜伽班，叫戶戶送（Deliveroo）外賣，看一集《權力遊戲》（*Game of Thrones*），血拼護手霜或消費性電子產品，全都可以安置在不假他求、可預期的時段裡。這些時段是多如牛毛的工作之間剩下的，不然就是工作後的復原時間。上述都是我所謂「補償消費主義」的例子，做這類事情可以彌補你沒得「過生活」或得過且過的事實。

論怨恨的制衡如何維護了管理封建制下的政治文化

就在我說話的時候，選民正在刻他們的陶片〔以決定把哪個政治人物從城裡放逐〕，據說有個不識字、舉止粗魯的傢伙以爲阿利斯提德（Aristides）是尋常群眾，將他的陶片交給後者，要他寫上阿利斯提德。阿利斯提德錯愕了，問那男人阿利斯提德哪裡冒犯了他。「什麼都沒有，」男人答道，「我連這傢伙是誰都不知道，只是走到哪裡都聽人家叫他『正義者』，我膩了。」聽完這番話，阿利斯提德一語不發，在陶片上寫下自己的名字，交還對方。

——普魯塔克，《希臘羅馬名人傳》

本書闡述的狀況無疑有所誇大。消費者社會裡的人的確是拼拼湊湊地「過生活」，即便從事狗屁工作的人也是如此——只是你或許要問，長期而言，這樣的生活形式能維持到什麼程度。畢竟，最有可能受困在無謂僱傭關係裡的人口階層，生活似乎也最容易陷於斷斷續續的臨床憂鬱，或其他形式的心理疾患，更別說生育下一代了。我懷疑情況還更糟，但只有經驗研究能證實這些疑點。

就算上述都不是實情，我們還是難以迴避一件事：這種安排工作的方式，會促成仇恨和怨恨蔓延的政治版圖。沒有工作、掙扎求生存的人怨恨受僱者。受僱者被鼓動去怨恨窮人和失業者，他們是伸手牌，是寄生蟲，諸如此類的說法源源不絕灌進受僱者耳裡。若有人從事真的有生產性或造福他人的勞動，這樣的人會被受困於狗屁工作的人怨恨，同時領過低薪水、受人輕侮，而且人們對他們的貢獻並不領情。於是，從事真的有生產性或造福他人的勞動的這些人，會愈來愈怨恨他們所謂的「博雅菁英」。在他們眼中，博雅菁英獨占了那些能讓人過上好生活、內容有用、情操高尚又光鮮亮麗的少數工作。所有人都會唾棄政治階級，（正確地）認定後者腐敗，因而得以團結。然而政治階級也反過來發現，這些其他形式的、不假思索的憎恨非常便利，因為憎恨能把焦點從他們本身轉開。

這些怨恨的形式，有些再熟悉不過，讀者立刻就能認出來；其餘人們談論的少，乍看或許讓人摸不著頭緒。很容易想像某個在法國茶葉工廠工作的人，會怎麼怨恨那群一點用都沒有的空降中階經理（早在那些中階經理還沒決定要把他們悉數開除之前就開始怨恨了）。不過，那些中階經理為什麼會怨恨工廠工人，原因就不見得那麼容易想通。其實中階經理往往擺明了怨恨工廠工人，經理的行政助理怨恨更深，原因很簡單：工廠工人理直氣壯地為他們的工作自豪。光是嫉妒就能讓人為自己開脫，壓低這類工人的薪資。

人們尚未將道德嫉妒的現象提煉成理論的程度，據我所知，還沒有人寫過專書探討。儘管如此，道德嫉妒是人類事務中明顯的重要因素。我用這個詞，談的是指向第三人的嫉妒和怨恨的感受。不是因為此人口袋深或天賦高，而是因為他或她的行為在別人眼裡看來，標舉的道德標準比嫉妒者自己的還高。基本的心態大約是，「這人怎麼敢說他比我好（儘管他比我好，我心知肚明，也從未佯裝不知情）？」我記得第一次是在大學裡碰上這種態度。一個左翼朋友有次告訴我，他得知某位知名運動份子在紐約有一套昂貴的房子，給他前妻和小孩住，此後他對那個運動份子再也不抱絲毫敬意。「多偽善的人！」他憤憤不平，「他大可把那筆錢給窮人啊！」我跟他說，那個運動份子把他差不多全部的錢都給了窮人，他也無動於衷。我跟這位批評者說，他自己絕對算不上窮，似乎也不曾捐助慈善，他則深感冒犯。坦白說，後來他好像再也沒跟我講過話。之後我一再碰上這種態度。唱高調的社會改革者社群裡，只要有人把共同價值示範得太淋漓盡致，就會被當成一種威脅。大模大樣的良好行為（「招搖德性」是新的代表詞語）看在人們眼裡，往往是一種道德上的挑釁，即使我們舉例中的這個人裡裡外外謙卑又平實，也於事無補。說真的，這甚至會讓事情更糟，因為暗地裡覺得自己不夠謙卑的人，未嘗不能把謙遜本身視為道德挑釁。

這種道德嫉妒在運動份子或宗教社群間特別旺盛，不過此處我想指出，它也呈現在圍繞著工作的政治裡，只是比較隱晦。正如人們經常同時氣憤移民們工作做得太多又做得太少，怨恨窮人時人們也會同時指向不工作的窮人，因為人們想像他們生性懶惰，又指向工作的窮人，因為他們至少不用做狗屁工作（除非他們是被強拉進某種工作福利）。舉例來說，為什麼美國保守人士煽動民眾去怨恨組織工會的醫院或車廠工人，會這麼成功？二〇〇八年對金融業紓困時，民眾不是沒有抗議銀行高層拿百萬美元的獎金，但後續卻無任何實質懲戒。然而，遭殃的汽車業紓困案卻帶有制裁，制裁對象是裝配線上的工人。輿論詆毀他們，說他們被工會契約慣壞，讓他們享受大方的健康和退休金方案、休假，還有每小時二十八美元的工資，他們被迫做大規模的返還。在同一家公司財務辦公室工作的人才是真正捅出婁子的一方（前提是他們不只是混水摸魚，什麼事都沒做），卻沒被要求做出類似的犧牲。正如一家地方報紙所回顧：

> 銀行紓困案之後，接著二月是汽車公司的紓困。據估算，這個產業的公司必須砍掉數千個職位才能重拾獲利能力。車廠工人的工作保障和健康福利長久以來備受嫉妒，如今他

們成爲代罪羔羊。密西根州曾以製造業傲人的城市一一熄燈，右翼的電台政論員斷言工人罪有應得——即便歷史上，這些工人的勞權抗爭爲所有人取得了一週工作五天、一天工作八小時的權利。[1]

相較於其他藍領工人，美國汽車業工人在為創設公民同儕真正需要的制度的過程中，扮演不可或缺的角色。過去他們之所以享有上述相對大方的方案，這是第一個、也最重要的原因。此外，這項制度在文化面的分量深獲認可（說真的，這是汽車業工人身為美國人的感受的中心）。[2]很難跳脫這樣的印象，了解到這正是其他人怨恨他們的理由。「他們有幸製造汽車！這樣還不知足嗎？我必須成天坐在位置上填寫這些愚蠢的表單，這票混帳還落井下石，威脅要罷工，要求牙科保險，要求休假兩週，好讓他們帶小孩去見識大峽谷或羅馬競技場，夠了吧？」

在美國，對中小學老師綿延不絕的敵意也是同樣道理，否則無從解釋敵意的來由。若要說哪一門職業對社會而言有其分量、情操高尚，非中小學老師莫屬，畢竟人人都知道，吃這行飯就意味著低薪和充滿壓力的工作條件。就是想對別人生命有正面的教化，人們才去當老師。（以前紐約地鐵的招聘廣告這樣寫道：「沒有人會在二十年後打電話給某人，感謝對方當過啟迪人心的保險公證人。」）又來了，似乎是這樣的理由讓他們淪為合理的獵物。有人說他們特權加身、自命不凡、薪資過高，滔滔不絕地灌輸學生世俗人文取向的反美利堅主義。既然他們是合理的獵物，讀者也就能理解為什麼共和黨的運動分子瞄準教師工會。然而教師工會涵蓋了教師和學校的管理人員，共和黨運動份子反對的政策，其實多半要歸咎於後者。那為什麼不把火力集中在後者？畢竟要提出充分理由，說明校務行政人員是薪水領太多的寄生蟲，比指控老師被制度慣、被制度寵，容易多了。如霍洛維茲（Eli Horowitz）指出的：

> 這件事值得關注之處，在於共和黨人和其他保守份子**確實**抱怨過校務行政人員——但之後他們就停止了。對話起始沒多久，不論出於什麼原因，那些聲音（起初稀稀落落）逐漸萎縮，以至湮滅。最後，**老師本身**成了更有效力的政治標靶，儘管他們從事的工作更有價值。[3]

再一次地，我認為這只能歸結於道德嫉妒。在人們眼中，老師這種人就是大模大樣地標榜自我犧牲、助人最樂，這種人就是想要在二十年後接到一通電話說：「謝謝你，謝謝你為我做的一切。」這種人還組工會，放話要罷工，要求更好的工作條件？簡直是偽善。

§

追求有用或情操高尚的工作類型，但同時期望薪資福利能有令人放心的水準，這樣的人是正當的怨恨標靶。這條規則有一大例外，即不適用於軍人或直接效力軍方的任何人。反之，軍人不得被怨恨，他們凌駕於批判之上。

以前我就寫過這個耐人尋味的例外，匆匆回顧這個論證或許有幫助，否則我認為不可能真正理解右翼民粹主義。[4] 容我再舉美國為例，畢竟這是我最熟悉的個案（不過此論證粗略的大綱肯定適用於巴西到日本的所有地方）。對右翼民粹主義者來說，別的不說，軍方人士都是終極的好人。人們必須「支持部隊」，這是絕對指令，任何退讓都是叛國，沒什麼好說。反之，終極的壞蛋是知識份子（intelligentsia）。舉例來說，大多數工人階級的保守派對企業主管漠不關心，但通常不會因為厭惡他們而激動難抑；他們恨之入骨的是「博雅菁英」（這群人分成好幾條分支：「好萊塢菁英」、「媒體業菁英」、「大學菁英」、「滿口漂亮話的律師」，或「醫療建制派」），這類人住在大型海岸城市，看公共電視或聽公共廣播，甚至參與產製節目，說不定還在節目裡頭軋上一角。就我所見，這股怨恨背後有兩種感知：感知（一）這批菁英份子還當尋常做工的人是一票匍匐爬行的穴居人，和感知（二）這些菁英構成一個愈來愈封閉的種姓，工人階級的子女要打進去，還不如打進真正的資本家階級比較容易。

在我看來，這兩種感知都堪稱精準。倘若二〇一六年川普選舉激起的輿情可供參考，那第一種感知很大程度是不證自明的。斯文體面的圈子不假思索地接受關於工人階級白人的陳述，那些話（譬如某一階級的人民醜陋、暴力又愚蠢）拿去講美國其他身分團體，立刻就會被譴責為偏執。認真想想，第二種感知也是實情。不妨再拿好萊塢當例子。一九三〇和四〇年代那時，就連「好萊塢」的名號都不免喚起「麻雀變鳳凰」的形象：單純的農場女孩奔赴大城市，被挖掘，一夜成了明星。好萊塢是這樣的一個地方。按目前文脈，實際上這種事多常發生並不重要（顯然曾經發生過）；重要的是，當時那樣的寓言在美國人眼中不是天方夜譚。看看今日大片的主演名單，哪個演員的族譜裡找不到至少兩個世代的好萊塢演員、編劇、製片和導演，還真稀罕。電影產業已經被內婚制的種姓把持了。那好萊塢名流嚷嚷平等主義政治，聽在大多數工人階級美國人的耳裡，難免有點空洞，這有什麼好意外的呢？就此而言，好萊塢絕非孤例，不如說它足以表徵所有博雅專業[譯1]的際遇（進度或許是快了那麼一丁點）。

我要指出，保守選民通常怨恨知識份子更甚於怨恨富人，因為他們還想像得到自己或子女哪天發財的模樣；但晉身文化菁英的一員會是什麼光景，他們完全沒有畫面。試想，你會發現我這樣的評估實在不是沒有道理。內布拉斯加州卡車司機的女兒成為百萬富翁的機會不大（已開發世界裡，目前美國的社會流動程度最低），但**有可能**發生。然而，這同一個女孩幾乎沒有任何成為國際人權律師或《紐約時報》劇評的途徑。就算她有辦法進入合適的學校，接著必不可少的無薪實習歲月裡要住在紐約或洛杉磯，她肯定一籌莫展。[5] 就算裝玻璃工人之子得到一份頗有展望的狗屁工作，有了立錐之地，他恐怕也會跟艾瑞克一樣，沒辦法或不願意把這份狗屁工作轉化為被迫為之、開拓人脈的平台。看不見的障礙數都數不清。

倘若回到上一章說明過的「單數價值」對「複數價值」的對立，我們或許可以這麼說：如果你只想賺大錢，不見得找不到門路；另一方面，如果你的目標是追求其他任何一種價值，不論是真理（做新聞、做學術）、美（藝術世界、做出版）、正義（行動主義、人權）、慈善等，此外你還想要足夠生活的工資，那麼你的家產、社會網絡和文化資本最好有一點才行，不然根本連門都沒有。據此，人們或許會基於錢以外的理由去做的、一切可能有薪酬的社會位置，都已經被「博雅菁英」有效地把持了。人們認為他們試圖把自己塑造成新的美國貴族階層，跟好萊塢貴族制度意思差不多。從事該工作的人得以好好生活，而且還是能感覺到自己正服務於某種更崇高的目的，這樣的工作讓人感到高貴，然而世襲這些工作的權利，已經通通被新貴族階層壟斷了。

當然，在美國，這個國家的奴隸制度遺產和根深柢固的種族主義，都讓上述的一切更形複雜。衝著知識份子表達階級怨恨之情的，主要是工人階級的白人；非裔美國人、移民和移民的子女多半擯棄反智識的政治，教育系統在他們眼裡仍舊是子女最有機會出人頭地的憑藉。這就讓貧窮的白人較容易認定，他們跟富裕的白人博雅份子是一種不公平的結盟關係。

譯1　根據歐盟的定義，博雅專業（liberal profession）包括但不限於律師、工程師、建築師、牙醫、醫師、會計師等。這類專業人士的養成需要技藝和科學的訓練，且執業資格與內容經常受國家或專業公會管制。

不過這一切跟支持部隊有什麼關係？好，如果那個卡車司機的女兒橫了心要找到一份致力於某項無私目標、情操高尚的工作，同時付得起房租、保證有資格獲得充分的牙醫服務，她到底有些什麼選項？如果她性情虔誠，在地教會也許有一些機會，但這類工作可遇不可求。機會最大的還是從軍。

逾十年前，我聽路慈（Catherine Lutz）演講的時候，才徹底想通上述情況的實情。路慈是人類學者，在美國海外軍事基地所在群島進行研究計畫。她提出一個引入入勝的觀察，即幾乎所有她研究的基地都組織了外展計畫，士兵冒險離營，進入鄰近城鎮和村莊，維修學校教室，進行免費牙齒檢查。表面上，這些計畫旨在改善跟當地社群的關係，可是這方面成果平平。軍方發現這項事實，卻仍舊延續這個計畫，因為這些計畫對士兵的心理有巨大的影響；參與的士兵描述其事的時候，愈講愈是興高采烈，例如「這就是我從軍的原因」，「效命軍旅就是這麼一回事，不只保衛國家，更是幫助人群！」獲准執行公共服務職責的士兵，續約的機率多出兩到三倍。我記得我在想的是：「等等，所以這些人大部分其實是想加入和平部隊？」[譯2] 我趕緊翻查後發現，不出所料，你必須先拿到大學學位才能加入和平部隊。美軍是失意利他主義者的天堂。

§

我們所謂的左翼和右翼，在歷史中累積了巨大的差異，從「單數價值」和「複數價值」的關係中可見一斑。左翼一直嘗試弭平純受自我利益支配的領域和傳統上被高尚原則支配的領域兩者間的鴻溝。右翼則一直奮力分開兩者，再主張兩者都歸他們管——他們**既**主張貪婪，**也**支持慈善。於是共和黨內的自由市場放任主義者，會跟基督教右派「價值選民」結盟。不走這條思路是無從解釋的。這樣的同盟付諸實行的時候，通常在政治上會形成一種策略，無疑就是黑臉白臉的把戲：首先釋放市場的混沌，去撼動生活和一切老生常談的道理；再來，請獻上你自己，把你自己當成教會權威和父職權威最後的堡壘；至於抵禦的對象，就是他們自己釋放的蠻族。

一邊呼籲「支持部隊」，一邊譴責「博雅菁英」；交織在一起，右翼人士實質上就是衝著左翼大喊偽善。他們說的是：「六〇年代的校園基進份子口口聲聲說他們試圖創造一個人人都能當快樂的理想主義者、都能過物質豐裕生活的新社會，實行共產主義，消除單數價值與複數價值的區分，人人都能為共善效力；結果搞了半天，他們只能保證一種做起來就像他們專為自己寵壞了的兒女預留的工作。」

這樣的情形深深暗示了我們生活的社會的性質。它點出資本主義的一項通則，亦即這種建立在貪婪之上的社會，其實並不真的相信實情如此。即使人類生性自私貪婪是這種社會的老生常

譯2　和平部隊（Peace Corps）是甘迺迪創設的組織，將受過訓練的專業人士送到發展中國家提供技術服務。

談，也不乏推崇這種行為，但這個社會私底下仍伸出行事利他的權利釣人，照著規則玩就能獲得獎勵。證明自己有自私的魄力，才承擔得起無私的權利。反正遊戲就是這樣玩的。假使你汲汲營營，藉此攢積足夠的經濟價值，那麼你就獲准大撈一筆，把你的百萬美元轉換成某種獨特、更崇高、無形或美麗的事物——也就是把單數價值變成複數價值。你湊出一組林布蘭的收藏、經典跑車，或者你設立一個基金會，餘生致力做善事。直接跳到終點明顯是作弊。

我們又回到中世紀生命週期服務的林肯版本了，只是現在多了個但書：我們當中的多數人要到退休才能體驗到一點完全成人的滋味，也許還沒得品嚐。

士兵是一個正當的例外，因為他們「服務」他們的國家，也（我猜想）因為長期而言他們也不會有太大的斬獲。這就能解釋，為什麼右翼民粹份子在士兵服役期間無條件支持部隊，卻對後者很大比例最後無家可歸、無業、一貧如洗、成癮，或在乞討、膝蓋以下蕩然無存等事實那麼冷漠而無動於衷。一個窮小孩或許會告訴自己，他加入陸戰隊是為了教育和職涯的機會，可是每個人都知道，這一步充其量是死馬當活馬醫。他做出的犧牲具有這樣的性質；也因此，他才真正高貴。

走筆至此，其他我提過的怨恨對象，都可以視為大剌剌地挑戰薪酬和社會利益的反向關係原則。組織工會的汽車業工人和老師擔綱不可或缺的職能，卻又狂妄地要求中間階級的生活風格。我料想他們是一種特殊忿怒的對象，忿怒的來源是困陷在摧折靈魂的下層和中層狗屁工作裡的人。在人們眼中，比爾・馬厄（Bill Maher）或安潔莉娜・裘莉（Angelina Jolie）那種類別的「博雅菁英」成員，無論被要求站在哪條隊伍裡面，每次都會擠向排頭，才得以壟斷所剩無幾的一種職缺：既有趣薪水又高，還能多少改變世界，在此同時理直氣壯地把自己呈現為社會正義之聲。對於這種人，工人階級的怨恨特別深。工人階級的勞動既痛苦又艱辛，還會拖垮身子；同樣對社會有益，只是那些自由主義的模範從來沒多少興趣，也不覺得其重要。

同時，受困於較高階狗屁工作的「博雅階級」成員，對同樣的工人階級有辦法老實掙錢，那種毫不掩飾的、充滿嫉妒的敵意，似乎跟這種漠不關心有所重疊。

當前引進機器人的危機，怎麼跟較大的狗屁工作問題拉上關係

> 清教主義：對於某處的某人可能過得很開心感到恐懼，而且揮之不去。
>
> ——孟肯（H. L. Mencken）

富裕國家的政治被交橫的怨恨愈切愈深，這是災難般的事態。

在我看來，這一切都讓下面左翼的這個老問題前所未有地別具意義：「每天我們起床，集體製造了一個世界，所有人都脫不了關係；不過我們當中的每一個人，若讓他自己做決定，真的有

人會決定要製造跟這個世界一樣的世界嗎？」從許多面向來看，二十世紀初期科幻小說裡的幻想，如今都變得可能了。沒錯，我們沒辦法傳送上火星，也沒辦法在那裡建造殖民地，不過我們可以輕易將許多事物重新安排，讓地球上每個人都過得相對舒適自在。從物質條件來看，這樣的世界不會太困難。科學革命和技術突破的速度，比起約一七五〇年到一九五〇年時、世人後來熟知的那種令人目眩神馳的速度，已經放慢了很多。儘管如此，機器人學持續精進，主要是因為這門學科是將既有的科技知識做改良應用。結合材料科學的進展，兩門科學標識一個時代的到來，其中最沉悶而累人的機械性事務，有非常大的比例確實可以消除了。這意味我們所知的工作將愈來愈不像我們對「生產性質」勞動的想法，而是愈來愈像「照護」勞動——因為畢竟，照護包含的大半是多數人最不樂於交給機器完成的那些事情。[6]

關於機械化迫在眉梢的危險，晚近有許多駭人的文獻，大部分都依循馮內果（Kurt Vonnegut）在一九五二年的第一本小說《自動鋼琴》早就闡發的思路。消除大部分形式的體力勞動後，這些評論者警告我們，社會必然會分裂成兩個階級，一個是富裕的菁英，他們擁有並設計機器人；至於疲乏慘淡的前工人階級，他們沒事幹，只能整天酗酒、把藥打進體內（中間階級則在兩者間分歧）。顯然，這種想法不只是完全忽略真實勞動的照護面向，更假定財產關係是無從改變的，甚且人類——至少，譬如說，科幻作家以外的人——竟然徹頭徹尾沒有想像力，想不出任何有點意思的事來做。[7] 一九六〇年代的反文化挑戰了第二、三項假定（儘管沒怎麼質疑第一項），而有很多六〇年代的革命份子全心支持「工作都交給機器！」這句口號。這又轉而導致我們在第六章見識過的，道德化捲土重來的反撲，即一邊把工作本身供奉成一種價值，同時輸出許多工廠的職位到窮國；那裡勞動力夠低廉，還請得動人類來做。就在七〇和八〇年代，對六〇年代反文化一陣反動的餘波中，第一波管理封建制和僱傭關係的極度廢冗化開始發揮影響。

最近一波的機器人化，造成了跟六〇年代一樣的道德危機和道德恐慌。跟六〇年代唯一實在的差別是，因為若要對經濟模型做任何重大改動，都會被以毋庸芻議處理，所以人們假定機器人化唯一可能的結果，只能是把更多財富和權力輸往那百分之一。就拿馬汀・福特（Martin Ford）不久前的《機器人崛起》（*The Rise of the Robots*）當例子吧。這本書翔實記述了，矽谷在解僱掉大部分藍領工人後，目前正逐步把腦筋動向健康照護、教育和博雅專業上。他預測結果恐怕是「科技封建制」（techno-feudalism）。他爭辯道：從工作中抽走工作者，或迫使他們跟機器競爭而耗盡力氣，都會叢生問題。更何況，要是沒有薪資支票，每個人要怎麼付得起機器人帶來的所有光鮮亮麗的玩具和高效服務呢？福特的總結固然簡化得慘不忍睹，但仍有助於凸顯我認為這類說法漏掉的事物。種種機器人取代人類的預測，一向只講這麼多就停了；舉例來說，未來學家有可能想像機器人取代體育編輯、社會學者或不動產經紀人，然而我從沒看過一份預測指出，我們有可能用機器執行資本家理當執行的基本職能。資本家的基本職能主要是回應當前或潛在的未來顧客需求，想出如何投資資源才能取得最佳成果。用機器人取代資本家，有何不可？理由不難想見。

蘇維埃的經濟之所以運作得那麼差勁，主因是始終未能開發出效率足以自動調配如此大量資料的計算機科技。不過蘇聯只撐到一九八〇年代，現在這不是難事了，只是沒人敢提這件事。舉例來說，工程師奧斯朋（Michael Osborne）和弗雷（Carl Frey）著名的牛津研究，評估多達七百零二種不同的職業被機器人取代的難易程度，[8]例如水利學家、化妝師和旅遊嚮導，卻隻字未提自動化的實業家、投資人或金融業從業人員的可能性。

走筆至此，我的直覺是告別馮內果，向另一個科幻小說作者萊姆（Stanislaw Lem）請益。萊姆筆下的太空航行員提槲（Ijon Tichy）描述某次造訪一顆行星，行星上住了一個種族，被作者取了個十分沒氣質的名字：胡兒（Phools）。提槲抵達時，胡兒正經歷一場古典馬克思主義式的生產過剩危機。按胡兒的傳統，胡兒分成屬靈的（牧師）、顯赫的（貴族）和操勞的（工人）。一個熱心的本地人解釋道：

「好多個世紀以來，發明家建造簡化工作的機器。古時一百個『操勞的』彎腰揮汗才做得來的事情，幾世紀後只要幾個『操勞的』站在一台機器旁邊就能完成。我們的科學家改良機器，人民額手稱慶，不過後續的事件顯示他們實在高興得太早了。」

改良到後來，工廠變得稍嫌太高效了。有一天，一個工程師造出一台完全不必監控就能運作的機器：

「新機器一出現在工廠，大批『操勞的』就丟了飯碗。拿不到薪水，他們眼看要挨餓。」

「不好意思，胡兒，」我問：「不過工廠製造的東西，利潤都變成了什麼呢？」

「利潤哪，」他回答：「進了合法所有人那裡呀，當然。好的，那我繼續說，滅絕的威脅迫在眉梢——」

「可是你在說什麼呢，尊貴的胡兒！」我喊道。「只要讓工廠成爲共有財產，新機器就會變成你們的福氣了！」

話一出口，那個胡兒身子一顫，十只眼睛急得齊眨，豎起耳朵確認在階梯附近瞎晃的同伴，有沒有誰無意間聽到我的大話。

「聖胡（Phoo）十鼻在上，算我求你了，好異邦人，此等攻訐我等自由根基、陰騭的邪說，千萬別宣之於口。我等的至高之法，《公民創制》的原則指出，所有人都不該受迫、受制，或受誘去做他不希望做的事情。因此，誰敢徵用『顯赫的』的工廠，既然他們的意願是依樣保有工廠？那會是對自由可想見的最駭人聽聞的違背。好的，現在，我繼續說，新機器生產了豐裕的、極其廉價的貨品，優質的食物，不過『操勞的』什麼都沒買，因爲他們囊空如洗——」[9]

雖然與提榭對談的胡兒堅稱「操勞的」完全自由，不干涉任何人的財產權，想做什麼就做什麼，但沒多久「操勞的」就成群死去。這個現象引起熱議，接連施行半吊子的措施都失敗了。胡兒大議會，全胡會（Plenum Moronicum）試圖把「操勞的」（也就是消費者）替換掉，作法是創造會吃、會使用新機器生產的一切的機器人，他們享用新機器產品的熱烈程度，任何生物都難望項背，而且還能生出金錢來付帳。可惜這個構想未能實現。最後，胡兒明白生產與消費都由機器完成的體系十分無謂，他們得出結論，最佳解決方案是胡兒全體把自己送進工廠——完全出於自願——轉化成美麗又閃亮的圓盤，在地景上排放成怡人的圖樣。

胡兒的作法可能有些粗暴，[10]但有時，我認為我們正需要來點粗暴的馬克思主義。萊姆是對的。消除苦工的展望被當成一個**問題**——我想像不到還有什麼跡象能比這項事實更確定無疑地彰顯，我們面對的是一個不理性的經濟體系。

《星艦迷航記》（*Star Trek*）用複製器解決這個問題，而英國年輕的基進份子有時會談起一個「全自動的奢侈消費主義」的未來，兩者大抵是相同的東西。我可以輕易說明，所有未來的機器人和複製器都應該是人類之為一個整體的共有財產，因為這些機器人和複製器會是好幾世紀前某個集體機械智能的果實；就像民族文化是每個人的創造物，所以也屬於每個人。自動化的公共工廠會讓生活比較輕鬆，但儘管如此，仍舊不會真正消除我們對「操勞的」的需要。萊姆的故事，以及其他類似的故事，依然假定「工作」的意思就是工廠裡的工作——或者，就這麼說吧，「生產性質」的工作——但大多數工人階級真正的工作內容其實都被忽略了。例如上一章我提點過的事實，即倫敦地鐵「售票亭」裡的工作者待在那裡不是為了收票，而是要協尋走失兒童，勸離醉鬼。姑且不說有能力執行這種功能的機器人還遙遙無期，就算真有這樣的機器人存在，我們多半也不想要以機器人會執行這類任務的方式而執行之。

所以，自動化愈發展，從工作的照護因素中浮現的實際價值應該會愈明顯。然而這會導致另一個問題。亦即工作的照護價值恐怕正是勞動中**沒辦法**量化的要素。

要我說，量化無法量化之事物的欲望，是大量實在工作廢冗化、乃至一般而言廢冗部門擴張的直接原因。說穿了，自動化讓某些任務更有效率，但同時也讓其他任務**比較沒**效率。這是因為，光是要把具有讓人操心的價值之事物林林總總的過程、任務和結果，轉譯成電腦能辨識的形式，就要耗費龐大的人類勞動量。目前要建造一具機器人，全靠它自己就能把一排新鮮水果或蔬菜按照成熟、青澀和腐爛排出順序，是做得到的。這是件好事，因為整理水果是件無聊的事，整理一、兩小時後更是如此。建造一具機器人，全靠它自己就能掃描一打歷史課的書單，選出最佳課程，這還沒辦法做到。這也不是件壞事，因為這類工作是有趣的（或至少不難找到覺得這工作有趣的人）。讓機器人去整理水果的一個原因是，真正的人類得以有更多時間思考自己更想修哪

圖八・一　創建課程檔案／課程大綱（管理學門）

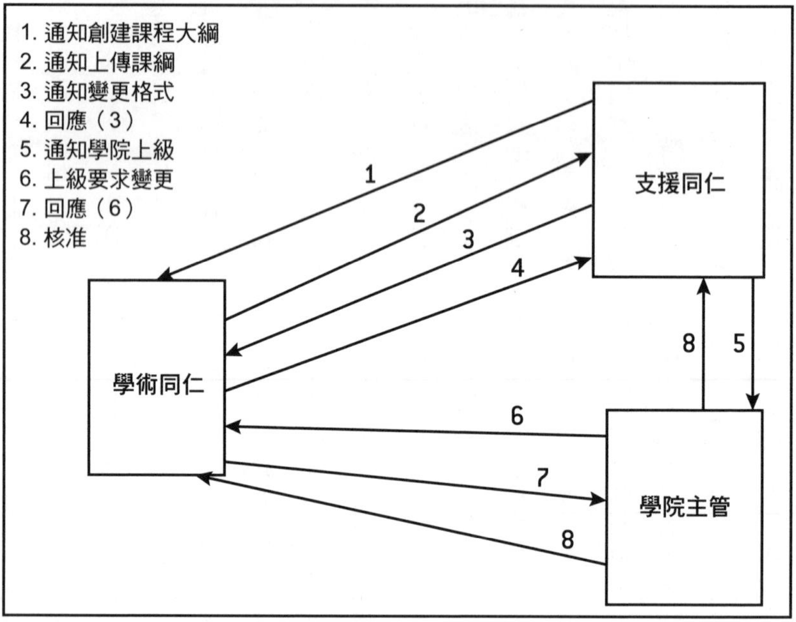

圖八・二　創建課程檔案／課程大綱（非管理學門）

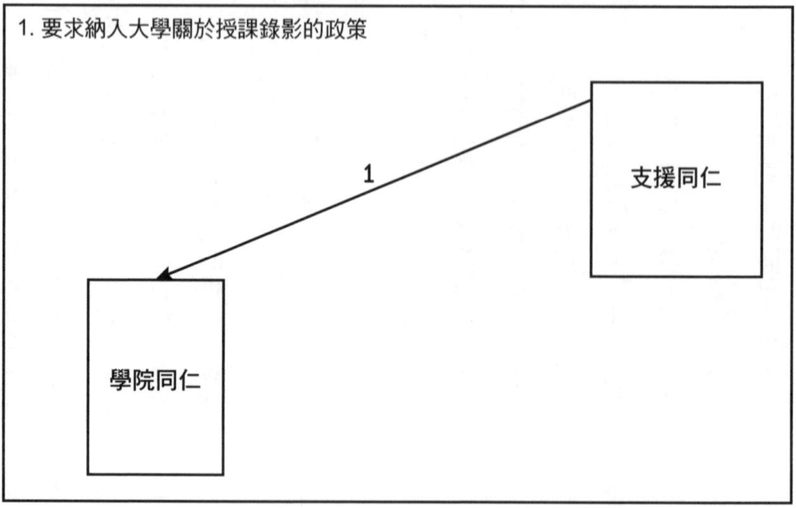

一門歷史課，或是一些同樣無法量化的事物，像是他們鍾愛的放克吉他手是誰，或頭髮要染什麼顏色。話說回來——代價來了——如果我們真的為了某些理由，竟要假裝電腦能選出哪一堂歷史課最棒，譬如，因為資金的緣故，我們決定必須要有統一、可量化、整間大學都適用的「品質」標準，那電腦絕對沒辦法獨力執行這項任務。水果全扔進一個桶子裡就算了，在歷史課的情形，要先把素材轉譯成一台電腦勉強能判斷怎麼處理的單位，少不了耗費龐大的人類心力。

真要嘗試看看會發生什麼事，從這裡的圖解可以得到些微感受。這四張圖說明了在昆士蘭（Queensland）這所位於澳洲、培訓管理人才的當代大學，印一份試卷或上傳一份課程大綱的要求（所有課程材料都必須是統一格式），跟某一傳統學院系所之間的差異（參見圖八．一到八．四）。

這份圖解的一項重點是，每條額外加上去的線都代表一個動作；動作不是由電腦執行，而是實在的人類。

任其狗屁的政治遺毒，以及照護部門生產力衰落的後果；畢竟放著狗屁工作不管，會推進照護階級抗爭

「自動化正在或即將淘汰數百萬人的工作」，晚自大蕭條以來，這樣的警告不絕於耳。凱因

圖八・三　創建試卷（管理學門）

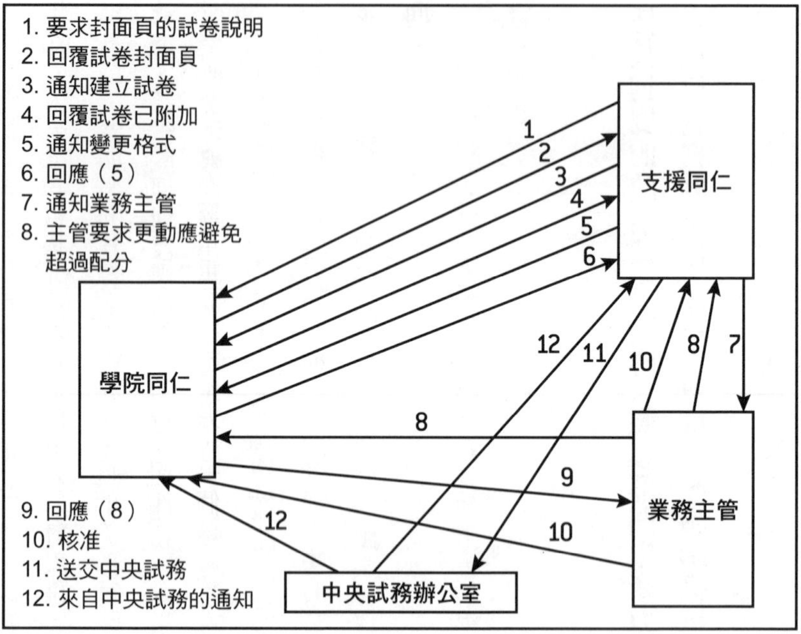

圖八・四　創建試卷（非管理學門）

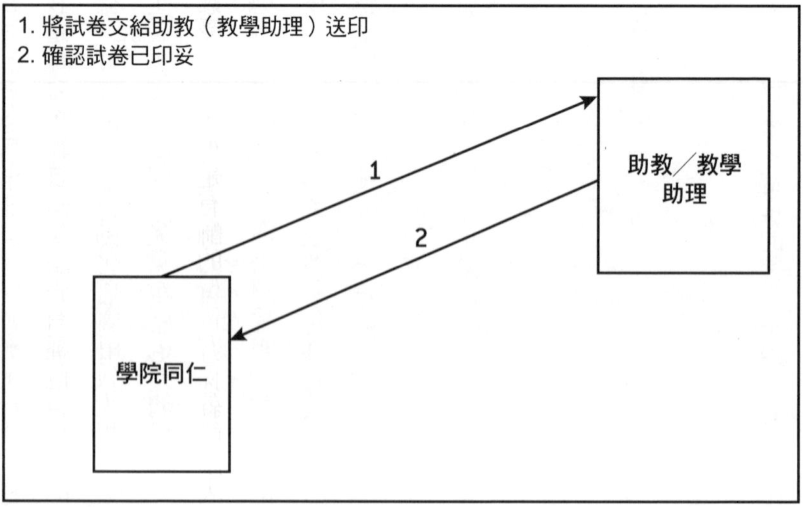

斯在他的時代創造了一個短語「技術性失業」（technological unemployment），此外，一九三〇年代的大失業潮也讓許多人認定接下來只會更糟。或許我這樣寫，總讓這類主張有種危言聳聽的印象，但本書要指出實情正好相反。他們的說法完全準確。就事論事，自動化**確實**導致大規模失業，只是我們加進了虛擬的、實際上是編造出來的工作，硬生生地掐住（失業數字的）鴻溝。一個是從右翼到左翼重重的政治壓力，一個是深植人心的感受，即單單是有酬的僱傭關係就能讓人成為完全合乎道德的人，最後是一種恐懼，即上層階級恐懼勞動大眾手上若握有太多閒暇，不知道會鬧出什麼事，這一點歐威爾已於一九三三年指出了。不論被埋沒的實情為何，一旦觸及富裕國家官方的失業數字，上層階級都要確保指針絕不能離百分之三到八太遠。然而，如果你從全貌中去除狗屁工作，以及只為支援狗屁工作才存在的實在工作，那麼一九三〇年代甚囂塵上的災變的確發生了。逾百分之五十到百分之六十的人口其實已經被炒魷魚了。

話是這麼說，但這樣的情況並不一定就得是大災難。過去幾千年來，堪稱「社會」的人類群體不知凡幾，其中壓倒性多數都有辦法找出各種方式，分配群體存續所必須完成的任務，作風按其成員習慣，分配的方式總能讓大多數人都找到某種貢獻己能的作法；沒有人必須耗費大半清醒時間，像今日的眾人那樣，執行他們寧可不做的任務。[11] 更何況，那些社會的人面臨閒暇時間充裕的「問題」，輕易就能想出自娛之道，不然打發時間也不是什麼難事。[12] 任何一個生在那樣的過往社會的人看待我們，恐怕都像提樹看胡兒一樣不理性。

所以，當前分派勞務的方式會變成這副模樣，理由跟經濟學無關，跟人性也沒有關聯。說到底，這是政治問題。我們沒有理由非嘗試把照護勞動的價值量化不可，更沒有實際的理由非延續這種作法不可。我們可以停止。不過，我認為不妨再一次仔細考量牽涉其中的政治力，然後才發起重新調配工作、重新構思我們如何評價工作的運動。

§

一種思考來龍去脈的方式，是回到「單數價值」和「複數價值」這組對立。從這個觀點，我們自然會看到迫使一方臣服於另一方邏輯的嘗試。

工業革命之前，多數人在家工作。今日我們習慣把社會想成一系列工廠和辦公室（「工作場所」）在一邊，一系列住家、學校、教堂、水上樂園等則在另一邊，十之八九還有一幢大型購物中心在其間某處。不過大概要到一七五〇年、甚至一八〇〇年起，以這樣的方式討論社會才稍微說得通。假定工作是「生產」的領域，那麼住家就是「消費」的領域，當然也是「複數價值」（意思是，人們在這個領域投入的工作，大部分是免費為之）的領域。然則你也可以把整個社會反過來，從相反的觀點檢視。從商業的觀點來看，沒錯，住家和學校只是我們生產、扶養、訓練堪任職務的人力之場所，可是從一個人類的觀點來看，這就跟建造百萬具機器人來消費人們再也吃不起的食物那般瘋狂。警告非洲國家（我們知道世界銀行偶爾會這樣做）必須更嚴格管控人體免疫缺乏（HIV）病毒，否則每個人都會死，對經濟會有不良影響，道理也是同樣荒唐。馬克思曾指出：在工業革命前，似乎從來沒有人想過要寫一本書，來探討怎樣的條件才能創造最多的總體財富。然而關於怎樣的條件才會造就最好的人，也就是說，若要製造人們會想與之為伴的人，讓人們想作此人的朋友、情人、鄰居、親戚或公民同儕，那該怎麼安排社會最好？這個主題就有很多人寫過了。亞里斯多德、孔子和伊本・赫勒敦（Ibn Khaldun）都曾為這類問題勞神；說到底，這仍舊是唯一真正重要的問題。人類的生命是身為人類的我們彼此造就的過程，就連最極端的個體主義者也是在同儕的照顧和支持下才得以成為個體，而「經濟」說穿了只是我們供應自己必要的物質補給品的方式，有物質補給品才有辦法照顧、支持同儕。

這樣說來，傳統上我們探討相互造就和照顧的過程，[13]就是探討「複數價值」的方式。**正因為**不能化約成數字，「複數價值」才有價值。

回過頭來，假定上述屬實，那麼至少近五十年來，單數價值的領域已經一步步地入侵複數價值的領域，也難怪政治主張會發展成現今的型態。舉例來說，今日許多美國主要城市裡規模最大的僱主是大學和醫院。這類城市的經濟繼而集中在一個生產與保養人類的龐大機器上，按照笛卡兒優雅的思路，分成旨在形塑心智的教育機構，以及旨在保養身體的醫療機構。（在紐約等其他城市，大學和醫院屈居第二和第三大僱主，最大的僱主是銀行。我馬上會講到銀行。）曾經，左翼政黨起碼還宣稱他們代表工廠工人，如今他們把這些辭令全部拋諸腦後，逐漸被經營學校和醫院等機構的專業經理階級支配。右翼民粹主義奉行不同的一套宗教或父權「複數價值」，有條不紊地瞄準那些機構的權威；譬如駁斥氣候科學或演化論以質疑大學權威，或宣揚反避孕或反墮胎以質疑醫療體系權威，或者，輕浮地做回歸工業時代的白日夢（川普）。說真的，不如說這是比誰氣長的賽局。務實來看，美國的右翼民粹份子從企業左翼手中奪走人類產製機器的控制權，或是社會主義政黨在美國掌權、徵收重工業為集體所有，兩者都不太可能發生。一時之間還貌似僵局。人類的生產大半掌控在主流左翼手中，而事物的生產則多被主流右翼把持。

企業部門和尤其是照護部門的金融化與廢冗化，就是在上述脈絡下發生的，造成愈來愈高的社會成本，儘管那些在不折不扣的前線上做照護工作的人，日益感到困厄。促使照護階級起義的一切條件似乎都就緒了。為什麼起義還沒有發生？

好的，一個明顯的理由是，右翼民粹主義和分而治之的種族主義，讓照護階級中的許多人分處於對立陣營。不過在這之上還有一個更棘手的問題，亦即在許多爭議領域中，雙方理當要在「相同」的政治陣營。這時我們就要講到銀行了。銀行、大學和醫院盤根錯節的關係，早已弊病叢生。從車貸到信用卡，金融滲透進每一件事；不過在美國，破產的主要原因是醫療債務，把年輕人拉進狗屁工作的主要力量是學貸，這值得關注。然而美國從柯林頓時期、英國從布萊爾主政起，一直標榜左翼的政黨毫無底線地接納金融的統治，從金融部門收到最大筆的獻金，跟金融遊說員最密切地共事，並「改革」法律促成這一切得以發生。[14]也是在這同一時期，同樣的這些政黨自覺地排除舊工人階級成分剩下的一切元素，轉為專業—經理階級的政黨；這個階級不只是醫師和律師，還包括真的該為經濟的照護部門廢冗化負起責任的行政主管和經理。法蘭克（Tom Frank）將上述政黨的轉變明白攤開在我們眼前。[15]護士值班時得花大把時間處理文書作業，如果他們要反抗這項事實，反抗的對象就會包含他們自己的工會領袖，而工會領袖則跟柯林頓把持的民主黨密切結盟；該黨核心支持者來自醫院的行政管理階層，起初就是他們要求護士進行文書作業的。假使老師要起事，他們得反抗學校的行政管理人員，而後者在許多情況下跟前者是同一個工會所代表。如果他們的抗議太張揚，只會被告知他們別無選擇，只能接受廢冗化，因為唯一的替代方案是向民粹右翼的種族主義蠻族投降。

我自己就屢次撞上這種進退維谷的處境。二〇〇六年時，我支持參與遊說教師組織工會的研究生，將被踢出耶魯大學（為了擺脫我，人類學系不得不取得特殊許可，以針對我的案子變更續聘規則），工會的策士考慮代替我在 MoveOn.org 和類似的左翼自由派郵件清單發起遊說活動，後來被提醒，我的解聘案背後的耶魯行政管理人員，在那些清單裡八成也很活躍。幾年後，堪稱照護階級首次大規模起義的占領華爾街運動，讓我看到那同一批「進步」專業—經理人先是試圖替民主黨收割運動，證明不可行後又作壁上觀；而當軍方鎮壓一個氣氛平和的運動時，他們甚至還與之勾結。

如果有一套綱領能促進工作跟補償脫勾，終結本書描述的兩難，那一視同仁的基本收入會是一個例子

我通常不在書裡提政策建議。不提的原因之一是，據我的經驗，如果作者對既存社會制度安排抱持批判的立場，評論者的回應往往是提出實質上等同於「那你提議要怎麼做？」的問題，搜尋內文，直到他們找到貌似某種政策建議的東西，接著就拿它概括整本書。因此，要是我指出大幅降低工時或某種全民基本收入政策，也許對本書描述的問題大有裨益，但可能的回應就是把這本書當成討論降低工時或全民基本收入的書，彷彿政策合不合適、可不可行，就足以評判本書的成敗。光是知道有政策可實施，甚至就讓人鬆了一口氣。

那樣的想法是虛偽不實的。本書無關某個特定的政策，而是要探討一個問題——大多數人甚至不承認這個問題的存在。

另一個讓我對政策建議裹足不前的原因，是我對「政策」這個想法多有疑慮。政策意謂一群菁英團體的存在（通常是政府官員），按照規矩，這群人有權決定某事（「一個政策」），接著安排下來，加諸其他所有人身上。討論這類事情時，我們經常會對自己玩一點心智上的小把戲。舉例來說，當我們說「對於問題X，我們要做些什麼？」時，彷彿「我們」就是整個社會，不知怎地單憑我們自己的意思行動。其實，除非我們恰好是人口中差不多百分之三到百分之五、見解

真的會影響政策制定者的那一群，不然上述只是自欺欺人的遊戲。我們把自己跟統治者劃上等號，但被統治的其實是我們。當我們看政治人物在電視上說「對於沒那麼幸運的人，我們該做些什麼？」，這時心智的把戲又出現了，畢竟我們當中至少有一半人，幾乎一定會符合那個類別。就我自己來說，我寧可一個政策菁英都不要有，所以我認為這樣的遊戲特別有害。我個人是無政府主義者，意思是說，我不只期望未來有一天政府、企業和其他都會變成歷史奇珍，如同我們現在看待西班牙宗教裁判所或遊牧民族入侵那般；更重要的是，面臨迫切的問題，我偏好的解決方案是給人們打理自己事務的工具，而不是給政府或企業更多權力。

由此可知，面對社會問題的時候，我不會衝動地想像是我自己來主導這件事，接著細思要強加哪種解決方案。反之，我會尋找已經存在的運動，正在嘗試處理這個問題並創發該運動自己的解決方案。不過，就此而言，狗屁工作的問題帶來非比尋常的挑戰：沒有反狗屁工作的運動。一部分是因為多數人不承認狗屁工作滋長是個問題，但即使他們承認，還是很難圍繞著這樣一個問題而組織運動。這樣的運動該提出怎樣的局部措施？你可以想像工會或其他工作者組織，在各自的工作場所發起反狗屁的運動，甚至橫跨特定業種——但也可以想見，他們會訴求實在的工作要去廢冗化，甚於呼籲開除非必要職位上的人。至於覆蓋更廣的反狗屁工作運動會長成什麼模樣，模糊之處就更多了。人們或許會嘗試縮短週工時，寄望事情迎刃而解，但似乎不大可能。就算一週工作十五小時的運動成功，也不大會造成人們自發廢除不需要的工作和產業。同時，若呼籲一批新的政府科層來評估工作的有用性，這個科層本身無可避免會變成龐大的狗屁產生器。保證就業計畫也會落得相同下場。

當前有社會運動在倡議的解決方案中，會減少、而非增加政府的規模和干涉程度的，我只找得出一個。那就是全民基本收入。

容我用最後一則證言作結。這則證言來自一個運動份子朋友，以及和她一起投入活動的同儕，前者生活中的政治目標是消滅她自己的狗屁工作。雷斯里是英國的補助顧問，她為一個非政府組織工作，組織的宗旨是引導公民通過重重政府機關設下的繁文縟節障礙賽道，取用政府聲稱的專款。對沒工作或有物質需要的人而言，政府機關的設計讓取用專款難上加難。這是她捎來的證言：

雷斯里：我的工作應該是不必要的，但它卻存在，因爲人們發明一整長串的狗屁工作，避免需要錢的人拿到錢。領取任何一種福利都已經夠像一場卡夫卡式的過程了，政府多方涉入讓人十分難堪；這還不夠，他們還讓這件事複雜得難以置信。即便某人符合某項福利的資格，但申請過程太過複雜，多數人需要有人協助理解問題和他們自己的權利。

數年前，曾有人嘗試將施予人類的照護轉換成電腦可判讀的格式，因此這幾年來雷斯里必須應付接踵而來的瘋狂，遑論設計這些電腦的目的就是精確地限制照護措施的適用範圍。結果她落得跟第二章的塔尼雅同病相憐，後者必須花上好幾個鐘頭重寫應徵者的履歷，指導他們用哪個關鍵字才能「讓它通過電腦」那一關：

> **雷斯里：**現在有某些填表單必須使用的字眼，如果沒使用，錢也許就下不來，這種情形我稱爲教義問答，然而這種事只有像我這樣受過訓練、有手冊可查的人才知道。就算教義問答這關過了，申請人經常免不了一路打進審裁法庭，資格才能獲得認定，身障的申請案尤其如此。每次我們爲某個人成功打通關了，我都會微微振奮，但不足以抵銷我的憤怒。我憤怒的是所有人的時間都被浪費到接近荒唐的地步：對申請人，對我，對許多在DWP（就業及退休金事務部，Department of Works and Pensions）處理申請案的好人，對審裁法庭的法官，對被叫來支持任一方的專家。難道我們沒有更具建設性的事情可做嗎？我不知道，裝設太陽能板或做園藝？我也經常揣想設計這些規則的人，不管是誰，他們領多少錢？花多少時間？多少人參與？我猜他們念茲在茲的，就是確保不符資格的人拿不到錢……然後我就想到造訪地球的外星人嘲笑我們，發明規則防範其他人類取得一個人類概念的代表物，也就是錢——而且照它的性質，錢並不是什麼稀缺之物。

除此之外，雷斯里還是個濫好人，自己只能指望賺到餬口所需，而營運她的辦公室本身的錢，得滿足長長一串自鳴得意的傢伙，這批人也只會擺弄公文而已。

雷斯里：我的工作是慈善基金會給的錢。從請錢的我到宣稱組織對抗貧窮或「讓世界變得更好」的CEO，又是整整一長串狗屁工作，簡直是在我的傷口上撒鹽。我這端從花數小時搜尋相關資金開始，閱讀指南，花時間學習怎樣才能手到擒來，填寫表單，打電話。要是成功，接下來每個月我都要花上幾個小時編製統計數據，填寫督察表單。每家基金會都有自己的教義問答，自己一套指標，每一家都各自要求一套證據，證明我們正在「培力」人民或「創造改變」或創新。其實，我們都在迎合規則和用字遣詞，而讓我們代書的人民只有填寫文件需要幫忙，這樣他們才能回去繼續他們的人生。

雷斯里告訴我，研究顯示，任何的資產測試系統都必然意味著，正當來說符合領取補助資格的人，有至少百分之二十會放棄不申請，跟該系統怎麼框限申請資格無關。百分之二十的數字勢必大過規則有可能偵查出來的「作弊」數量——即便算進誠心以為自己符合資格但不然的申請者，作弊的數字仍只有百分之一．六。即使沒有人確實不符補助的明文資格，百分之二十這個數字仍然成立。不過，規則當然是設計來擋下愈多可合理擋下的申請人愈好：一邊是制裁，一邊是規則適用的方式反覆無常；目前英國合乎領取失業補助資格的人，有百分之六十拿不到，我們已然來到這個數字。換句話說，照她描述，整個島群從撰寫規則的官僚開始，包括DWP、執行法庭、律師和僱用那些律師的NGO裡，處理申請書的出資機構員工，他們所有人都是單一一個龐大機器的一部分。這部機器之所以存在，只是為了維護人們生性懶散、不真的想工作的那種幻覺——因此，即使社會確實有責任確保人們不至於活生生餓死，但供應他們繼續生存的憑藉的過程一定要弄得盡量讓人困惑、曠日費時，而且極盡羞辱之能事。

所以，這份工作歸根結底是打勾和補漏的一種結合，讓人退避三舍，旨在彌補照護體系的無效率。人們蓄意將這個體系設計得窒礙難行。用愜意的薪水跟空調辦公室，把數千人養得白白胖胖的，只是為了確保窮人繼續自我感覺低落。

雷斯里在申請櫃檯的兩邊都待過，沒有人比她更明白這一切。她是單親媽媽，領過數年補助；接受補助這一方經歷的冷暖，她點滴在心。她的解決方案？完整撤除這部機器。她參與全民基本收入運動，該運動的訴求是將所有須經資產測試的社會福利補助，改成支付一筆固定的費用給居住在該國的每個人，人人都拿一樣多。

坎蒂跟雷斯里一樣參與基本收入運動，也從事一份無用的工作，她不願透露該工作所屬體系的細節。坎蒂告訴我，她起初是一九八〇年代剛移居倫敦的時候，對這類議題萌生興趣，並成為國際家務工資運動的一份子：

坎蒂：我覺得我母親需要家務工資，就加入了。她困在一場惡劣的婚姻裡頭，如果有自己的錢，她老早就離開我爸了。身在難以忍受甚至只是無聊的關係裡，能財務安然無恙地脫身，對每個人而言都很重要。

我才來倫敦一年。還在美國時，我一直嘗試加入某些形式的女性主義。有一段影響我很深的記憶，是九歲的時候，我母親帶我去俄亥俄州的意識覺醒團體。我們撕去保羅福音講女人有多糟的那幾頁，疊成一落。因爲我是最年輕的小組成員，他們要我把紙堆點燃。我記得起初我不願意，因爲我向來被教導的是不要玩火柴。

大衛：但你最後還是點著了那堆紙？

坎蒂：我點燃了。我媽同意。那之後沒多久，她獲得一份薪資足夠生活的工作，於是馬上離開我爸。那段經驗告訴我實踐是最好的檢驗。

在倫敦，坎蒂發現自己受到「家務要工資」（Wages for Housework）運動吸引，因為她認為這個運動在（女性主義）自由派和分離派之間僵持的辯論間開闢了一條出路。儘管那時其他多數女性主義者普遍視該運動為惱人的、甚至可以說是危險的邊緣團體，但對坎蒂來說，總算有一種經濟分析是針對女人面臨的真實生活問題而設。那時，有些人開始談及「全球工作機器」，即遍及這顆星球的僱傭勞動體系，其用意是從更多再更多人身上抽取更多再更多的心力。然而女性主義評論者面對全球工作機器之說時，倒是陸續指出同樣一個體系也界定了何謂「真實」的勞動——可化約到「時間」、進而可買賣的那種勞動——而何者不是。女人的勞動大半被評論者歸在後一類。儘管事實是，倘若沒有女人的勞動，那將之蓋上「不算真的工作」戳章的那台機器，立刻就會停擺。

「家務要工資」根本上是要嘗試對資本主義喊「吹牛！」，對資本主義說：「人們懷著形形色色的動機完成大部分的工作，就連工廠的工作也不例外；不過如果你打算堅持，工作只有被當成在市場上買賣的商品時才有價值，那至少要做到標準一致！」假使女人跟男人以相同的方式計酬，那麼世界上的財富會有很大的比例會立即易手；而財富，當然就是力量。接下來的引文來自跟雷斯里和坎蒂兩人的一段對話：

大衛：那「家務要工資」內部是否多次辯論過這個政策的意涵呢？我是指實際給付工資所經由的機制。

坎蒂：噢，沒有，我們提的政策算是一種觀點——一種揭露無償工作的方式。人們明明在做這樣的無償工作，卻是誰都閉口不提。一九六〇年代，探討女人早已無償從事的工作的人寥寥無幾，「家務要工資」於一九七〇年代間成立後，這件事變成一個議題——

舉例來說，如今協調離婚條件的時候考慮家務工資，已經是標準了。就此而言，成績相當好。

大衛：所以要求本身大抵算是挑釁？

坎蒂：與其說是計畫，比較算挑釁沒錯，「其實我們可以這樣做」——之類的。我們確實討論過錢可以從哪裡來。一開始都是關於怎麼讓資本把錢吐出來，後來在一九八〇年代末，布朗（Wilmette Brown）的書《黑女人與和平運動》（*Black Women and the Peace Movement*）問世，[16]整本書都在講戰爭和戰爭經濟如何影響女人，又以影響黑女人最甚。於是，我們開始用這個口號：「女人要薪水，士兵放一邊。」其實你仍舊聽得到「照護要工資，殺戮放一邊。」不過我們從未深入探討機制。

大衛：等一下，「照護要工資，殺戮放一邊」——這句口號是誰想的？

雷斯里：全球女人罷工（Global Women's Strike）。那是「家務要工資」當代的後繼者。二〇一三年，我們提出歐洲第一份UBI（全民基本收入）請願書，那句口號是全球女人罷工的回應。兩個月後，他們提出一份改付給照護者工資的請願書。如果他們願意承認每個人都是某一種類型的照護者，那我自己是沒有什麼意見。即使你沒有照顧其他任何人，最起碼你在照顧你自己，這件事要耗費時間和精力，而這個體系愈來愈不願意爲人民的時間和精力埋單。然而，承認這件事只是又繞回UBI而已：如果每個人都是照護者，那最好就要資助每個人，讓他們自行決定他們在某個時候想要照顧誰。

坎蒂也因為相似的理由，從「家務要工資」改變立場，轉向ＵＢＩ。她和一些運動份子同儕開始自問：假定我們真的想提倡一個實在、可行的綱領，那會是什麼？

坎蒂：以前我們在街頭發「家務要工資」的摺頁，女人的反應向來是說：「讚！我要怎麼連署？」或者她們會說：「我是因爲愛才做這些事，你怎麼敢提到錢？」第二種反應絕對不瘋，這些女人拒絕把人類活動統統商品化，而做家事會拿到工資，多少帶有把人類活動商品化的意思。

法國社會主義思想家高茲（André Gorz）的主張深深打動坎蒂。有次我給她我自己對照護固有的、無法量化的性質所做的分析，她告訴我高茲四十年前就預見了。

坎蒂：高茲對「家務要工資」的批判是，如果你一股腦兒從嚴格的金融條件強調照護之於全球經濟的分量，那會有個危險，即你最後會給不同類型的照護一個金錢價值，口口聲聲說那是照護的眞實「價值」。若眞如此，你就是冒著照護變得愈來愈金錢化、量化的風險，於是就搞砸了照護這件事。這是因爲用金錢衡量照護活動，往往會降低照護品質的價值。倘若仔細列明一條條任務，設定在時限內完成，那品質的價值會降低得尤其明顯，然而照護活動經常是這樣完成的。高茲在七〇年代就這樣說，而當今的情況恰恰就是如此，就連教學、護理都是如此。[17]

雷斯里：就別提我在做的事情了。

大衛：是啊，我懂。我的用詞是「廢冗化」。

坎蒂：對，廢冗化了，徹頭徹尾。

雷斯里：至於UBI……席薇亞〔・費德里奇，Silvia Federici〕最近不是有在一段訪談裡寫到還是談到，聯合國、繼而是各式各樣的世界組織爲了找尋某種方式解決七〇年代資本主義危機，某種程度抱起了女性主義的佛腳？他們說，沒問題，我們來把女人和照護者納入支薪人力（大部分工人階級的女人早就在做「兩份日班」〔double day〕），但不是要培力女人，而是一種規訓男人的方式。儘管從那時開始，我們見證了同工逐漸同酬，但歸根究底，主因是工人階級男人的工資**下滑**，而不見得是女人都多拿到了那麼多。他們從不放過讓我們內鬨的機會。這所有評估不同種工作的相對價值的機制，無非就是這麼一回事。

對我而言，這就是印度試行基本收入的先導研究振奮人心的原因。好，試行基本收入有很多方面都振奮人心。舉例來說，家暴事件下降很多（我認爲差不多八成導向暴力的家庭爭執，說到底都跟錢有關，所以合理）。不過主要的效果是，它能逐漸化解社會不平等。一開始是給每個人等額金錢。這本身很重要，因爲錢有一定的象徵力量：這是件一視同仁的事情，當你給每個人，男人、女人、老的、少的、高種姓、低種姓，完全相同的金額，那些差異就開始消弭了。在印度的先導研究中就發生了，他們觀察到人們一改舊觀，給女孩跟男孩一樣多的食物，村中的活動更接納身障人士，年輕女人拋下要求她們羞赧端莊的社會陳規，開始像男孩一樣公開聚在一起……女孩開始參與公共生活。[18]

任何UBI的給付必須足夠人生活，自己一個過也不成問題，而且必須完全沒有資格限制。每個人都拿得到。即使是不需要的人也一樣拿得到。單單只爲了建立原則也是值得的。原則是，只要是生存所需，每個人都有資格享有，一視同仁，沒有資格限制。這就讓基本收入成爲一種人權，而不只是慈善，也不是因爲欠缺其他的收入來源而要補破網。如果除此之外還有需要，譬如某人失能了，哦，那你就也想辦法因應。不過那是在你爲所有人建立物質生存的權利**之後**。

許多人第一次聽到基本收入的概念時，就是為這個要素吃了一驚，然後疑惑叢生。你們不是當真要給洛克斐勒家族的人一年兩萬五千美元（數字不重要）吧？答案是：對。每個人就是每個人。世界上終歸沒有那麼多億萬富翁，這部分金額不至於變得太龐大，何況還是可以對富人課徵較多的稅。誰要是想啟動資產測試，即使針對億萬富翁為之，就必須設立一個科層機關以重啟資產測試，有史為鑑，這種科層機構很難不擴張。

說到底，基本收入所倡議的是生計跟工作脫鉤。任何實施基本收入的國家，立即的效果會是科層組織的數量大幅減少。如雷斯里的個案所示，大部分富裕社會中，政府機器及其周邊遊走灰色地帶的半政府NGO企業，十有八九只是在那裡讓窮人自我感覺惡劣而已。為了撐起大半無用的全球工作機器，這場道德賽局還真是貴得非比尋常。

坎蒂：讓我舉一個例子。最近我在考慮領養一個小孩。於是我查了套餐內容，內容十分慷慨。市政府讓你租社會住宅，除此之外，每週還給你兩百五十英鎊照顧孩子。但接著我腦袋轉了過來：等一下。這個套餐給一個小孩每年一萬三千英鎊外加公寓一戶，大多數情況下，小孩的雙親恐怕不曾擁有這樣的條件。如果我們把相同的套餐直接給雙親，他們就用不著碰上那許多麻煩，一開始就不必將小孩送出去給人領養。

還沒完，上面都還沒算進安排和監督收養情形的公務員薪水、公務員上班的辦公室的租金和維護費用、監督和控制那些公務員的數個機關、**他們**上班的辦公室的租金和維護費用，依此類推。

此處不適合論辯基本收入計畫如何實際運作。[19] 大多數人乍聽之下都難以置信（「但錢要從哪裡來？」），多半是因為我們成長的過程全都被灌輸大半不實的假定。這些假定事關錢是什麼、怎麼生產錢、到底為什麼徵稅，還有其他一整批本書掛一漏萬的議題。此外，對於全民收入是什麼、實施全民收入有何好處，存在南轅北轍的不同見解，這個事實也讓議題更錯綜複雜。見解的範圍從保守的版本到基進的版本都有：保守版本為了完全消除現存福利國家的供應項目，如免費的教育或健康照護，針對性地提供一筆節制的津貼作為託辭，而後就把一切都交給市場；雷斯里和坎蒂支持的則是基進版本，其假定既存的無條件保障會原封不動，像是英國的全民公費醫療服務。[20] 其中一方把基本收入視為締約的方式，另一方則是為了擴張無條件適用的範圍。我本人願意支持的是後面這一種，儘管有違我自己的政治立場。我不諱言自己反對國家的立場：身為無政府主義者，我期盼國家完全解體，而在那一天來臨前，任何政策，只要它給予國家多過於現狀的權力，我一概沒有興趣。

說也奇怪，這反而是我可以支持基本收入的原因。乍看之下，基本收入或許像是肆意擴充國家權力，畢竟創造與分發金錢的多半是政府（或某些準國家機構，像是一國的中央銀行），然而事實正好相反。政府有絕大部分——確切來說是最擾民、最惹人厭的部門，因為那些部門涉入監管人民的道德最深——立刻就變得冗贅，大可關閉。[21] 是的，上百萬低階政府官員和像雷斯里這樣的福利顧問，會失去他們當前的飯碗，不過他們全都會收到基本收入。也許他們之中會有幾個人成就某件真正重要的事，譬如雷斯里提的安裝太陽能板，或者發現癌症的療法。然而，如果他們轉而組了克難樂隊[譯3]，致力復興古典家具，洞穴探險，翻譯瑪雅象形文字，或者嘗試打破熟齡做愛的世界紀錄，那也無妨。讓他們做喜歡的事！現在的他們要開罰參加撰寫履歷研討班遲到的失業人士，要檢查無家可歸的人是否備妥三證件，所以不論他們最後做了什麼事，一定都比現在快樂，而所有人都會因為他們新發掘的快樂而過得更好。

即便是審慎的基本收入計畫，都有可能成為最深刻轉型的踏腳石：讓工作跟生計徹底脫鉤。如我們在上一章所見，不論工作內容，付給每個人相同的報酬，都可以有健全的道德理由。然而上一章引述的論證，確實假定人們是**基於**他們的工作而獲得薪酬。退一萬步來說，這就會需要某種監督的科層組織，以確認人們真的有在工作，儘管該組織不需要衡量人們多努力工作或產出多少。完整的基本收入將提供所有人合理的生活水準，消除必須工作的苦衷，接著容許讓每個個體自行決定他們想不想追求更多財富，或者利用時間做別的事情。想追求更多財富的人可以去做有酬的工作，或者賣東西。不論人們選擇哪一種生活，分配財貨的方式可能都因此有機會改頭換面（說到底，貨幣就是配給券，而在理想的世界裡，我們應該會希望盡可能避免實施配給）。這一切顯然都取決於一個假定，即人類不必被迫工作，或者最起碼，不必被迫去做他們覺得有用、或造福他人的事情。如我們所見，這是一個合理的假定。大多數人都不會想整天閒坐看電視；而真心想當徹頭徹尾的寄生蟲的一小部分人，也不會成為社會的沉痾，因為維持人們舒適、安全生活所需的工作總量，絕不至於讓人望而生畏。而那些堅持要做到遠超過必要的程度、難以罷手的工作狂，要彌補他人偶爾的混水摸魚，也綽綽有餘。[22]

最後，無條件、一視同仁資助的概念，直接扣合了本書各章反覆出現的兩個議題。第一個是以階序為原則分派工作的ＳＭ動力。當所有人都知道工作毫無意義的時候，這種動力通常會陡然加劇，直接造成上班族生活中諸多日復一日的辛酸。我在第四章引述過蕾瑟的日常生活的ＳＭ概念，尤其是要指出：真槍實彈的ＢＤＳＭ遊戲一定會有個安全詞，可是當「正常」人落入ＳＭ動力時，卻沒有能輕易脫身的辦法。

「你沒辦法對老闆說『柳橙』。」

我常想到這份洞見有多重要，甚至有機會成為社會解放理論的基礎。我一廂情願的想法是，法國社會哲學家傅柯（Michel Foucault）在一九八四年令人嗟嘆不已地過世前，就是朝這個方向前進的。根據認識他的人的說法，傅柯發現ＢＤＳＭ之後，整個人大大轉變；大家都知道他本來

譯3　克難樂隊（jug band）是指演奏民俗和自製樂器的樂隊，得名自細口寬身的水壺（jug，靠嘴唇送氣的技巧，這種水壺能發出類似長號的聲響，是克難樂隊常見的樂器），盛行於二十世紀初美國南方黑人社群，常跟賣藥的結合。

性格多疑，拒人千里，沒多久變得溫暖、開闊而友善[23]——就連理論方面的想法都進入轉型期，可惜沒能開花結果。不消說，傅柯主要是以權力的理論家聞名；在他看來，權力流經所有的人類關係，由於他曾將之直白地界定成「據他人的行動而行動」，權力堪稱人類形成社會關係的基本性質。[24]他書寫的方式，隱約把自己寫成對立於權力的反威權人士，可是他定義權力的方式，又好像社會生活沒有權力就不可能維繫，這造成一個不尋常的弔詭。他在生涯的末尾，引進所謂權力和宰制的區分，似乎是想化解這個兩難。前者，他說，只是「策略遊戲」，每個人無時無刻都在玩權力遊戲，想不玩也難；玩歸玩，倒也沒什麼好非議的。所以，他生前最後一次接受訪談時說道：

> 權力不邪惡。權力是策略遊戲。我們深知權力不邪惡。就拿性關係或愛情關係當例子。在某種開放的策略遊戲中，對另一人運用權力，你對我如此，我可以奉還。這不邪惡。這是愛情、激情，是性快感的一部分……
>
> 在我看來，我們必須區辨在各方自由範圍內、作爲策略遊戲的權力關係，以及宰制狀態。一些人嘗試規定其他人的行動，這項事實導致的策略遊戲，屬於前者。我們通常稱作「權力」的，則屬於後者。[25]

怎麼區辨這兩者，傅柯講得不明確，只提到在宰制關係裡，事情不開放，也沒辦法有來有往，再者，流動的權力關係也變得死板且「凝滯」了。他舉的例子是師生相互誘導對方（權力—好），相對於篤信威權老學究的專制（宰制—壞）。我認為傅柯在此繞著某個東西打轉，一直沒能抵達應許之地，亦即一個社會解放的安全詞理論，畢竟這是明顯的解決方案。重點不在於某些遊戲的規則死板（不論出於什麼原因，有些人就是喜歡死板的遊戲），而是你沒辦法脫身。於是問題誠然變成：效果等同於對老闆說「柳橙」的事情**會是**什麼？或是對難以忍受的官僚，對惹人嫌惡的指導老師，對蠻橫不講理的男友？假使隨時可以選擇退出的遊戲才會讓我們真心參與，那怎麼做才能創造這樣的遊戲？在經濟的領域，答案顯而易見。人們一旦撂下「我辭職」就會產生經濟的後果，所以職場政治衍生的、無端而起的霸凌取樂，才會有恃無恐。如果安妮的上司知道，就算安妮真的反感走人，收入一毛都不會少，那她一開始就會三思要不要為了幾個月前就解決的某個問題，三番兩次把她叫進辦公室。這個意義下的基本收入，就像是賦予工作者對上司說「柳橙」的權力。

這又導向第二個主題：在一個保障收入的世界裡，不只是安妮的上司好歹會放點尊嚴和尊重來對待她。倘若全民基本收入落實於制度，那很難想像安妮的工作還有辦法存在多久。不必**為了**生存而工作的人，還是會選擇成為牙醫助理、玩具設計師、電影院帶位員，或是拖船操作員，抑或污水處理廠視察員，這不難想見；選擇「斜槓」上述數種職業，甚至還更理所當然。但你簡直沒辦法想像生活沒有財務周轉問題的人，竟會選擇耗費可觀的時間，為一家「醫療照護成本管理」公司的表單標記重點——更別提是在基層人員不得交談的辦公室裡工作。在生存無虞的世界裡，除非安妮真的不再留戀幼稚園老師一職，不然沒有理由讓她放棄當幼稚園老師。假使醫療照護成本管理公司仍舊存在，它們可得另外想辦法替表單標重點了。

醫療照護成本管理公司恐怕不會存在太久。之所以需要這樣的公司（甚至連「需要」都談不上），帳要直接算到美國健康照護體系的頭上。美國人當中有壓倒性的多數認為該體系愚蠢又不公正，古怪又讓人如墜五里霧中，因而期望某種公共保險或公共健康供應單位取而代之。如前文所述，這個體系之所以還沒被取代——如果歐巴馬總統自己的說法尚可相信——至少主要原因是它的無效率，創造了跟安妮做的事半斤八兩的工作。別的不說，全民基本收入就意味著認知這個處境之荒誕的數百萬人，將會有時間從事政治組織活動，進而改變現況。因為他們不必被迫每天花八小時為表單標註重點，或者（如果他們堅持人生就該做有用的事）勉強擠出同樣多的時間，試圖想出一個繳帳單的辦法。

對於像歐巴馬一樣，為狗屁工作的存在辯護的人，這樣的配置最吸引人的事情之一就是讓人有事忙。很難擺脫這種印象。如歐威爾指出的，一批汲汲營營的人口沒時間搞出太多事，就算從事毫無用處的職業也無妨。退一萬步說，這又是一個冷處理現狀的誘因。

話說回來，即使現狀就是如此，但仍舊為我的第二個、也是最後一個論點做了鋪墊。每當有人提出，不論有沒有工作均保障每個人的生計時，緊接著第一個反駁通常是：若真這麼做，人就不工作了。這種說法明顯不實，在此我認為我們可以直接不予理會。第二種比較認真的反駁是，多數人會工作，但許多人會選擇只對他們自己有利的工作。滿街都會是蹩腳的詩人、惹人生厭的街頭默劇，還有人提倡異想天開的科學理論，但一件事都做不好。狗屁工作現象恰恰凸顯這類預設之愚蠢。一個自由的社會，無疑有一定比例人口會把生命耗費在其他多數人覺得痴傻或無謂的項目上，可是怎麼想都不至於超過百分之十或二十。然而，就在此刻，富裕國家中百分之三十七到四十的工作者**已經**覺得他們的工作無謂了。狗屁事務構成了大約一半的經濟活動，或者大約一半的經濟活動之所以存在，只是要支持狗屁事務。而且那些狗屁事務還一點趣味都沒有！假使我們讓每個人自己決定，他們最適合以什麼樣的方式造福全人類，作法百無禁忌，**那他們最後怎麼可能會得出比現狀還沒有效率的勞動分配？**

這是支持人類自由的一個有力論證。我們大多數人喜歡抽象地討論自由，口口聲聲說不自由毋寧死，卻沒有多加思考享有自由或實踐自由，到底意謂著什麼。本書的宗旨不是提出具體的政策處方，而是促使我們思考並論辯，一個貨真價實的自由社會實際上會是什麼模樣。

鳴謝

我想謝謝與我分享工作場所苦水故事的數百位朋友，雖然不能具名，但你知道我感謝的是你。

我想謝謝《迸！》的 Vyvian Raoul 邀我撰寫原本的專文，是《迸！》的全體成員（尤其「特別巡邏團」）促成這一切。

本書得以問世，仰賴我在 Simon & Schuster 出版社的團隊辛勤工作：編輯 Ben Loehnen、Erin Reback、Jonathan Karp 和 Amar Deol，還有我的經紀人 Melissa Flashman 多方鼓勵，她任職於 Janklow & Nesbit。

當然，我還要感激忍受我的朋友，以及我在倫敦政治經濟學院的同事，我要感謝他們的耐性與支持，特別是行政同仁：Yanina and Tom Hinrichsen、Renata Todd、Camilla Kennedy Harper 和 Andrea Elsik。

我想，我也該感謝夙夜匪懈的倫敦政經學院人類學系研究生 Megan Laws，她全職監督我的「影響」。但願本書會減省她的心力。

註釋

前言

1 我對精算師成見很深，而今我認為過去對他們並不公允，有些精算工作確實有所建樹。但我仍舊相信，其餘精算師即使消失，也不會有負面後果。

2 David Graeber, "The Modern Phenomenon of Bullshit Jobs," *Canberra* (Australia) *Times* online, last modified September 3, 2013, www.canberratimes.com.au/national/public-service/the-modern-phenomenon-of-bullshit-jobs-20130831-2sy3j.html.

3 據我所知，迄今探討狗屁工作這個主題的書只有一本：《狗屎工作》（*Boulots de Merde!*），作者是駐巴黎記者 Julien Brygo 和 Olivier Cyran，出版於二〇一五年。作者告訴我，該書是直接受我的文章所啟發。《狗屎工作》是一本好書，不過涵蓋的問題跟我頗有差別。

第一章

1 "Bullshit Jobs," LiquidLegends, www.liquidlegends.net/forum/general/460469-bullshit-jobs?page=3, last modified October 1, 2014.

2 "Spanish Civil Servant Skips Work for 6 Years to Study Spinoza," Jewish Telegraphic Agency (JTA), last modified February 26, 2016, www.jta.org/2016/02/26/news-opinion/world/spanish-civil-servant-skips-work-for-6-years-to-

study-spinoza.

3 Jon Henley, "Long Lunch: Spanish Civil Servant Skips Work for Years Without Anyone Noticing," *Guardian* (US), last modified February 26, 2016, www.theguardian.com/world/2016/feb/12/long-lunch-spanish-civil-servant-skips-work-for-years-without-anyone-noticing。史賓諾莎主張，一切存有都努力最大化自身的力量（power），但這股力量同等地包含對其他存有起作用的能力，以及被其他存有影響的能力。從史賓諾莎學派的觀點來說，做一份既不影響任何人、也不被任何人影響的工作，恐怕是最糟糕的僱傭處境了。也許史賓諾莎的主張啟發了他。

4 郵差明顯不屬於狗屁工作，然而這則故事的含義，似乎是他們選擇不投遞的信件中，有百分之九十九是垃圾郵件。既然如此，郵差可能也一度是狗屁工作。這不大可能是實情，但這則故事反映公眾的態度。關於對郵務工作者的態度變化，請參閱我的《規則的烏托邦》（商周出版，2016），頁二三二—二四八。

5 http://news.bbc.co.uk/1/hi/world/europe/3410547.stm?a, accessed April 7,2017.

6 "Vier op tien werknemers noemt werk zinloos," http://overhetnieuwewerken.nl/vier-op-tien-werknemers-noemt-werk-zinloos/, accessed July 10, 2017.

7 典型評語，來自魯弗斯：「我很樂意告訴你，我做過最沒有價值的工作，是幫口味又刁又怪的人做拿鐵，不過回想起來，我知道他們之所以能撐過一天工作，我功不可沒。」

8 合先敘明：下文主要取材自通俗文化所再現的殺手，不是對真貨的什麼民族誌或社會學分析。

9 耐人尋味的是，「bull」（公牛）不是「bullshit」（鬼扯）的縮略，不過「bullshit」是二十世紀早期從「bull」加油添醋來的詞。追根究底，這個短語衍生自法語的bole，意思是「詐欺或騙局」。「狗屁」（bullshit）這個短語（的語料）初見於艾略特（T. S. Eliot）未發表的詩作。「胡說八道」（bollocks）是「bole」的另一個衍生字。

10 我本來是想說「說謊」，不過哲學家法蘭克福（Harry Frankfurt, 2005）出名的主張是，說狗屁跟說謊不一樣。其間的差異，好比謀殺跟過失殺人的差異；一個是蓄意欺騙，另一個是輕率地漠視實情。我不確定法蘭克福的區分在這個文脈下是否全然有效，但我不認為涉入這個主題的辯論會有什麼了不起的助益。

11 還請讀者玩味一下「柯里昂」（Corleone）這個名字，以完全領略跟封建制度的關聯。「柯里昂」是普佐（Mario Puzo）的小說、柯波拉（Francis Ford Coppola）的電影《教父》（*The Godfather*）裡虛構的黑手黨家族名，其實來自西西里一座城鎮的名字。這座城鎮是許多著名的黑手黨的家鄉，所以惡名昭彰。在義大利語中，「柯里昂」的意思是「獅心」。淵源似乎是這樣：一〇六六年征服英格蘭的諾曼人也征服了此前被阿拉伯人控制的西西里，而且將阿拉伯行政的諸多特色納為己用。讀者還記得，大多數羅賓漢故事裡的大反派是諾丁漢的治安官，遠在天邊率領十字軍的國王是「獅心理查」（Richard the Lion-Hearted）。「治安官」（sheriff）這個字，其實就是盎格魯化的阿拉伯語sharif，乃是西西里的行政制度所啟發的職位之一。柯里昂跟英國國王之間的確切關聯仍聚訟紛紜，但肯定存在一些關聯。所以，馬龍·白蘭度（Marlon Brando）在《教父》裡的角色，承襲了獅心理查的名字——儘管承襲得百轉千迴。

12 許多人都是在空閒時間闖空門。我曾經住過一區公寓大樓，一度接連不斷遭小偷，不勝其擾，而且都發生在星期一。最後對證出小偷是個美髮師，此人通常休週一。

13 許多竊賊，從藝術品竊賊到尋常的商店扒手，都會出售自己的服務。不過即使出售自己的服務，他們仍只是獨立的承包商，因此是自僱者。殺手的情形比較模稜兩可。有人主張，如果一個殺手執業多年，但一直是犯罪組織的從屬成員，那就算得上一份「工作」，不過待在這種位子上的人是不是這麼看事情，我的印象（我當然不會真的知道）是不然。

14 我沒有說這樣一份工作是「一種有支薪的僱傭勞動類型，讓人**感覺**完全無謂、不必要或有所危害，連受僱者都沒辦法講出它憑什麼存在」，我說它是「一種有支薪的僱傭勞動類型，其**為**完全無謂、不必要或有所危害，連受僱者都沒辦法講出它憑什麼存在」。換句話說，我不只是說受僱者相信他的工作狗屁，連帶還主張他的信念既有效又正確。

15 容我拿自己的處境當例子。我目前受倫敦政經學院聘為人類學教授。有人認為拿人類學界定狗屁學科最好不過。二〇一一年，佛羅里達州的州長史考特（Rick Scott）甚至點名敝學科為該州大學不如剔除比較好的首要範例（Scott Jaschik, “Florida GOP Vs. Social Science,” *Inside Higher Education*, last modified October 12, 2011, www.insidehighered.com/news/2011/10/12/florida governor challenges idea of non stem degrees）。

16 有人告訴我，二〇〇八年次貸醜聞時的要角之一，美國國家金融服務公司（Countrywide Financial）內部大抵有兩個等級——比較低等的「宅宅」和知情人士，後者就是有被告知騙局的人。我自己做研究的過程中遇到一個更離譜的例子：一個女人寫信告訴我，她曾經工作將近一年，推銷機上雜誌廣告，後來才逐漸明白這本雜誌壓根不存在。她發現，自己明明還滿常搭飛機，卻從未在飛機上見過這本雜誌，辦公室裡也沒有，才起了疑心。最後，她的同事平靜地跟她確認，這全部的營運活動都是一場騙局。

17 但凡規則都有例外，這條也不例外。稍後我們會看到，許多大型組織，譬如銀行，高階經理會僱用顧問或內部稽核員，來查清楚人們到底在做什麼。一個銀行分析師告訴我，差不多百分之八十的銀行員工做的都是不必要的差事，而且他覺得大多數人都渾然不覺，因為從整個組織的角度觀之，他們都沒有被告知自己扮演什麼角色。不過，他說，他們的上司也不見得比較清楚，而他的改革建議無一例外被駁回。這裡也要強調：不是人們錯信他們的工作狗屁，而是工作狗屁，但人們不見得相信是這麼一回事。

18 就連這裡，人也想像得到反論。山達基教徒怎麼說？準備e-meter講習，讓人發掘過往生活的創傷的那些人，似乎深信自己的工作有巨大的社會價值，即使絕大多數的人口都認定他們若非受騙上當，就是在詐騙別人。但這仍舊無關宏旨，畢竟沒有人真的說「信念治療師」是個狗屁工作。

19 理由可能是，表面上立意愚弄局外人的宣傳，真正的頭號目標經常是平撫宣傳者本人的良心。

20 評語即席發揮，沒有寫下來。本段節錄一部分是從拜恩（John Adam Byrne）的書引用的段落重建的。John Adam Byrne, “Influential Economist Says Wall Street Is Full of Crooks,” *New York Post* online, April 28, 2013, http://nypost.com/2013/04/28/influential-economist-says-wall-streets-full-of-crooks。一部分從塔瓦克力（Janet Tavakoli）發表在《商業內幕》（*Business Insider*）的謄寫下來，Janet Tavakoli, www.businessinsider.com/

i-regard-the-wall-street-moral-environment-as-pathological-2013-9?IR=T, accessed April 21, 2017，還有一部分來自我當時作的筆記。

21 其實在我的研究過程中，遇到一些有大學學歷，但自己能做的辦公室工作如此無謂，讓他們氣餒，於是真的去當了清潔工，只因覺得這才像是在做一份老實的正職。這樣的人，人數出乎我意料（呃，三個）。

22 說屎缺通常有用又有豐富產出，意思不是所有有用又有豐富產出的工作就容易是屎缺。我發現總是會有讀者基礎邏輯不大靈光，不然實在毋庸指出這一點。

23 *House of the Dead*, 1862, trans. Constance Garnett (Mineola, NY: Dover, 2004), 17–18。我的朋友古巴奇區（Andrej Grubacic）告訴我，一九五〇年代，狄托（Tito）統治下的南斯拉夫勞改營，就是這樣對付他祖父的，這是虐囚的手法之一。獄卒明顯有讀經典。

24 這份三分清單當然不周延。舉例來說，人們經常稱作「戍守勞動」的類別就被漏掉了。戍守勞動多半（不見得是監督者）是狗屁的，但多半也只是惹人厭憎或惡劣。**（譯註：戍守勞動〔guard labor〕是指維護資本主義體系的僱傭勞動或其他活動，譬如經理階層、警衛、軍事人員、獄政官等。）**

25 我稱之為「自由主義的鐵則」：「任何市場改革、任何政府打算減少文書作業並強化市場力運作的計畫，最後都只會導致這樣的結果：法定規則、文書作業與政府官僚的總體增加。」大衛・格雷伯，《規則的烏托邦》，頁三十四。

26 其實這就是讓人穿制服的大部分用意，畢竟制服經常穿在公眾完全見不到的人身上（譬如在旅館洗衣間工作的人）。讓人穿制服，就是換種方式說：「你應該要覺得自己在當兵。」

27 奇怪的是，調查結果有依據政治投票偏好分群（保守黨選民最低，英國獨立黨的選民最有可能認為自己的工作是狗屁工作），也有按照地區分群（倫敦外的南英格蘭以百分之四十二的狗屁工作居冠，蘇格蘭最低，百分之二十七）。年齡和「社會等第」似乎相對無關緊要。

28 *The Restaurant at the End of the Universe* (Hitchhiker's Guide to the Galaxy, book #2) (London: Macmillan Pan

Books, 1980), 140.（**譯註：臺灣已有譯本，本段直接取自丁世佳譯，《宇宙盡頭的餐廳》〔時報文化，2008〕，p. 174。**）

29 你可以想見，亞當斯的粉絲對這個主題有些爭論，不過共識似乎是，一九七〇年代的一些工作會涵蓋清潔電話機和其他電子設備，但不存在跟其他行業毫無瓜葛的一門「電話清潔員」行業。這並未阻止亞當斯跟蒙提・派森（Monty Python）的查普曼（Graham Chapman）合作，創作一部叫《納瓦隆的電話清潔員》（*The Telephone Sanitisers of Navarone*）的電視特輯，有林哥・史達（Ringo Starr〔披頭四的鼓手〕）特別出演。可惜，這部電視特輯從未發製作。

30 說句公道話，我們後來會知道，真正倒大楣的是苟嘎芬春上的人，因為一具沒有妥善消毒的電話機，整顆星球的人終於都死於一場瘟疫。不過後面這一段好像總是沒有人記得。

31 移民社區的髮廊經常擔綱這個角色，對男女而言都一樣。甚至我有些朋友成了倫敦大型占屋區域的專任理髮師，他們發現自己也開始經歷正文的記述：新到城裡的人都會駐足修容，了解地方上最近都發生了些什麼事。

32 更別提，她又補上一句，下述事實：投進來讓他們繼續在臺上跳舞的錢，如果導入其他地方，金額輕易就足夠阻撓氣候變遷的威脅。「性產業讓我們看得很明白：許多女人拿得出手的、最有價值的事物，就是她們年紀正輕的時候當作性商品的身體。這就導致許多女人十八歲到二十五歲掙的錢，就是她們一輩子的頂點了。我自己的生命就是清楚的案例。」——說這話的人是成功的學人和作者，但一年賺的還是比不上她曾經一年脫三個月所賺的。

33 權充這一通則化的證據：如果電話銷售員或無用的中階經理人被列為非法，恐怕不會有取而代之的黑市茁生。揆諸歷史，非法化性工作的案例就明顯會催生黑市。有人說問題在於父權制度本身，原因就在這裡——太多財富和權力集中在男性手中，這些男性又被擱在性欲未能宣洩的狀態，或是被教導要去尋求某些形式、而非其他形式的滿足——於是就成了比社會本身性質還根本的東西了。

34 “L’invasion des «métiers à la con», une fatalité économique?,” Jean-Laurent Cassely, *Slate*, August 26, 2013, www.

slate.fr/story/76744/metiers-a-la-con. Accessed 23 September, 2013.

第二章

1 我的作法是建立一個電子郵件帳號（「doihaveabsjoborwhat@gmail.com」），在推特上面徵求分享。Gmail不允許「bullshit」這個字出現在地址中，堪稱迷人的老派。

2 因此名字全都是杜撰的，我也避免點名任何特定的員工或地理資訊，以免洩漏身分。舉例來說，「康乃狄克州紐哈芬的一所著名大學」，或「總部設在英格蘭達文郡的一家小型出版社，為柏林的一家財團所有」。部分案例中，我更動了這類細節；其他案例則直接略過。

3 除非另行說明，否則接下來的引文全都取自這個資料庫。我讓引文大致維持我收到時的面貌，只做了一些輕微的編輯——將縮寫改成完整的詞、調整標點符號、些微文法或風格的細修，以此類推。

4 我注意到一則BBC〔英國廣播公司〕的影片，將「無謂的工作」分成三種類型：「工作時沒工作做」、「管理階層的經理人管理經理人」和「負面社會價值」。“Do You Have a Pointless Job?,” BBC online, last modified April 20, 2017, www.bbc.com/capital/story/20170420-do-you-have-a-pointless-job.

5 於是，柏金斯（William Perkins）於一六〇三年寫道：「若非照料位階崇隆之人，普通稱從僕者，除侍應之職外，還須加諸繁重之務……凡侍應之僕役，因其浪擲光陰於吃喝，夕食畢賭，正餐後寐，不論在教會與共和國均不事生產，無出其右。及其良主謝世，或因劣行而不見容於位，則諸務無一適合其人，四體不勤，竟淪於乞討偷盜。」（Thomas 1999: 418）至於「侍者」一詞的歷史參見第六章。我還應強調：我並沒有說**真實**的封建家丁是現代意義上的「狗屁工作」，畢竟他們是什麼就是什麼，庶幾不會覺得有必要宣稱自己是其他身分。就算說他們曲解自己，那也是假裝自己做的比實際做的少，而不是多。

6 他們不時也做些雜事。讀者若要對這類角色曾經多麼普遍有一點概念，不妨看看有多少不同的字可以稱呼他們：不只是男僕，還有幫閑、侍從（henchman）、幫差（gofer）、小廝（lackey）、親信（crony）、近侍（menial）、侍應（attendant）、佣人（hireling）、僮僕（knave）、跟班（myrmidon）、家丁（retainer），還有貼身男僕（valet）——這些還只是立刻浮上腦海的。凡此不可跟下述混淆：諂媚者（toady）、親信（crony）、副手（sidekick）、馬屁精（sycophant）、寄生蟲（parasite）、黑手（stooge）、應聲蟲（yes-man）及類似的說法。後面這一類要歸到不依賴主子，只是來巴結逢迎的大類。值得強調的是，歐洲宮廷裡沒有執行實用功能的是廷臣，著制服的侍應沒有在儀典大禮列站的時候，其實做了形形色色古怪的差使，但重點就是看上去神色自若。

7 我清楚徵收率那麼高的狀況極其稀罕，不過如我所說，這只是一個思考實驗，旨在帶出這類情境中容易茁生的動力。

8 這麼說也不為過：從歷史的角度，構成我們稱之為「榮譽」的事物，這是其中之一。

9 北大西洋國家的家僕數量從一次世界大戰以來陡降，不過這個位階大部分是被替換掉了。換上來的首先是「服務工作者」（例如「侍者」本來是一種家戶僕役的名稱），其次是企業部門不斷成長的行政輔助人員和其他同類的基層人員大軍。舊式封建作風的不必要的勞動，滲進當前時代的例子，不妨試讀以下的說法：「我的朋友在赫特福德郡的片場工作，片場設在一幢舊莊園大屋。他辦些小事之外，就是確保劇組不要毀了古色古香的建物。每天下班前，他都要花結結實實的兩小時『守燭』。那幢房子的老爺和夫人交代班底，主屋裡的蠟燭熄滅後，必須有人守著至少兩個鐘頭，確保蠟燭不會自己燒起來，把整幢屋子都燒掉。他們不准我的朋友淹熄蠟燭或以任何方式『作弊』。」至於**為什麼**他不被允許直接把蠟燭插進水裡，他回答：「他們沒有解釋。」

10 只是要講得清清楚楚：許多接待員擔綱的職能是必不可少的，本書只談並非如此的接待員。

11 附帶一提，時至今日，事情仍是如此。我個人熟識的一個年輕女人，是某北約官員的個人助理，雖然沒有任何類型的軍事經驗，卻因緣際會地實際撰寫了多份戰地任務的戰略計畫書（我也沒有任何理由懷疑她寫的計畫書會比任何北約〔事務〕總長〔general〕拿得出手的計畫書來得差，也許猶有過之）。

12 退萬步言，這對高科技軍械而言屬實。人們也許會辯稱，大多數國家也維持一支足以綏靖真實或潛在內亂的武力，但很少用得上噴射戰機、潛水艇或ＭＸ飛彈（即LGM-118A和平守護者飛彈）。歷史上，墨西哥曾有不浪費錢在這類昂貴玩具上的公開政策，理由是，墨西哥的地理位置使然，比較可能開戰的國家不是美國就是瓜地馬拉。如果跟美國打仗，墨西哥會輸，跟軍備沒太大關聯。如果跟瓜地馬拉開戰，墨西哥會贏，有沒有噴射戰機無關緊要。據此，墨西哥僅維持程度足以壓制國內異議的軍備。

13 我不是很能平心看待這樣的對話，因為從一九八〇年代以來，「消費者的需求是市場操弄的產物」這樣的觀念已經大半被學院人士放棄，我也不例外。眾人轉而認同下述想法：消費者大抵是利用消費財，把瘋衲（crazy-quilt）的種種身分拼補在一起，而利用這些消費財的方式則是（生產者）始料未及的（好比美國的所有人都變成史努比狗狗〔Snoop Dogg〕或露波〔RuPaul〕）。我不諱言自己一直對那種敘事十分保留。不過，在該產業工作的許多人，相當肯定自己真的是每個人在一九六〇和七〇年代所設想的他們，這點倒是很明顯。

14 一種粗糙的自然語言腳本，可追溯到一九六〇年代末期。

15 這我有個人經驗：倫敦政治經濟學院的講師都必須填寫繁瑣的時間分配報告，該報告將每週專業活動拆解到小時的程度。對於不同種行政活動，表單載有數不盡的精細區分，但沒有給「閱讀與撰寫書籍」明確的分類。我指出這一點，被告知我可以把這類活動置於「倫敦政治經濟學院出資之研究」之下。也就是說，從校方的觀點來說，做研究重要的是（一）我沒有去找外部資金來支付閱讀與寫作活動，以及（二）因此雖然我只是做我真正的工作，學校可是付我錢來做。

16 來自ＩＴ產業內部的證言，相當典型：「我經常見到設計來模糊責任的專案。舉例來說，要評價一個ＩＴ系統。目的是不要影響決策，決策是在某個走廊上做成的，但要宣稱每個人都聽見了，沒有敷衍任一件要緊事項。由於專案只是做做樣子，花在上面的工夫全都白費，不久人們搞清狀況，就不再認真看待了。」這種虛假的尋求共識的方式，常見於宣稱共同決策的機構，如大學或ＮＧＯ，不過在比較階序取向的企業也不罕見。

17 讓讀者感受一下這個產業的規模：花旗集團於二〇一四年公布，到二〇一五年時，該集團將有三萬個員工從事合規相關的工作，約為總員工人數的百分之十三。Sital S. Patel, "Citi Will Have Almost 30,000 Employees in Compliance by Year-end," *The Tell* (blog), MarketWatch, July 14, 2014, http://blogs.marketwatch.com/thetell/2014/07/14/citi-will-have-almost-30000-employees-in-compliance-by-year-end.

18 當然，還有一招是嘗試另加安排，允許別人代她做文書作業。這樣的作法通常不會被質疑，原因不明。

19 公共／私人的打勾勾產業還有一個好例子是營造業。試看下面的證言：

蘇菲：我做「顧問」這行，專門申請計畫許可，很有賺頭。一九六〇年代時，申請計畫許可差不多只要一種顧問提呈的相關資訊，也就是建築師。現在大到一個程度的建築要申請計畫許可，都要一併提出顧問（包括我！）製作的報告，列出來是一份冗長的清單：

環境衝擊評估
地景與視覺衝擊評估
運輸報告
風微氣候評估
日照與採光評估
文物周邊環境評估
考古學評估
地景維護管理報告
樹木衝擊評估
洪水風險評估
……族繁不及備載

每份報告約五十到一百頁不等，然而說也奇怪，造出來的建築都是醜陋的盒子，跟我們一九六〇年代蓋的那些，說有多像就有多像，所以我不認爲這些報告有任何作用。

20 或只限於表面上的角色。

21 一個企業顧問曾寫道：「我期待有一天，我這個產業有誰採取行動，來個全面的索卡事件——也就是提交全是含糊其詞的商業時髦術語寫成的顧問報告，其實結構化的資訊一個字都沒有。說真的，我懷疑這已經發生過許多次了，只是提交這種報告的顧問不覺得怎麼樣罷了。」

22 回頭想想，這是合理的。如果你是醫學研究者，圖書館裡都有這些期刊，或者有數位的版本供你取用，沒有理由退而求館際合作。

23 比較企業雜誌跟勞工工會發行的刊物，會很有意思。就文學形式而言，我猜後者比前者更早。後者當然也不乏歌功頌德的文章，卻還會探討嚴肅的問題。我父親是平板印刷工聯合會紐約第一分會的會員，該會是印刷工的工會。我記得他們的內部雜誌《碣言》（*Lithopinion*）讓兒時的我十分驕傲，因為那時我沒看過更美麗的雜誌，這要歸功於他們急於炫耀新的印刷技術。那本刊物裡也有真正直言不諱的政治分析。

24 舉例來說，最近的調查結果，有百分之八十的員工覺得他們的主管毫無用處，不需要主管，他們也能把工作做得一樣好。該調查不像是有紀錄多少經理人同意，無論如何還是會假定數字低很多吧。（"Managers Can be Worse than Useless, Survey Finds," *Central Valley Business Times*, December 5, 2017, http://www.centralvalleybusinesstimes.com/stories/001/?ID=33748, accessed December 18, 2017.）

25 我們會看到，這對美國或其他任何地方來說都是一樣。

26 此處克羅伊似乎在回應我原本專文的一個版本的標題。哪個版本刊登在evonomics.com，標題是「為什麼資本主義創造無謂的工作」。這個標題不是我想的。原則上，我會避免將能動性歸在抽象事物上。

27 必須如此假定，除非有什麼理由相信，無謂的職業會比有用的職業需要較多抑或較少的支援工作。

28 這個數據顯然不精確。一方面，很大比例的清潔工、電工、建築工人等，是為私人個體工作，跟公司無瓜葛。另方面，我有算進自稱他們不確定工作是狗屁或非狗屁工作的百分之十三。百分之五十這個數字（實為百分之五〇．三）奠基於這兩個因素差不多會互相抵銷的假設。

第三章

1 就連這些，多半都極為曖昧。讓我們繼續看下去。

2 寫完這段，我將我的分析交給艾瑞克過目，他認可並追加下述細節：「雖然還在那份工作較低的位階，中間和中上階級子弟是把工作視為步步高陞的途徑。肯定的。我怎麼看得出來？一部分是看他們工作之外怎麼社交（某個週末，去市郊某人家裡看橄欖球，房子附溫室，波維士（Bovis）建設蓋的；去小酒館喝雞尾酒，不過一直在拓人脈、拓人脈）。此外，對一些人來說，那只是個權宜之計，履歷缺一塊不好看，要填起來，直到家族成員幫他們找到更好的機會。」他又加了一句：「你提到照護階級的想法，很有意思。我離職後，我父親第一句評語是我是個沒頭沒腦的白痴，放著這麼優渥的錢不賺。他的第二句話是問：『那份工作到底是能對誰帶來什麼好處？』」

另一方面，艾瑞克也指出，如今他有兩個高等學位，一個研究員資格，職業生涯順遂——這多半要歸功於他占屋生活時累積的社會理論知識。

3 當我向魯弗斯問起他父親的動機，他或多或少核實了：他說他父親也受不了公司，覺得自己大致也在做狗屁工作，只是想要兒子履歷上有東西可放。但我還是有個問題：既然都當到副總了，為什麼不說個謊就好。

4 值得一提的是，英國的福利國家跟大多數二戰後的福利國家一樣，構築時的想法就是反對有必要強迫窮人勞動的原則。從一九七〇年代開始，幾乎到處都在改變這樣的情況。

5 從一九七〇年代開始，調查規律地顯示：百分之七十四到百分之八十的工作者宣稱，如果他們中彩券或偶然得到類似的意外之財，他們會繼續工作。這方面的第一個研究是Morse and Weiss（1966），但之後又被多次覆核。

6 這個主題的經典出處：Robert D. Atkinson. 2002. "Prison Labor: It's More than Breaking Rocks." *Policy Report*, Washington, DC, Progressive Policy Institute——雖然我引用這份研究，但我絕無支持其政策結論之意。其政策結論是應該讓監獄勞動力大致可為產業界所用。

7 而且，要緊的是，他們盡可輕易不這樣做。因此谷魯司將伴隨而來的喜悅定義為自由的感受。

8 所以，舉個例子，另一位精神分析學者克萊恩（G. A. Klein）寫道：「當嬰兒開始把握物件，坐起身，嘗試步行，他就展開了一個過程，這個過程會產生一種感知，即他自己就是這些成就發生的處所與起源。當這個孩子進而感受到改變乃是源自他自己，他開始有一種做自己的感知。他自己不只生理方面，連心理也是個自主的單位。」（1976: 275）

Francis Broucek, "The Sense of Self," *Bulletin of the Menninger Clinic* 41 (1977): 86，覺得上述還推得不夠遠：「有能力成事的感知（sense of efficacy）位居初級自我感的核心，而且不是某種已經定型的自我的屬性。這個有能力成事的初級感受，正是精神分析文獻指稱的嬰兒期全能感——一種有能力成事的感知，其限度尚未被領略……效果圓滿地符應了意圖，連結著成效帶來的愉快，由此茁生出初級自我感。」一個人的存在，離不開對周遭世界（包括他人）造成影響的自由，至於造成什麼影響，起初無關緊要。可見，知道這件事，就有一種根本的喜悅在其中。

9 Francis Broucek, "Efficacy in Infancy: A Review of Some Experimental Studies and Their Possible Implications to Clinical Theory," *International Journal of Psycho-Analysis* 60 (January 1, 1979): 314。「這類創傷導致內在跟環境全然分離，可能預示著後來的思覺失調、抑鬱、自戀或恐慌的行為，取決於未能造成影響或期望落空的經驗之頻率、嚴重程度和持續時間，這類創傷發生時的年齡，以及在創傷前已建立多少奠基於成事經驗的自我感。」

10 我寫出來的當然是席勒的哲學經過極度簡化後的版本。

11 從法律方面來說，大部分蓄奴社會都是在法律上虛構「奴隸是戰爭造成的囚犯」，以為制度開脫。事實上，人類歷史上許多奴隸都是從軍事行動擄獲的。羅馬的種植園使喚了第一批鏈鎖群犯，這批人因為不服從或意圖逃跑，被下放種植園的ergastulum，即監獄。

12 當然有作品探討過中國、印度、古典世界的道德家及其對工作和怠惰的概念——例如羅馬人對otium（閒暇）和negotium（日常事務）做的區分——不過我這裡談的是實作的問題，譬如什麼時候、在哪裡，就連無用的工作在人們眼中都比完全不工作更可取。

13 寫到十六和十七世紀的織布工時，湯普森告訴我們：「只要是人自己控制自己的工作活動，工作的模式總是密集勞動和怠惰的規律輪替。（今日一些自僱者——藝術家、作家、小農，或許也包括學生——仍延續這套模式，還招致這不是『自然的』人類工作節律之議。）根據傳統，星期一或星期二，手織工邊做邊緩緩吟道『時間還夠，時間還夠』，到了週四和週五，『還有一天，還有一天』」（1967:73）。

14 我還在唸高中的時候，最酷的學生之間有一種陽剛較勁的遊戲。考試前，他們會吹噓自己事前沒有不眠不休地抱佛腳，長達多少小時：三十六、四十八，甚至六十小時。陽剛之處在於，如此吹噓意味這樣的學生把心思放在更重要的事情上，所以事前才完全沒有用功。我馬上想通了：如果人把自己消滅成不思不想的活屍，那額外用功多少小時都不會有實際的幫助。我懷疑這是我現在身為教授的原因之一。

15 狩獵與採集的對立再次成為堪為典範的例子。照顧孩童可能是最戲劇化的例外：這多半是女人家的事，卻不斷生成故事。

16 此處我忽略營運其物業的經營管理功能，不過當時是否把這種事情視為勞動，未有定論。我猜想不算。

17 從歷史來說，僱傭勞動是一個晚近的、十分複雜的制度。僱傭勞動這個觀念包含兩種不同的概念步驟。第一，它需要把人類的勞動從其個人及其工作中抽象出來。你跟古代的工匠買東西，並沒有買工匠的勞動，而是買那個東西，那個東西是工匠在他自己的時間、他自己的工作條件下生產的。然而，當你採購一種叫做「勞動力」的抽象事物，是採購者決定要在什麼時候、什麼樣的條件下使用之（而且通常是他消費該勞動力之後才支付報酬），而不是由勞動力的「所有人」決定。第二，為了支付，僱傭勞動體系必須建立一種衡量人們所購買的勞動的方法。作法通常是引入第二種抽象事物，即勞動時間。M. I. Finley, *The Ancient Economy* (Berkeley: University of California Press, 1973), 65–66：「就社會面而非智識面來說，我們不該低估這兩道概念步驟的分量，就連羅馬法學家都感到困難。」

18 早起的基督徒會被徹底冒犯，因為時間確切來說只屬於上帝。

19 不過，荷馬筆下的thes，或短期農業僱工，命運其實比奴隸還慘。短期農業僱工也以正文所述的方式出租自己，但奴隸至少是一體面家戶的成員（*Odyssey* 11.489–91）。

20 這條規則唯一顯著的例外，是民主政體的自由公民經常願意暫時受政府聘用，從事公共事務；不過這是因為人們把政府看成一個集體，該公民也是成員之一，歸根結底可以當成是為自己工作。

21 參閱David Graeber, "Turning Modes of Production Inside Out: Or, Why Capitalism Is a Transformation of Slavery (Short Version)," *Critique of Anthropology* 26, no. 1 (March 2006): 61–81。

22 E. E. Evans-Pritchard, *The Nuer: A Description of the Modes of Livelihood and Political Institutes of a Nilotic People* (Oxford: Clarendon Press, 1940), 103. Maurice Bloch, in *Anthropology and the Cognitive Challenge* (Cambridge: Cambridge University Press, 2012), 80–94主張伊凡普理查言過其實。若說伊凡普理查真的做出跟有時歸到他頭上的主張同等基進的論證，那布洛赫（Maurice Bloch）無疑是正確的，不過我不認為伊凡普理查真的做過那樣的主張。無論如何，反論主要是跟歷史時間的感知有關，跟日復一日的活動關聯較淺。

23 E. P. Thompson, "Time, Work Discipline and Industrial Capitalism," *Past & Present* 38 (1967): 56–97.

24 參閱Jacques LeGoff, Time, *Work and Culture in the Middle Ages* (Chicago: University of Chicago Press, 1982)，這篇經典的專文將湯普森的洞見拓展到中世紀中期。

25 設計現代全民教育體系的那些人，對這一切直言不諱，湯普森自己也引用了一些。我記得讀到過某人調查美國的僱主，問他們在徵才廣告上指定工作者必須具備高中學歷，到底期望什麼。某種水準的讀寫能力？計算技巧？絕大部分僱主都說不是的，他們發現高中教育並不保證這些事情——他們主要是期望員工會準時到班。話說回來，有趣的是，教育水準愈高，學生愈是自主，古老的斷節交替（episodic）模式愈容易重新浮現。

西印度群島的馬克思主義者威廉斯（Eric Williams, 1966）首先強調後來在工廠用來控制工人的技術，受到種植園的歷史所塑造。Marcus Rediker, *The Slave Ship: A Human History* (London: Penguin, 2004)還加上船隻，聚焦於奴隸貿易中活躍的商船是商貿資本時期，另一個實驗凡事從合理性考量的工作紀律的主要區域。軍用船隻也與此有關，尤其軍船也時常徵用不自由的勞動，許多水手是被「押」上船服務的，並非出於自願。上述全部都涉及的脈絡是，由於缺乏長遠的傳統，人們不清楚可以或不可以要求受僱者什麼事情，監督密切的工作本身有可能依據分秒必爭的效率重新安排。反之，比較直接從封建關係茁生的領域，人們還覺得應該遵循傳統。

26 這一切之所以不明顯，一個原因是我們的思考被制約了。當我們想到「僱傭勞動」的時候，首先是就想到工廠作業，想到工廠作業就想到生產線的工作，由機器設定勞動的速度。其實，向來只有極小比例的僱傭勞動是工廠作業，其中相對小比例才離不開輸送帶式的生產線。這種錯誤的概念的效應，我會進一步在第六章交代。

27 不相信我嗎？你可以從這個網站僱用他們：www.smashpartyentertainment.com/living-statues-art。

28 一九〇〇或一九一〇年左右出生的人已經把這樣的態度內化，我略感驚訝，於是問溫蒂，她的祖母有沒有當過某種主管或僱主。她當下不認為有，後來才發現許多年前，她祖母曾短暫協助經營一家連鎖食品雜貨店。

第四章

1 如上一章指出的，整個上課時間的結構真的只是教導學生時間紀律的一種方式，以為將來的工廠作業做準備。這是事實。如今，這樣的考量或許已經過時，但現存的體系就是如此。

2 我自行從法文翻譯：Je suis conseiller technique en insolvabilité dans un ministère qui serait l'équivalent de l'Inland Revenue. Environ 5 percent de ma tâche est de donner des conseil techniques. Le reste de la journée j'explique à mes collègues des procédures incompréhensibles, je les aide à trouver des directives qui ne servent à rien, I cheer up the troops, je réattribue des dossiers que "le système" a mal dirigé.

Curieusement j'aime aller au travail. J'ai l'impression que je suis payé 60 000$/an pour faire l'équivalent d'un Sudoku ou mots croisés.

3 對於不得不跟這樣的官員打交道的公眾成員來說，這樣的環境顯然一直都未必稱得上無憂無慮。

4 顯然，接受調查的工作者全都不覺得他們的工作既有用又毫無成就感（不大可能），四個百分比的數字才會是我正文解讀的情形。

5 儘管主管鮮少會直接告訴員工他們應該假裝工作，偶爾還是會發生。有個汽車銷售員寫道：「照我主管說，人家付我薪水，我就要做點『什麼』，即使做的工作沒有真實的價值也要『假裝』有產出。所以，我每天花好幾個小時，假裝打電話。這有任何意義嗎？」不管在哪裡，遇到這種事情，太誠實都是諱莫如深的禁忌。我記得唸研究所的時候，有一次，我在一個立場是馬克思主義的教授那裡，有一份短期的研究工作。教授博學多聞，專攻工作場所的抵抗政治，我想，我要是能向誰坦誠無諱，只能是他了。於是，他一向我說明完出勤卡的登記方式，我就問：「那我能謊報到什麼程度？剛好夠報上去的時數是多少？」他看著我，彷彿我是從別的星系來的星種，我趕緊換個話題，假定答案是「一個特定的總額」。

6 許多工作場所深知好相處的主管會帶來的危險為何，並採取積極的措施防患於未然。在連鎖速食店櫃檯工作的人（照我的標準看來，一般是屎缺而非狗屁工作），時常告訴我，每家分店都小心翼翼地裝設閉路電視，確保沒事做的員工不會獲准乾坐在旁放鬆。在某個中樞監控的人要是發現有這樣的狀況，他們的主管會被叫去痛罵。

7 Roy Baumeister, Sara Wotman, and Arlene Stillwell, "Unrequited Love: On Heartbreak, Anger, Guilt, Scriptlessness, and Humiliation," *Journal of Personality and Social Psychology* 64, no. 3 (March 1993): 377–94。我有個朋友曾跟一個已婚男人有一段切不乾淨的韻事，她指出類似的難處——不像那個被背叛的妻子，在文化的模範這方面，幾乎沒有告訴「小三」該作何感受。她考慮寫本書，逐步填起這個坑。我希望她把書寫出來。

8 軟體開發人員諾里提供了一個有意思的洞見，指出在一處狗屁倒灶的辦公室裡，敵意和相互憎恨難保沒有激勵工作者起身行動的功能。他說他在一家顯然來日無多的橫幅廣告公司工作，這份事業讓他消沉又厭煩，當時「我厭煩透頂，幾個程式設計師向管理人員（不好意思，Scrum Master）打我生產力的小報告。於是他不懷好意地給我一個月證明自己，試圖累積我忽視醫囑的證據。兩週內，我表現得比團隊其他成員加起來都好，公司的首席架構師宣布我寫的程式碼『完美』。Scrum Master 突然又滿臉堆笑、什麼事都好談的模樣，告訴我醫囑一點都不重要。**（譯註：Scrum是一種軟體開發的方法，Scrum Master是其中的一個角色，協助移除阻礙團隊成長的障礙。不過因為Scrum蔚為熱潮，許多團隊引入只得其形，這裡才會被報導人諷刺。）**

「我建議他，如果想要我繼續當個高績效的員工，就繼續侮辱我、拿我的飯碗威脅我。這是我的獨家惡趣味。他像個傻瓜一樣拒絕了。

「教訓：憎恨是能引發強大的動機，至少在沒有熱情和樂趣的時候是如此。這也許解釋了諸多工作場所的侵略舉止。對人挑釁好歹讓你有繼續工作的理由。」

9 Erich Fromm, *The Anatomy of Human Destructiveness* (New York: Holt, Rinehart and Winston, 1973)。無關乎性的虐待狂，弗羅姆舉的例子首重史達林（Joseph Stalin），而跟性無關的戀屍癖則是希特勒（Adolf Hitler）。

10 Lynn Chancer, *Sadomasochism in Everyday Life: The Dynamics of Power and Powerlessness* (New Brunswick, NJ: Rutgers

University Press, 1992).

11 舉例來說，羅曼史小說多半都會有個吸引人的男人，起初無情又沒心，最後才揭露他不但有一副好心腸，行為又得體。人們或許會主張，從臣服的女人的觀點來看，羅曼史那種轉變的可能，編碼在BDSM的實作中，乃是事件的結構的一部分，而且主導權終極來說在她手上。

12 例如聯合國世界人權宣言第二十三條如此陳述：「人人有權工作、自由選擇職業、享受公平優裕之工作條件及失業之保障。」該條亦保障同工同酬、報酬足以養家活口，以及組織工會的權利，但對工作本身的目的之字未提。

13 辦公室也充斥「霸凌和深深不近人情的辦公室政治」——人人都知道沒有真的攸關成敗的事情，心裡都懷有罪疚感；本來就可預期階序環境會導致的尋常SM動力，不意外地因心照不宣的罪咎感而變本加厲。

14 這則故事有個圓滿結局，至少是暫時的：瑞秋告訴我，她不久後找到一份工作，是幫窮人家小孩做數學補救教學的計畫。這跟她的保險工作有天壤之別，而且報酬不錯，應該足夠她付研究所的學費。

15 Patrick Butler, "Thousands Have Died After Being Found Fit for Work, DWP Figures Show," *Guardian* (US), last modified August 27, 2015, www.theguardian.com/society/2015/aug/27/thousands-died-after-fit-for-workassessment-dwp-figures.

16 馬克：「以前我經常私自盼望沒有察覺自己的工作是狗屁工作，有點像電影《駭客任務》（*Matrix*）的尼歐（Neo）有時只願當初沒有吞下紅色藥丸。我在公部門工作是要幫助人群，可是我幾乎連一個人都沒幫助到。那時我對此感到絕望（現在還是會）。是納稅人付我錢來做這個，對此我也有一點罪惡感。」

17 他補了一句：「里德（Herbert Read）的〈讓文化見鬼去吧〉（To hell with culture）把這個處境描寫得惟妙惟肖。我把書找來看了，確實不壞。

18 我務必要強調：在專業的環境中，把角色扮好的能力通常遠比實際做事的能力重要得多。數學家施米特

（Jeff Schmidt）優秀的《馴良的心智》（*Disciplined Minds*, 2001）仔細記錄布爾喬亞形式掛帥、內容次之的執迷，如何在各門專業造成重災。為什麼，他問，像《神鬼交鋒》（*Catch Me If You Can*）那種樣態的冒牌貨經常能成功假扮機長或外科醫師，卻沒有人注意到他們根本不夠格從事那份工作？他提出的答案是，從事專業工作——即使是機長或外科醫師——的人光是能力不足，幾乎不可能被開除，然而反抗廣獲接受的外在行為標準，卻非常容易被開除，也就是沒有扮演好自己的戲分。冒牌貨的專業能力是零，可是戲分演得完美無瑕，比起，譬如，成就斐然，但公然違逆心照不宣的外在言行準則的機長或外科醫師，冒牌貨被解職的機率低得多。

19 心理學研究已指出，光是參與抗議和街頭行動就可能有助於整體健康，全面紓壓，進而降低心臟疾病和其他小病的發病率：John Drury, "Social Identity as a Source of Strength in Mass Emergencies and Other Crowd Events," *International Journal of Mental Health* 32, no. 4 (December 1, 2003): 77–93; also M. Klar and T. Kasser, "Some Benefits of Being an Activist," *Political Psychology* 30, no. 5 (2009): 755–77。不過這份研究專注於街頭行動，假使也納進身體展現較少的抗議形式，會滿有意思。

20 許多人當然滿心憎惡、心有餘悸地辭職了，只是我們不知道真實的數字。瑞秋提示我，除非身在像倫敦這樣昂貴的大都會，不然許多年輕人更不願意像他們的父母那樣忍下去，這單純是因為一般而言住房和生活的成本膨脹地太離譜，今日就連一份企業最底層的工作也不再保證穩定和安全了。

第五章

1 Louis D. Johnston, "History Lessons: Understanding the Declines in Manufacturing," *MinnPost*, last modified February 22, 2012, www.minnpost.com/macro-micro-minnesota/2012/02/history-lessons-understanding-decline-manufacturing.

2 全部列出並不實際，不過萊許的書首推《國工論》（*The Work of Nations*, 1992），而針對非物質勞動的經典陳述則是拉札拉托（Maurizio Lazzarato, 1996）。拉札拉托的概念主要是因為哈德（Michael Hardt）和納格利（Antonio Negri）的《帝國》（*Empire* 1994, 2000）而廣為人知。《帝國》還預言了電腦技客的起義。

3 這類研究很多。舉例來說，請參閱Western and Olin Wright 1994.

4 我有個朋友海洛因成癮，接受美沙酮療法。他等醫生決定他是否「準備好」減少劑量，等得不耐煩，開始每天倒掉一點，直到幾個月後，他信心滿滿地宣布他戒掉了。他的醫生大發雷霆，告訴他只有專家才有能力決定他什麼時候該減少劑量。結果，那個計畫的補助額度是以服務的病患數量為依據，沒有一點實際助人戒除藥物的誘因。

人們萬萬不可低估制度試圖保存自身的力量。以色列跟巴基斯坦的「和平進程」——走到今天這個地步，恐怕名不符實了——僵局三十年的一種解釋是，如今雙方面都有強而有力的制度結構，一旦衝突結束，制度結構就會失去所有存在的理由。此外，「和平機器」，也就是龐大的NGO和聯合國官僚，職業生涯全都依賴於維繫「和平進程」這一虛構其實還在進行中。

5 UKIP並未計算。

6 為避免任何可能的本質論的指控：我提出的這三個層級是作為分析模態，不是在任何意義上主張社會實在有自主的層級，單憑自身條件即可存在。

7 討論馬克思的時候，有時我會問我的學生：「古希臘的失業人口有多少？中世紀的中國呢？」答案當然是零。馬克思老愛說的「資本主義的生產模式」似乎有一個特徵，即大比例的人口希望去工作，卻未能如願。然而失業人口似乎就像公債，明明是系統的結構特徵，無論如何卻必須當成待解決的問題來應對。

8 舉個任意的例子：一九六三年，馬丁・路德・金恩（Martin Luther King）在著名的「向華盛頓進軍」時，對群眾演講「我有一個夢」，公定的講題是「為了工作與自由，向華盛頓進軍：要求反歧視措施，還有充分就業經濟、工作方案，以及調漲基本薪資」（Touré F. Reed, "Why Liberals Separate Race from Class," *Jacobin* 8.22.2015, www.jacobinmag.com/2015/08/bernie-sanders-black-lives-matter-civil-rights-movement/ accessed June 10, 2017）。

9 David Sirota, "Mr. Obama Goes to Washington," *Nation*, June, 26, 2006.

10 當然有些人會主張歐巴馬這番發言虛情假意，對於私有健康產業的政治力輕描淡寫，就跟政治人物為銀行紓困時，聲稱不紓困的話數百萬小銀行員都要丟飯碗，以此為紓困案緩頰，是如出一轍——運輸或紡織業的工人面臨失業的時候，他們的慈悲都到哪去了。不過他願意做這樣的主張，這個事實本身還是露了餡。

11 有些人因為我暗示政府在創造與維持狗屁工作上，不無有意為之的成分，指責我是偏執的陰謀理論家。對於那些人，我言盡於此。除非你認為歐巴馬隱瞞他的真實動機（若是這樣的情形，那到底誰才是陰謀理論家？），不然我們就必須接受：那些治理我們的人其實有察覺到「市場解決方案」會創造若干低效的情形，尤其是創造出沒有必要的工作，他們正是因為這個緣故而青睞那些方案，至少在特定的脈絡下是如此。

12 附帶一提，許多正統馬克思主義者也是這樣想的。他們的主張是：按馬克思的定義，資本主義的生產模式下，所有勞動若非生產剩餘價值，就是在再生產創造價值的機器（apparatus）的過程中出了一份力，所以一份工作乍看之下無用，必然是任職者聽信不實的常民社會價值理論所生的幻覺。這跟信仰自由放任主義者（libertarian）之堅持社會問題絕對跟市場無關，同樣都是不折不扣的信仰聲明。容或可以辯論馬克思是不是真的支持這個立場，但辯到這個份上，大抵只能是一場神義之辯，說到底取決於你是否接受下述前提：資本主義是一個總括的體系，也就是說，在資本主義的體系中，只有市場體系決定社會價值。下一章我會繼續探討這個主題。

13 這只是打預防針。我明白，在歷史上，作者再怎麼預防顯而易見的反駁，也幾乎不可能成功阻止未來的批評者把那些反駁提出來。一般來說，作者只會假裝從未料想到批評者的反駁，或許可以鋪陳的反制論證則一概忽略。我只是認為還值得一試。

14 www.economist.com/blogs/freeexchange/2013/08/labourlabor-markets-0.Accessed April 1, 2017.

15 舉例來說，其中包含明顯的基本邏輯瑕疵：我的論證是，讓工人生活無虞和閒暇時間，經常導致社會騷動，該文作者試圖駁斥我的論證，指出一些生活朝不保夕、沒有閒暇時間的工人所引發的騷動。即使一個人沒有受過形式邏輯的訓練，因此從來沒聽過肯定後件的邏輯謬誤，光憑基本常識，大致都還察覺得出「若A則B」不同於「若B則A」。卡洛（Lewis Carroll）機敏的說法是：「你不如就說『我看到我在吃的東西』跟『我吃我看到的東西』是一樣的意思」。

16 該文未註明作者。

17 如果你問：「你的意思真的是市場永遠是對的？」他們經常會回你：「對，我的意思就是市場永遠是對的。」

18 反之，人們總是假定舉證責任落在質疑這類斷言的那一方。

19 附帶一提——這一點後面會變得重要——行政人員的數量提升了，然而真正爆炸的是行政**職員**。我應當強調，這個數據指的不是侍應生或清潔工（事實上，他們這段時期大部分都被外包出去了），而是指行政基層人員。

20 譬如班級聊天室等直接影響教學的改變，大部分是（為數按比例逐漸減少的）教師自行管理的。

21 由金融扯淡產生器任意生成的一些詞彙，accessed July 4, 2017,www.makebullshit.com/financial-bullshit-generator.php。

22 當然有其他性質不外就是詐騙的事業——或者某些情況是蓄意提供他人犯下詐騙的工具。我收到幾則來自大學報告寫手的證言。向來都有聰明的學生或研究生願意幫懶惰的同學寫期末報告，賺點小錢。但近幾十年，在美國，這已經聯綴成一個完整的產業，在全國的層級上調度人力，僱用數千個全職的報告寫手。其中一人告訴我，這個產業是文憑主義——美國幾乎所有值得嚮往的工作，如今都需要某種學位當敲門磚的事實——和商業邏輯匯聚後可以預期的結果。

巴瑞：我剛開始做這工作的時候，想像自己會不斷學到引人入勝的新資訊，遍及形形色色的主題。固然曾有過撰寫罕見又有趣的酷兒理論專文或羅馬血腥競技史的機會，但我發現十之八九是撰寫商學和行銷的報告，數都數不完。

細想後，我豁然開朗。受高等教育就是投資你的未來，一直是在這樣的基礎上，這件事情才說得過去。學貸雖逼得人喘不過氣，但還是值得，因為有朝一日你會賺到穩定的六位數收入。我很難想像會有很多人是出於熱情而用功拿到商業行政的學士學位——我滿肯定他們只是跳進這個坑裡拿學位，而學位在他們眼裡是通往高薪工作的途徑。至於我的客戶，我想他們自認是願意提高投資額度，換取較低的作業量和掛保證的好成績。我寫幾份關鍵的學期報告，收取的金額不過是平均學費的九牛一毛。

這對我來說也合情合理。上商學課程時，教授告訴你，企圖以最少的投資金額得到最大的利益，不但是人之常情，甚至也令人欽佩。假使你認真聽講，這同一個教授接著派給你一篇報告，而僱用某人來寫報告是最有效率的作法，那實在沒有理由不這樣做。

23 鄭重聲明，我不知道是「四大」中的哪一個。

24 不需要的執行或行政職員層級之所以倍增，有另一個報導人時常提到的原因，即防範訴訟的威脅。以下是一個銀行員工艾倫的說法：「如今大型金融機構經常設有『總幹事』（Chief of Staff）一職……他們只是資深經理跟主管機關或憤懣員工之間的緩衝，沒實質功效。為什麼這道緩衝從來不起作用呢？因為訴訟過程中，原告在法庭文件裡**永遠**會指名資深經理，這樣一來，為避免事情不好看，案子獲得和解的機率最大。既然沒用，那總幹事最後都做什麼去了？嗯，他們通常會安排跟資深經理及其領導團隊開會，交派諸多不知所謂的管理諮詢調查，試圖釐清士氣為什麼如此低落（要回答這個問題不如直接問員工想法比較省事。你經常看到他們規劃慈善日，在報章雜誌上發誇大的業配新聞）。」根據艾倫的說法，人資部的職員也怕法律責任，如今比較不會接任這類職務了。當然，不同銀行，狀況有別。

25 不得不說，這多半要歸咎於我唸的大學的經濟系完全被馬克思主義者宰制；這個詞至少可以追溯到安德森（Perry Anderson 1974）。

26 這段論證和幾個例子都出自《規則的烏托邦》的第一章。

27 不用說，在檯面上不是這麼一回事。此外，任何界定為「創意」的產業分支，不論是軟體開發還是圖像設計，因其性質的緣故，製作通常會外包給小團體（眾人稱頌的矽谷新創公司）或個體（不定期的獨立承包商），他們自有一套做事的方式。不過這類人經常做了很多，報酬卻不成比例。晚近對管理主義的優秀批判史，參閱 Hanlon 2016。

28 封建制度的定義多變，從任何奠基於收取貢金的經濟體系，到中世紀中期盛行於北歐的特定體系，人們宣稱自願締結封臣關係，以軍事服務交換土地的授予——在歐洲之外，主要是在日本有這種體系的紀錄。從其他多數亞洲帝國和國家的觀點來看，領主或重要官員從特定疆域徵集收入，但不必然占領或直接經管該地，韋伯稱之為「家產制俸祿」（patrimonial prebendal）體系。歐洲的國王後來有權力了，也企圖推行這套做法。這些制度都可以無止盡切劃，不過在此我真的只想指出，在這樣的體系裡，有人是初階生產者，其他人的的工作大體上是調度那些事物，則後者終究會組織成繁瑣的指揮鏈，罕有例外。就此而言，十九世紀東非的干達（Ganda）王國堪稱一個鮮明的例子：所有農耕和大多數生產性質的工作都由女人完成；結果大多數男人最後都成為國王麾下階序繁瑣的帶銜官員，從村莊層層抵達國王，或者成為這類官員的幫閑或家丁。太多遊手好閒的男人聚集在一處，統治者會發起戰爭，有時則把數千人聚集到一處屠殺。（晚近從馬克思主義的觀點對封建制度作的最佳綜述，請參閱Wood, 2002；至於干達人，參閱 Ray 1991）

29 匿名來源，轉引自Alex Preston, "The War Against Humanities in Britain's Universities," *Guardian*, Education Section, 1, March 29, 2015。

30 有人會主張，杜象（Marcel Duchamp）把小便斗擺在藝廊，宣稱那是藝術作品，如此開啟了管理主義進入藝術界的門。無論如何，他終究被自己開啟的門嚇壞了，生命最後幾十年都拿去下西洋棋。他辯稱下西洋棋是少數幾件他做得來又不大可能商品化的事情。

31 許多人提示我，許多當代電影腳本洗碗水般的平庸，甚或明明白白的不連戲，原因之一是這些冗員當中，每一個照例都要改動至少一、兩行台詞，不然沒辦法說他們對最後的產品有些微影響。我看完《當世界停止轉動》（*The Day the Earth Stood Still*）慘不忍睹的二〇〇八年重製版時，第一次聽到這個說法。整個劇本設定的走向，似乎指向一個恍然大悟的時刻，外星人終於了解人性的真實性質（他們大致不邪惡，只是處理哀慟的方式特別拙劣）。可是當那一刻到來時，外星人壓根沒有說出這句話。我問一個業界朋友怎麼會有這種事，他說我望穿秋水的那句台詞，他篤定九成九有寫進原本的劇本，勢必是某些無用的專員插手改掉的。「你想，任何製作的周圍通常都有成打的這些傢伙盤桓不去，每一個都覺得要挺身而出，至少做一處修改——不然他們哪有什麼藉口待在那裡？」

32 坎伯是宗教史家，他的書《千面英雄》（*The Hero with a Thousand Faces*）主張所有英雄神話都有相同的基礎情節。盧卡斯（George Lucas）發展原初的《星際大戰》三部曲的情節時，該書起了莫大的影響。如今，坎伯那「英雄敘事有一種普同原型」的主張，在史詩或英雄神話的學者之間，頂多被當成某種具有娛樂效果的古玩，但因為幾乎每一個劇作家和製片人都熟悉那本書，又企圖用那套說法編劇本，坎伯提出的分析對現在的好萊塢電影來說，恐怕會非常有效。

33 Holly Else, "Billions Lost in Bids to Secure EU Research Funding," *Times Higher Education Supplement*, October 6, 2016, accessed June 23, 2017. www.timeshighereducation.com/news/billions-lost-in-bids-to-secure-european-union-research-funding#survey-answer.

34 "Of Flying Cars and the Declining Rate of Profit," *Baffler*, no. 19 (Spring 2012): 66–84，擴寫的版本收錄於大衛・格雷伯，《規則的烏托邦》，頁一六七—二二六。

35 這些標題其實是用隨機的狗屁工作職銜產生器製造的，產生器在BullShit Job網站，www.bullshitjob.com/title。

36 本段的論證是《規則的烏托邦》的導論的論證非常縮略的版本。大衛・格雷伯，《規則的烏托邦》，頁四三—五六。

第六章

1 舉例來說，希臘債務危機高峰時，德國的輿論口徑一致，即不該免除希臘的債務，因為希臘工人為所欲為又懶惰。這個說法被統計數字反駁，統計數字顯示，希臘工人的工時其實比德國工人還長。又有一個說法反駁統計數字，即主張帳面數字也許屬實，但希臘工人開小差。從頭到尾，沒有人試著提問，是否德國工人工作太勤奮，造成過度生產的問題，只好借錢給外國，讓他們進口德國的貨品，才得以解決問題。更別說希臘人享受生活的能力，有沒有一丁半點值得欽羨之處，是否堪為他國表率。再舉一例。一九九〇年代，法國社會黨將每週工作三十五小時列入政綱，我記得我找不到一家屈尊提及此事的美國新聞來源，指出減少工時本身或許可視為一件好事（更別說可能真的是件好事）。我大為驚訝。新聞來源口徑一致，將此事報導為降低失業的戰術。換句話說，唯當允許人們少工作一點的同時，會讓更多人投入工作，這件事從社會（價值）的角度來說，才可以當成一種善。

2 專門用來衡量（的概念）是「邊際效益」，即每一新增的貨品單位對消費者來說有用的程度。據此，如果某人家裡已經堆了三塊肥皂，或者同理，三幢房子，那麼增加第四件會增加多少效益。將邊際效益當成消費者偏好理論，最優秀的批判請參閱 Steve Keen, Debunking Economics, 44–47.

3 為論述清晰起見，我應該指出，採納勞動價值論的大多數人都沒有如此主張。有些價值來自自然，提倡勞動價值論最有名的馬克思本人偶爾會提到。

4 當然，大多數基進的自由市場自由放任主義者正是採取這個立場。

5 專從概念上說，再生產是「生產的生產」，因此維護有形的基礎設施或其他資本主義大加使用的要素，也算再生產。

6 同理，在價值的領域，只要能置於市場做比較，就假定價值總歸是偶然的，不反映物件真實所值。沒有人真的會堅持赫斯特（Damien Hirst）的鯊魚值，譬如二十萬次內觀禪修營，或一次內觀禪修營和一百杯軟糖聖代。偶然的價值只是恰好如此罷了。

7 公務員特別青睞「幫助」這個詞勝於「價值」，當然，不只公務員會這樣用。

8 參閱 Graeber 2013:84–87。

9 我假定任何一種音樂、藝術等的類型對部分人造成的快樂，總是多過它對其他人造成的困擾。我可能是錯的。

10 一些比利時的朋友告訴我，淨效益極有益處。當時全歐洲的共識是撙節是必須的，大黨幾乎全都站隊了，但在那個節骨眼上比利時沒有政府，意味著改革沒有執行，最後比利時的經濟成長得比鄰國快一截。此外，比利時有七個不同的區域政府不受撙節政策影響，也值得一書。

11 Caitlin Huston, "Uber IPO Prospects May Be Helped by Resignation of CEO Travis Kalanick," *MarketWatch*, last modified June 22, 2017, www.marketwatch.com/story/uber-ipo-prospects-may-be-helped-by-resignation-of-ceo-travis-kalanick-2017-06-21.

12 Rutger Bregman, *Utopia for Realists: The Case for Universal Basic Income, Open Borders, and a 15-Hour Workweek* (New York: Little, Brown, 2017).

就連警察罷工也鮮少造成人們擔心的效應。二〇一五年十二月，紐約的警察策劃了一次停工，只處理「緊急」的警察業務。犯罪率不受影響，倒是少了交通違規和類似違規的罰鍰，城市的收入陡降。不論是因為全面罷工，或如二戰時阿姆斯特丹的一筆紀錄，警察被德國占領部隊大規模逮捕，一座大城市的警察全部消失，多半會導致竊案等財產犯罪增加，暴力案件則不受影響。頗有自治傳統的鄉間地區，例如我一九八九年和一九九一年待過的馬達加斯加地區，因國際貨幣基金的撙節措施，解除警察的職務，結果生活幾乎沒有什麼不同。二十年後，我又重訪故地，人們幾乎一致相信警察復職造成暴力犯罪陡然增加。

13 Benjamin B. Lockwood, Charles G. Nathanson, and E. Glen Weyl, "Taxation and the Allocation of Talent," *Journal of Political Economy* 125, no. 5 (October 2017): 1635–82, www.journals.uchicago.edu/doi/full/10.1086/693393。不過行銷人員的引用出處是同一篇論文稍早（2012）的版本，標題一樣，發表在https://eighty-thousand-

hours-wp-production.s3.amazonaws.com/2014/12/TaxationAndTheAllocationOfTalent preview.pdf, 16。

14 Eilis Lawlor, Helen Kersley, and Susan Steed, *A Bit Rich: Calculating the Value to Society of Different Professions* (London: New Economics Foundation, 2009), http://b.3cdn.net/nefoundation/8c16eabdbadf83ca79ojm6b0fzh.pdf。薪資部分，原報告有時給時薪，有時給年薪，而且在後一種情形，通常是給幾個區間，因此部分薪資我做了標準化，並加以平均。

15 參閱，例如，Gordon B. Lindsay, Ray M. Merrill, and Riley J. Hedin,“The Contribution of Public Health and Improved Social Conditions to Increased Life Expectancy: An Analysis of Public Awareness,” *Journal of Community Medicine & Health Education* 4 (2014): 311–17，這篇論文對比這類事情受到社群認可的、合乎科學的理解以及通俗的認知。通俗的認知假定改善的項目幾乎完全是醫生出的力。https://www.omicsonline.org/open-access/the-contribution-of-public-health-and-improved-social-conditions-to-increased-life-expectancy-an-analysis-of-public-awareness-2161-0711-4-311.php ?aid= 35861.

16 高薪的運動員或演藝人員會是另一個例外。這類人士的薪酬之豐厚，人們經常咬定他們是狗屁的化身，但我傾向不同意這種看法。如果這類人士確實把快樂或興奮帶進別人的生活，那豐厚的薪酬有何不可？顯然該追問的是，他們造就的快樂或興奮，比他們周圍的團隊、支援人員等多出多少。後面這類人的薪酬遜色很多。

17 另一方面，如果這跟工作要冒的危險有任何關聯，那美國薪酬最高的工作者就會是伐木工人或漁夫，而在英國則是農人。

18 一個（在我看來有些遲鈍的）經濟學者兼部落客塔巴羅克（Alex Tabarrok），對我原本的狗屁工作文章寫了一篇回應，他宣稱我對薪酬和社會利益反向關聯的論點，乃是「錯誤經濟推理的著例」。因為，他說，我講的不過就是鑽石與水的悖論（可溯及中世紀，亞當．斯密舉這個悖論來說明使用價值和交換價值的區分，因而廣為人知），而照他的說法，在一個世紀以前，邊際效益的概念問世後，這個悖論就被「解決了」。說真的，我的印象是早在伽利略的時候，這個悖論就被「解決了」。他那樣宣稱，彆扭之處在於，我從頭到尾沒有進行經濟學的推理，畢竟我只是指出反向關係的存在，根本沒有提出任何解釋（http://marginalrevolution.com/marginalrevolution/2013/10/bs-jobs-and-bs-economics.html）。光是指出事實，怎麼就變成錯誤的推理了？護士的相對供給的例子，取自法拉瑟（Peter Frase）對該文的回應（www.jacobinmag.com/2013/10/theethic-of-marginal-value/）；律師供過於求，請參閱，例如，L. M. Sixel, "A Glut of Lawyers Dims Job Prospects for Many," *Houston Chronicle* online, last modified March 25, 2016, http://wtonchronicle.com/business/article/A-glut-of-lawyers-dims-job-prospects-for-many-7099998.php。

姑且一提，拙劣的經濟部落客常使用塔巴羅克的伎倆，亦即把一個簡單的經驗觀察講得像是經濟上的論證，然後再「駁斥」其非。我曾經提過一個觀察：窮困的顧客若要買必需品，好心商販有時會給一點折扣。有個部落客接著這個觀察做反駁——言下之意，像是經濟學者真的不相信會有商販出於好意而做某一件事！

19 我第一次在 G. A. Cohen, "Back to Socialist Basics," *New Left Review*, no. 207 (1994): 2–16 碰到這個論證，他是在批判工黨的宣言。有好幾種版本散見於他的其他著作，尤其"Incentives, Inequality, and Community: The Tanner Lectures on Human Values" (lecture, Stanford University, Stanford, CA, May 21 and 23, 1991, https://tannerlectures.utah.edu/documents/a-to-z/c/cohen92.pdf)。

20 一九九〇年代那時候，我還老跟自由放任主義者辯論，我發現他們十個有九個會拿工作的種種來為不平等開脫。比方我觀察到，社會財富往上層分配的分額不成比例（得多），典型的回應會扣著這套說詞：「對我來說這只顯示有些人比其他人更勤奮工作，或是用更聰明的方式工作。」正是這套話術昭然若揭的狡猾，讓我一直無法放下。一個CEO賺的錢是公車司機的千倍，所以前者比後者勤奮千倍，這種主張當然說不過去，所以你就溜向「更聰明」，而「更聰明」意謂「產量更豐」，但在此，產量更豐的似乎是「人家付你遠比別人多的那個方面」的產量。這套說法唯一可取之處是它凸顯（大多數）鉅富確實都有工作，不然只能淪於毫無意義的循環論證：因為他們比較聰明，所以他們比較有錢，而他們比較有錢是因為他們比較聰明；如此反覆。

21 這就是為什麼他們寫出來的書愈來愈短、愈來愈淺薄，研究也愈來愈鬆散。

22 Geoff Shullenberger, "The Rise of the Voluntariat," *Jacobin* online, last modified May 5, 2014, www.jacobinmag.com/2014/05/the-rise-of-the-voluntariat.

23 羅素（Bertrand Russell）在他的專文〈讚頌怠惰〉（In Praise of Idleness）裡講得很好：「工作是什麼？工作有兩種：第一種，改變物質的位置，讓它更靠近同類物質，而該物質位於或鄰近地表；第二種，叫別人去做這件事。第一種令人不悅，薪酬又糟；第二種讓人愉快，薪酬又高。」（1935:13）

24 Genesis 3.16。鄂蘭（Hannah Arendt）在《人的條件》（*The Human Condition*, 1958:107n53）主張聖經無一處指出工作本身是忤逆的懲罰，上帝只是把勞動變得更嚴酷，後人根本是從赫西俄德的眼光在讀創世記。這也許是真的，但並不真的影響我的論證，尤其是因為基督徒好幾個世紀以來，下筆和思考時都假定該段聖經就是那個意思。舉例來說，一六六四年，卡文迪西（Margaret Cavendish）主張「網球也不能算是嗜好，畢竟……揮汗勞動談不上消遣；人應汗流滿面才能糊口，這是神降予人的詛咒」（轉引自Thomas 1999: 9）。早期基督教對亞當和夏娃的辯論，最優秀的討論請參閱 Pagels（1988），其主張是聖奧古斯丁才是下述想法的始作俑者：所有人類都被原罪所玷污，因此被詛咒。

25 下一節的內容，大多匯總自一篇我早年的專文，〈儀態、謙從與私有財產〉（Manners, Deference, and Private Property, 1997），該文又是我的碩士論文的縮減版本。我的碩論標題是《迴避的總括：儀態和持具個體主義》（*The Generalization of Avoidance: Manners and Possessive Individualism in Early Modern Europe*, Chicago, 1987）。部分傳統北歐的婚姻模式和生命週期服務的經典著作，包括Hajnal（1965, 1982）、Laslett（1972, 1977, 1983, 1984）、Stone（1977）、Kassmaul（1981）和Wall（1983）。比較近期的文獻回顧，請參閱Cooper（2005）。從中世紀到早期現代時期，北歐和地中海的婚配模式，首要的差異是，地中海的男人雖然常晚婚，女人嫁娶較早，生命週期服務僅限於某些社會和專業群體，而沒被視為一種規範。

26 當然，時至今日，「侍者」這個詞只對餐廳裡在桌邊「侍候」的人使用，他們是「服務經濟」的支柱，不過在維多利亞時期的家戶，這個術語首先還是用於家中的僕人——位階低管家一階。譬如「上菜架」（dumbwaiter）本來是指送餐到主人桌邊的僕人，常會閒話他們從桌邊人那裡聽來的事情。機械的上菜架功能相同，但不會說話。

27 這不精確。大部分都是在青春期早期開始做學徒。

28 我自己在儀態那篇文章引用過（1997:716-17）。翻譯則來自：Charlotte A. Sneyd, *A relation, or rather A true account, of the island of England; with sundry particulars of the customs of these people, and of the royal revenues under King Henry the Seventh, about the year 1500, by an Italian*, Camden Society volume xxxvi, 1847, 14–15。

29 Susan Brigden, "Youth and the English Reformation," *Past & Present* 95 (1982): 37–38.

30 舉例來說，在文藝復興時期的英格蘭，職銜為「廁伕」（Groom of the Stool）的尊貴僕人時常代國王發言。「廁伕」得名自他負責清理國王寢室的便壺（Starkey 1977）。

31 舉例來說，我父親一輩子多半都是相片膠印店的脫模師傅。有一次，我第一次學中世紀歷史，我告訴他行會體系。「對，」他說：「我也做過學徒。學徒當完就是『印刷職工』（journeyman printer）。」但我問起有沒有印刷師傅存在，他說：「沒有，我們已經沒有師傅了。呃，除非你要說老闆是師傅。」

32 Phillip Stubbes, *Anatomie of Abuses*, 1562。當然，這一系列的反駁在馬爾薩斯（Malthus）那裡集大成，他主張工人階級生育的後代，因此都會陷於貧窮，倡議促進不衛生的條件根除之，這件事十分著名。後文（註三十七）會引用的卡澤諾夫（Cazenove）就是馬爾薩斯的門徒。

33 K. Thomas 1976:221.

34 我相信應該要從這個角度理解韋伯（1905）關於喀爾文主義和資本主義起源之關聯的論證。新教主義是一種自我規訓工作的倫理，韋伯的同時代人，很多都認為新教主義跟經濟成長有某些不證自明的關聯（Tawney 1924），然而，儘管北歐的生命週期服務、新教主義，以及資本主義的茁生等三個因素似乎大幅重疊，卻很少人對這三個因素的匯合加以檢驗。

35 Thomas Carlyle, *Past and Present* (London: Chapman and Hall, 1843), 173–74。很有意思的是，卡萊爾稱頌工

作從操煩中解放人，對比尼采因為同一個原因而譴責工作：「在對『工作』的一片頌揚聲中，在關於『工作福音』的喋喋不休中，我看到……對於一切個體性存有（everything individual）的恐懼。所謂工作——也就是從早到晚嚴峻的勞苦——人們現在感到，這樣的工作不啻最好的警察，為每個人安上了轡頭，有效阻礙人發展理性、貪欲，還有對獨立的渴求。由於工作消耗心神甚巨，迫使心智放棄反思、默想、夢想、操煩、愛，和恨。」（Daybreak 1881 [1911:176–77]）尼采簡直像是直接回應卡萊爾。

36 Carlyle, *Past and Present*, 175。該文大部分都在譴責資本主義是「瑪蒙主義」（Mammonism）。就像許多十九世紀的作品，聽在現代的耳朵裡，都有點馬克思主義的味道，即使結論保守：「勞動即使被封在瑪蒙主義裡，它仍不是惡魔；勞動永遠是被禁錮的神，無意識或有意識地扭動掙扎，要逃出瑪蒙主義！」（257）

37 John Cazenove, *Outlines of Political Economy; Being a Plain and Short View of the Laws Relating to the Production, Distribution and Consumption of Wealth* (London: P. Richardson, 1832), 21–22。據我所知，利用勞動價值論主張工人被僱主剝削的案例，首見於一本小冊子，叫作《對抗公司侵占的自然權利》（*The Rights of Nature Against the Usurpations of Establishments*），作者是英國的雅各賓派人士塞沃爾（John Thelwall），寫於一七九六年。

38 出自Edward Pessen, *Most Uncommon Jacksonians: The Radical Leaders of the Early Labor Movement* (Albany, NY: SUNY Press, 1967), 174：法勒（1981）研究一七八〇年到一八六〇年麻薩諸塞州的林恩（Lynn）鎮，詳盡地記錄了在美國革命後將近一世紀，勞動價值論多大程度塑造了公共辯論的框架。

39 舉例來說，馬克思自己的作品，當時美國沒什麼人知道，但不是完全沒人知道，畢竟馬克思本人那時的工作也包含自由撰稿，幫報紙寫社論，經常在美國的報紙發表專欄文章。幾年後的一八六五年，馬克思時任第一國際主席，也以主席的名義直接寫信給林肯，內容是他自己對美國處境的分析。林肯似乎讀了信，不過回信的是他的助理。

40 紐約州的眾議員威爾許（Mike Walsh）早在一八四五年就明確從反資本主義的思路，主張：「資本無非是，靠著詐欺、貪婪和惡意，從這個和過往所有時代的工人身上擰出來的、無所不包的權力。」轉引自 Noel Ignatiev, How the Irish Became White(New York: Routledge, 2008), 149。

41 E. P. Goodwin, Home Missionary Sermon, 1880, in Josiah Strong, *Our Country: Its Possible Future and Its Present Crisis* (New York: Baker & Taylor, 1891), 159。卡內是當時加州的工人領袖，如今人們多只記得他發起反對中國移民的運動。英格索爾則是廣為人知的駁斥聖經的寫手，如今主要是經過達羅（Clarence Darrow）的二手介紹才知道他。達羅的劇本《風的傳人》（*Inherit the Wind*）有反對從字面詮釋創世記的主張，似乎直接取自英格索爾的文章。在此我可以補充一點個人的證言：拜我家族的每一代都特別長，我自己的祖父古斯塔夫．阿多夫斯（「多利」）．格雷伯（Gustavus Adolphus ["Dolly"] Graeber）出生於美國內戰之前。他的工作是在西部戰線沿線當樂手，恰好是古德溫寫作的時間——咸認是他把曼陀林引進美國音樂中。我爸有次跟我說，祖父是「一個英格索爾式的人」，由此可知祖父是狂熱的無神論者。他從來不是馬克思主義者，不過我父親後來成了馬克思主義者。

42 電影《碧血金沙》改編自同名小說，作者是崔文（B. Traven），這是一個德國無政府主義小說家的筆名。他逃離祖國，大半輩子都在墨西哥南部生活。他的真實身分人們至今莫衷一是。

43 因此，舉例來說，一八三七年，來自麻薩諸塞州阿姆赫斯特（Amherst）的商人團體提案創設一家有限責任的馬車公司，該案被職工的一封請願書反對，理由如下：「身為職工，他們期盼自己做師傅，絕不將他們創造的價值拱手讓人」，敘明「『公司將生財工具交到沒有經驗的資本家手裡，將我們技藝的利潤從我們這裡取走。這門技藝，我們付出勞動多年的代價才練就，當屬我們專有的特權。』」（Hanlon 2016:57）通常來說，除非該公司致力創建並維護公共工程，且該工程有明顯的實用性質，譬如一條鐵路或運河，這類申請才會得到核可。

44 Durrenberger and Doukas 2008:216–17.

45 1974:246.

46 中世紀基督教神學認為工作是神聖創造的模仿，也是精進自我的手段（參見Ehmer and Lis 2009:10-15的討論），兩者的相對分量一直有爭議，不過兩種原則都是從最初就出現了。

47 經典的研究包括 Kraus, Côté, and Keltner 2010, and Stellar, Manzo, Kraus, and Keltner 2011。

48 結果就是基層人員為上司操心的傾向，也多過上司為他們操心的傾向，而且這樣的情形延伸到幾乎任何結構不平等的關係：男人和女人、富人與窮人、黑人和白人，以此類推。我向來認為，這就是這類不平等得以延續的主因之一。（我曾於多處探討過這個問題，不過好奇的讀者或可參閱《規則的烏托邦》第一章，頁一一一—一一八。）

49 從這個觀點來說，因為我們會操心自己所操的心是否適得其所，因此，例如金錢、市場、金融都只是陌生人警示我們的方式，讓我們知道何者是其操心的事物。這繼而意味當代的銀行事業，就其瞄準錯誤的目標而言，說穿了就是照護勞動的差勁的形式。

50 該書最後改名《鑿開資本主義》（*Crack Capitalism*, 2010）。我一直覺得這書名遠遜於原書名。

51 泰克爾（Studs Terkel）的《工作中》（*Working*）有一段時常被引用的話：「除非這傢伙發神經，不然才不會想到工作，也不會聊到工作。要想，要聊，或許聊棒球，或是有一晚喝醉，或是上了床，或沒上到床。要我說，一百個裡面只有一個人真的會遇到工作就興高采烈。」（1972: xxxiv）只是同一段證言也這樣寫：「總有人要做這份工作。如果我家小孩上得了大學，我只會要他保持一點敬意。」（1972: xxxv）

52 Gini and Sullivan 1987:649, 651, 654.

53 葉格納提耶夫（Noel Ignatiev）的《愛爾蘭人是怎麼變白的》（*How the Irish Became White*, 1995）是這個現象的經典研究。

54 這條公式後來簡化成「最多數人的最大福祉」，不過邊沁本來的理論奠基於享樂主義式的計算，那才是卡萊爾要回應的。

55 Carlyle 1843:134.

56 *Ibid.*

第七章

1 Matthew Kopka, "Bailing Out Wall Street While the Ship of State is Sinking? (Part 2)," *The Gleaner*, January 25, 2010, http://jamaica-gleaner.com/gleaner/20100125/news/news5.html, accessed July 22, 2017。當時有一個不脛而走的說法是，汽車業工人一小時賺得到七十五美元。然而這個數字是根據產業公關稿算出來的，所有工人的各種工資、福利和年金開銷統統算進去，再除以總工時。若是這種算法，不管哪個產業、哪一種工人，幾乎都能算成他或她每小時實領工資的兩倍或三倍。

2 第二個理由是，工廠工人全都集中在同一處，那就容易聯絡、組織。這也意味他們可以拿罷工作要脅，從而造成嚴重的經濟後果。

3 Eli Horowitz, "No Offense Meant to Individuals Who Work With Bovine Feces," http://rustbeltphilosophy.blogspot.co.uk/2013/08/no-offense-meant-to-individuals-who.html, accessed August 31, 2013.

4 以下大部分擷取自一篇專論，發表時的格式較長："Introduction: The Political Metaphysics of Stupidity." In *The Commoner*(www.thecommoner.org.uk), Spring 2005, and shorter format in *Harper's* as "Army of Altruists: On the Alienated Right to Do Good," *Harper's*, January 2007, 31–38。

5 由於菁英產下的後代（數量），幾乎都沒能在人口學的意義上再生產他們自身，這些工作可能都會流向出類拔萃的移民之子。換作美國銀行或安隆（Enron）的主管遇到類似的人口學問題，他們多半會聘用比較貧困、但跟他們一樣是白人的人。這一部分是因為種族歧視，也有一部分是因為企業本身多半會助長廣泛反智識的風氣。我曾經在耶魯大學工作，大家都知道耶魯的招聘專員偏好聘僱在耶魯拿「B」的學生，因為拿「B」的學生比較有機會跟「他們處得來」。

6 一直有人花莫大力氣，將照護事務可以或者應該由機器執行的想法，推向正常之列。不過我不認為這曾成功過，長久而言，我也認為行不通。

7 既然講到科幻作家，提件滿有意思的事情。其實戰後馮內果旋即入學芝加哥大學的人類學研究所，攻讀碩士學位，不過他從來沒把碩士論文寫完。想當然耳，該書的主角群之一是個人類學者。倘若他再用功一點，就會明白他的假定——閒暇太多的話，工人不知道怎麼打發——錯得離譜。（當時人在芝大的佛荀森〔Ray Fogelson〕告訴我，多年後馮內果帶著一篇論文回來了，但論文顯然是拼湊出來的，讓該系左右為難，於是決定改因《貓的搖籃》〔*Cat's Cradle*〕授予他一個學位。）

8 編號七〇二號，最有可能被取代的是電話銷售員，而最不容易被取代的編號第一號是創意治療師。人類學者，譬如我自己，還滿安全地落在第三十二號。參見 Frey and Osborne（2017）——二〇一三年該論文原初的線上版還獲得當時大批媒體報導。

9 Stanislaw Lem, *Memoirs of a Space Traveler: The Further Reminiscences of Ijon Tichy* (Evanston, IL: Northwestern University Press), 1981 [1971]19–20.

10 萊姆寫作的一九七〇年代，波蘭還是社會主義，儘管如此，他對史達林主義的諷刺仍毫不留情。提榭在另一段旅途中發現自己身處某顆行星，治理該行星的是一個龐大的灌溉科層組織。組織太過熱衷於他們的使命，以致發展出人類正自然地朝魚的方向演化。住民被迫每天練習「水中呼吸」數小時，且為時愈來愈長。

11 記住，一年平均下來，連中世紀農奴的工作時間都遠遠不到一週四十小時。

12 就是有人會提出一些論證，主張減少工時將導致犯罪、不健康的習性，或其他負面的社會效果之增加。我實在不願意為此多費唇舌，一模一樣的主張肯定可以拿來反對解放奴隸，八成也有人如此主張過。在我眼中，這類主張的道德地位是等同的。人們固然不願意，但應該被迫每週工作四十個小時，不然他們可能會酗酒、抽菸或犯罪——何不主張全人口都應關進監獄，為時相同，此之為一種形式的預防性羈押。

13 或可稱為「人的生產」（human production），我在其他地方這樣稱呼過，但在這個文脈下顯得文不對題。

14 人們無疑可以為誰、在什麼場合下、向誰收了最多錢而爭論不休，不過格拉斯－斯蒂格爾法案的廢止是在柯林頓任內，金融於是「自由化」，為二〇〇八至〇九年的危機鋪路，而首次把學費引進英國大學的是布萊爾。

15 Frank 2016.

16 Brown 1983.

17 高茲的原話：「尋求更高的生產力會導向該類活動的標準化和產業化，涉及餵養、照顧、撫養和教育兒童的活動尤其如此。個體的或共同的自律的最後一塊淨土將消失，社會化、『商品化』和預先編排的作法，將會擴及自我規定和自我調控的生活。生理與心理的保健、兒童的教育、烹飪或性技巧，這些活動容或還有個體幻想的餘地，但這些活動的工業化正是設計來產生資本主義意義上的利潤，而家庭電腦是其途徑。」（Gorz 1997: 84，原本是在一九八〇年以法文出版，實在很有預言的味道）較針對「家務要工資」運動的討論，請參閱*Critique of Economic Reason* 2010:126, 161–64, 222。

18 詳情可參閱Sarath Davala, etc. *Basic Income: A Transformative Policy for India* (London: Bloomsbury Academic Press, 2015)。

19 關於基本收入，晚近探索當前主張最透徹者，請參閱Standing（2017）。

20 事實上，在某些方面，無條件保障可能要擴展。人們可以主張全民基本收入遇到以租金為基礎的經濟就不會有效，因為，譬如，假設大部分住宅都是租來的，房東會逕自把租金加倍，攫取額外收入。不能不施加最低限度的控管。

21 相同計畫的有條件版本或是保證就業計畫，絕非全民基本收入的變體，當然更不會是「改良版」，原因就在這裡。全民基本收入的關鍵就在「無條件」這項要素，這麼做才能大幅削弱政府插手公民生活的角色。那些聲稱是「修改」或「改良」的版本，若非無法奏效，就是會造成反效果。

22 顯然，道德哲學傾向假定「搭便車」問題是社會正義的根本提問，分量更甚於對人類自由的考量，因此通常會得出這樣的結論：為確保靠別人出的力氣生活的人，連一小撮都不可以有（除非他們很有錢，有錢的話通常沒什麼關係），有理由設置監視和強制的一套體系。我自己的立場是典型的自由放任主義者的立場，也就是：「就算有，又怎麼樣？」

23 我從沒見過傅柯。我的描述是根據見過他的一些人而來。

24 有時你會看到人們說，傅柯從沒定義過「權力」，而傅柯在這件事情上時常含糊其詞也是事實。不過他把話講得比較明確的時候，他把權力界定為「據其他行動而作的一組行動」，而運用權力，他界定為「據他人的行動而行動」（1982: 789）。出人意表的是，這說法最接近帕森斯（Talcott Parsons）的傳統。

25 Foucault 1988:18–19.

書目資料

Ackroyd, Stephen, and Paul Thompson. *Organizational Misbehaviour*. London: Sage, 1999.

Anderson, Perry. *Passages from Antiquity to Feudalism*. London: Verso Press, 1974.

Applebaum, Herbert. *The Concept of Work: Ancient, Medieval, and Modern* (SUNY Series in the Anthropology of Work). Albany, NY: SUNY Press, 1992.

Arendt, Hannah. *The Human Condition*. Chicago: University of Chicago Press, 1958.

Baumeister, Roy, Sara Wotman, and Arlene Stillwell. "Unrequited Love: On Heartbreak, Anger, Guilt, Scriptlessness, and Humiliation." *Journal of Personality and Social Psychology* 64, no. 3 (1993): 377–94.

Beder, Sharon. *Selling the Work Ethic: From Puritan Pulpit to Corporate PR*. London: Zed Books, 2000.

Black, Bob. "The Abolition of Work." *The Abolition of Work and Other Essays*.

Port Townsend, WA: Loompanics, 1986.

Bloch, Maurice. *Anthropology and the Cognitive Challenge*. Cambridge: Cambridge University Press, 2012.

Braverman, Harry. *Labor and Monopoly Capital: The Degradation of Work in the Twentieth Century*. New York: Monthly Review Press, 1974.

Bregman, Rutger. *Utopia for Realists: The Case for Universal Basic Income, Open Borders, and a 15-Hour Workweek*. Amsterdam: The Correspondent, 2016.

Brigden, Susan. "Youth and the English Reformation." *Past & Present* 95 (1982): 37–67.

Broucek, Francis. "The Sense of Self." *Bulletin of the Menninger Clinic* 41 (1977): 85–90.

______. "Efficacy in Infancy: A Review of Some Experimental Studies and Their Possible Implications for Clinical Theory." *International Journal of Psycho-Analysis* 60 (January 1, 1979): 311–16.

Brown, Wilmette. *Black Women and the Peace Movement*. Bristol, UK: Falling Wall Press, 1983.

Brygo, Julien, and Olivier Cyran. *Boulots de Merde! Enquête sur l'utilité et la nuisance sociales des métiers*. Paris: La Découverte, 2016.

Budd, John W. *The Thought of Work*. Ithaca, NY: Cornell University Press, 2011.

Carlyle, Thomas. *Past and Present*. London: Chapman and Hall, 1843.

Chancer, Lynn. *Sadomasochism in Everyday Life: The Dynamics of Power and Powerlessness*. New Brunswick, NJ: Rutgers University Press, 1992.

Clark, Alice. *Working Life of Women in the Seventeenth Century*. London: George Routledge and Sons, 1919.

Cooper, Sheila McIsaac. "Service to Servitude? The Decline and Demise of Life-Cycle Service in England." *History of the Family* 10 (2005): 367–86.

Davala, Sarath, Renana Jhabrala, Soumya Kapor, et al. *Basic Income: A Transformative Policy for India*. London: Bloomsbury Academic Press, 2015.

Doukas, Dimitra. *Worked Over: The Corporate Sabotage of an American Community*. Ithaca, NY: Cornell University Press, 2003.

Durrenberger, E. Paul, and Dimitra Doukas. "Gospel of Wealth, Gospel of Work: Counterhegemony in the U.S. Working Class," *American Anthropologist* (new series) 110, no. 2 (2008): 214–24.

Ehmer, Josef, and Catharina Lis. "Introduction: Historical Studies in Perception of Work." In *The Idea of Work in Europe from Antiquity to Modern Times*, edited by Ehmer and Lis, 33–70. Farnham, UK: Ashgate, 2009.

Ehrenreich, Barbara. *Fear of Falling: The Inner Life of the Middle Class*. New York: Pantheon, 1989.

Ehrenreich, Barbara, and John Ehrenreich. "The Professional-Managerial

Class." In *Between Labor and Capital*, edited by Paul Walker. Boston: South End Press, 1979, 5–45.

Evans-Pritchard, E. E. *The Nuer: A Description of the Modes of Livelihood and Political Institutes of a Nilotic People*. Oxford: Clarendon Press, 1940.

Faler, Paul G. *Mechanics and Manufacturers in the Early Industrial Revolution: Lynn, Massachusetts, 1780–1860*. Albany, NY: State University of New York Press, 1981.

Finley, Moses I. *The Ancient Economy*. Berkeley: University of California Press, 1973.

Fleming, Peter. *The Mythology of Work: How Capitalism Persists Despite Itself*. London: Pluto Press, 2015.

Ford, Martin. *The Rise of the Robots: Technology and the Threat of Mass Unemployment*. London: Oneworld, 2015.

Foucault, Michel. "The Subject and Power." *Critical Inquiry* 8, no. 4 (1982): 777–95.

______. *The Final Foucault*. Cambridge, MA: MIT Press, 1988.

Frank, Thomas. *Listen Liberal, Or What Ever Happened to the Party of the People?* New York: Henry Holt, 2016.

Frayne, David. *The Refusal of Work: The Theory and Practice of Resistance to Work*. London: Zed Books, 2015.

Frey, Carl B., and Michael A. Osborne. "The Future of Employment: How Susceptible Are Jobs to Computerisation?" *Technological Forecasting and Social Change* 114 (2017): 254–80.

Fromm, Erich. *The Anatomy of Human Destructiveness*. New York: Henry Holt, 1973.

Galbraith, John Kenneth. *American Capitalism: The Concept of Countervailing Power*. Harmondsworth, UK: Penguin, 1963.

______. *The New Industrial State*. Harmondsworth, UK: Penguin, 1967.

______. *The Affluent Society*. Harmondsworth, UK: Penguin, 1969.

______. "On Post-Keynesian Economics." *Journal of Post-Keynesian Economics* 1, no. 1 (1978): 8–11.

Gini, Al. "Work, Identity and Self: How We Are Formed by the Work We Do."

Journal of Business Ethics 17 (1998): 707–14.

______. *My Job, My Self: Work and the Creation of the Modern Individual*. London: Routledge, 2012.

Gini, Al, and Terry Sullivan. "Work: The Process and the Person." *Journal of Business Ethics* 6 (1987): 649–55.

Ginsberg, Benjamin. *The Fall of the Faculty*. New York: Oxford University Press, 2013.

Glenn, Joshua, and Mark Kingwell. *The Wage Slave's Glossary*. Windsor, Can.: Biblioasis, 2011.

Gorz, Andre. *Farewell to the Working Class: An Essay on Post-industrial Socialism*. London: Pluto, 1997.

______. *Critique of Economic Reason*. London: Verso, 2010.

Graeber, David. "Manners, Deference, and Private Property." *Comparative Studies in Society and History* 39, no. 4 (1997): 694–728.

______. *Debt: The First 5,000 Years*. Brooklyn, NY: Melville House, 2011.

______. "Of Flying Cars and the Declining Rate of Profit." *Baffler*, no. 19 (Spring 2012): 66–84.

______. *The Utopia of Rules: Technology, Stupidity, and the Secret Joys of Bureaucracy*. Brooklyn, NY: Melville House, 2015.

Gutman, Herbert G. "Protestantism and the American Labor Movement: The Chris- tian Spirit in the Gilded Age." *American Historical Review* 72, no.1 (1966): 74–101. Hajnal, John. "European Marriage Patterns in Perspective." In *Population in History: Essays in Historical Demography*, edited by D. V. Glass and D. E. C. Eversley, 101–43. London: Edward Arnold, 1965.

______. "Two Kinds of Preindustrial Household Formation System." *Population and Development Review* 8, no. 3 (September 1982): 449–94.

Hanlon, Gerard. *The Dark Side of Management: A Secret History of Management Theory*. London: Routledge, 2016.

Hardt, Michael, and Antonio Negri. *Labor of Dionysus: A Critique of the State Form*. Minneapolis: University of Minnesota Press, 1994.

______. *Empire*. Cambridge, MA: Harvard University Press, 2000.

Hayes, Robert M. "A Simplified Model for the Fine Structure of National Information Economies." In *Proceedings of NIT 1992: The Fifth International Conference on New Information Technology*, 175–94. W. Newton, MA. MicroUse Information, 1992.

Hochschild, Arlie Russell. *The Managed Heart: Commercialization of Human Feeling*. Berkeley: University of California Press, 2012.

Holloway, John. *Crack Capitalism*. London: Pluto Press, 2010.

Ignatiev, Noel. *How the Irish Became White*. New York: Routledge, 1995.

Kazin, Michael. *The Populist Persuasion: An American History*. New York: Basic Books, 1995.

Keen, Steve. *Debunking Economics: The Naked Emperor Dethroned?* London: Zed, 2011.

Klein, G. S. "The Vital Pleasures." In *Psychoanalytic Theory: An Exploration of Essentials*, edited by M. M. Gill and Leo Roseberger, 210–38. New York: International Universities Press, 1967.

Kraus, M .W., S. Côté, and D. Keltner. "Social Class, Contextualism, and Empathic Accuracy." *Psychological Science* 21, no. 11 (2010): 1716–23.

Kussmaul, Anne. *Servants in Husbandry in Early-Modern England*. Cambridge: Cambridge University Press, 1981.

Laslett, Peter. "Characteristics of the Western Family Considered over Time." In *Household and Family in Past Time*, edited by P. Laslett and R. Wall. Cambridge: Cambridge University Press, 1972.

______. *Family Life and Illicit Love in Earlier Generations*. Cambridge: Cambridge University Press, 1977.

______. "Family and Household as Work Group and Kin Group." In *Family Forms in Historic Europe*, edited by R. Wall. Cambridge: Cambridge University Press, 1983.

______. *The World We Have Lost, Further Explored: England Before the Industrial Revolution*. New York: Charles Scribner's Sons, 1984.

Lazerow, Jama. *Religion and the Working Class in Antebellum America*. Washing- ton, DC: Smithsonian Institution Press, 1995.

Lazzarato, Maurizio. "Immaterial Labor." In *Radical Thought in Italy*, edited by Paolo Virno and Michael Hardt, 133–47. Minneapolis: University of Minnesota Press, 1996.

Le Goff, Jacques. *Time, Work and Culture in the Middle Ages*. Chicago: University of Chicago Press, 1982.

Lockwood, Benjamin B., Charles G. Nathanson, and E. Glen Weyl, "Taxation and the Allocation of Talent." *Journal of Political Economy* 125, no. 5 (October 2017): 1635–82, www.journals.uchicago.edu/doi/full/10.1086/693393.

Maier, Corinne. *Bonjour Paresse: De l'art et la nécessité d'en faire le moins possible en entreprise*. Paris: Editions Michalan, 2004.

Mills, C. Wright. *White Collar: The American Middle Classes*. New York: Galaxy Books, 1951.

Morse, Nancy, and Robert Weiss. "The Function and Meaning of Work and the Job." *American Sociological Review* 20, no. 2 (1966): 191–98.

Nietzsche, Friedrich. *Dawn of the Day*. 1911). New York: Macmillan, 1911.

Orr, Yancey, and Raymond Orr. "The Death of Socrates: Managerialism, Metrics and Bureaucratization in Universities." *Australian Universities' Review* 58, no. 2 (2016): 15–25.

Pagels, Elaine. *Adam, Eve and the Serpent*. New York: Vintage Books, 1988. Paulsen, Roland. *Empty Labor: Idleness and Workplace Resistance*. Cambridge: Cambridge University Press, 2014.

Pessen, Edward. *Most Uncommon Jacksonians: The Radical Leaders of the Early Labor Movement*. Albany, NY: SUNY Press, 1967.

Ray, Benjamin C. *Myth, Ritual and Kingship in Buganda*. London: Oxford University Press, 1991.

Rediker, Marcus. *The Slave Ship: A Human History*. London: Penguin, 2004. Reich, Robert. *The Work of Nations: Preparing Ourselves for 21st Century Capitalism*. New York: Alfred A. Knopf, 1992.

Russell, Bertrand. *In Praise of Idleness*. London: Unwin Hyman, 1935.

Schmidt, Jeff. *Disciplined Minds: A Critical Look at Salaried Professionals and the Soul-Battering System That Shapes Their Lives*. London: Rowman & Littlefield, 2001.

Sennett, Richard. *The Fall of Public Man*. London: Penguin, 2003.

______. *Respect: The Formation of Character in an Age of Inequality*. London:

Penguin, 2004.
______. *The Corrosion of Character: The Personal Consequences of Work in the New Capitalism*. New York: Norton, 2008.
______. *The Craftsman*. New York: Penguin, 2009.
Standing, Guy. *The Precariat: The New Dangerous Class* (Bloomsbury Revelations). London: Bloomsbury Academic Press, 2016.
______. *Basic Income: And How We Can Make It Happen*. London: Pelican, 2017.
Starkey, David. "Representation Through Intimacy: A Study in the Symbolism of Monarchy and Court Office in Early Modern England." In *Symbols and Sentiments: Cross-Cultural Studies in Symbolism*, edited by Ioan Lewis, 187–224. London: Academic Press, 1977.
Stellar, Jennifer, Vida Manzo, Michael Kraus, and Dacher Keltner. "Class and Compassion: Socioeconomic Factors Predict Responses to Suffering." *Emotion* 12, no. 3 (2011): 1–11.
Stone, Lawrence. *The Family, Sex and Marriage in England, 1500–1800*. London: Weidenfeld and Nicolson, 1977.
Summers, John. *The Politics of Truth: Selected Writings of C. Wright Mills*. Oxford: Oxford University Press, 2008.
Tawney, R. H. *Religion and the Rise of Capitalism*. New York: Harcourt, Brace & World, 1924.
Terkel, Studs. *Working: People Talk About What They Do All Day and How They Feel About What They Do*. New York: New Press, 1972.
Thomas, Keith. *Religion and the Decline of Magic*. New York: Scribner Press, 1971.
______. "Age and Authority in Early Modern England." *Proceedings of the British Academy* 62 (1976): 1–46.
______. *The Oxford Book of Work*. Oxford: Oxford University Press, 1999. Thompson, E. P. *The Making of the English Working Class*. London: Victor Gol-lancz, 1963.
______. "Time, Work-Discipline and Industrial Capitalism." *Past & Present* 38 (1967): 56–97.

Thompson, Paul. *The Nature of Work: An Introduction to Debates on the Labour Process*. London: Macmillan, 1983.

Veltman, Andrea. *Meaningful Work*. Oxford: Oxford University Press, 2016.

Wall, Richard. *Family Forms in Historic Europe*. Cambridge: Cambridge University Press, 1983.

Weber, Max. *The Protestant Ethic and the Spirit of Capitalism*. London: Unwin Press, 1930.

Weeks, Kathi. *The Problem with Work: Feminism, Marxism, Antiwork Politics, and Postwork Imaginaries*. Durham, NC: Duke University Press, 2011.

Western, Mark, and Erik Olin Wright. "The Permeability of Class Boundaries to Intergenerational Mobility Among Men in the United States, Canada, Norway, and Sweden." *American Sociological Review* 59, no. 4 (August 1994): 606–29.

White, R. "Motivation Reconsidered: The Concept of Competence." *Psychological Review* 66 (1959): 297–333.

Williams, Eric. *Capitalism and Slavery*. New York: Capricorn Books, 1966.

Wood, Ellen Meiksins. *The Origins of Capitalism: A Longer View*. London: Verso, 2002.

國家圖書館出版品預行編目資料

40%的工作沒意義，為什麼還搶著做？：論狗屁工作的出現與勞動價值的再思／大衛・格雷伯（David Graeber）著；李屹譯. -- 二版. -- 臺北市：商周出版：英屬蓋曼群島商家庭傳媒股份有限公司城邦分公司發行, 民112.08
面； 公分
譯自：Bullshit jobs
ISBN 978-626-318-766-5 (平裝)
1.CST：職場成功法 2.CST：工作滿意度 3.CST：工作心理學
494.35 112010013

40%的工作沒意義，為什麼還搶著做？論狗屁工作的出現與勞動價值的再思

原著書名／BULLSHIT JOBS
作　　者／大衛・格雷伯（David Graeber）
譯　　者／李屹
責任編輯／洪偉傑、李尚遠

版　　權／林易萱
行銷業務／周丹蘋、賴正祐
總 編 輯／楊如玉
總 經 理／彭之琬
事業群總經理／黃淑貞
發 行 人／何飛鵬
法律顧問／元禾法律事務所　王子文律師
出　　版／商周出版
臺北市中山區民生東路二段 141 號 9 樓
電話：(02) 25007008　傳真：(02)25007759
E-mail：bwp.service@cite.com.tw
發　　行／英屬蓋曼群島商家庭傳媒股份有限公司城邦分公司
臺北市中山區民生東路二段 141 號 11 樓
書虫客服服務專線：(02)25007718；(02)25007719
服務時間：週一至週五上午 09:30-12:00；下午 13:30-17:00
24 小時傳真專線：(02)25001990；(02)25001991
劃撥帳號：19863813；戶名：書虫股份有限公司
讀者服務信箱：service@readingclub.com.tw
城邦讀書花園　網址：www.cite.com.tw
香港發行所／城邦（香港）出版集團有限公司
香港灣仔駱克道 193 號東超商業中心 1 樓
電話：(852) 25086231　傳真：(852) 25789337　E-mail：hkcite@biznetvigator.com
馬新發行所／城邦（馬新）出版集團　Cite (M) Sdn. Bhd.
41, Jalan Radin Anum, Bandar Baru Sri Petaling, 57000 Kuala Lumpur, Malaysia.
電話：(603) 90563833　傳真：(603) 90576622　E-mail：services@cite.my

封面設計／周家瑤
內文排版／菩薩蠻數位文化有限公司
印　　刷／韋懋實業有限公司
經 銷 商／聯合發行股份有限公司
電話：(02)2917-8022　傳真：(02)2911-0053
地址：新北市 231 新店區寶橋路 235 巷 6 弄 6 號 2 樓

2019 年 1 月 28 日初版
2023 年 8 月 15 日二版
定價 580 元

Printed in Taiwan

城邦讀書花園
www.cite.com.tw

 ISBN 978-626-318-766-5